低碳绿色发展丛书
DITAN LUSE FAZHAN CONGSHU

低碳经验

Low-Carbon Experience

张继久 李正宏 杜 涛◎主编

人 民 出 版 社

总　序
中国迈向低碳绿色发展新时代

　　党的十八大明确提出，"着力推进绿色发展、循环发展、低碳发展，形成节约资源和保护环境的空间格局、产业结构、生产方式、生活方式。""低碳发展"这一概念首次出现在我们党代会的政治报告中，这既是我国积极应对全球气候变暖的庄严承诺，也是协调推进"四个全面"战略布局，主动适应引领发展新常态的战略选择，标志着我们党对经济社会发展道路以及生态文明建设规律的认识达到新高度，也充分表明了以习近平同志为总书记的党中央高度重视低碳发展，正团结带领全国各族人民迈向低碳绿色发展新时代。

一

　　2009 年 12 月，哥本哈根气候会议之后，"低碳"二字一夜之间迅速成为全球流行语，成为全球经济发展和战略转型最核心的关键词，低碳经济、低碳生活正逐渐成为人类社会自觉行为和价值追求。我们常讲"低碳经济"，最早出现在 2003 年英国发表的《能源白皮书》之中，主要是指通过提高能源利用效率、开发清洁能源来实现以低能耗、低污染、低排放为基础的经济发展模式。它是一种比循环经济要求更高、对资源环境更为有利的经济发展模式，是实现经济、环境、社会和谐统一的必由之路。它通过低碳技术研发、能源高效利用以及低碳清洁能源开发，实现经济发展方式、能源消费方式和人类生活方式的新变革，加速推动人类由现代工业文明向生态文明的重大转变。

　　当前，全球社会正面临"经济危机"与"生态危机"的双重挑战，经济复苏缓慢艰难。我国经济社会也正在步入"新常态"。在当前以及今后相当长的一段时期内，由于新型工业化和城镇化的深入推进，我国所需要的能源消费都将呈现增长趋势，较高的碳排放量也必将引起国际社会越来越多的关注。面对目前全球减排压力和工业化、城镇化发展的能源、资源等多重约束，我们加快转变经济发展方式刻不容缓，实现低碳发展意义重大。为此，迫切需要我们准确把握国内外低碳发展之大势，构建适应中国特色的低碳发展理论体系，树立国家低碳发展的战略目标，找准加快推进低碳发展的重要着力点和主要任务，走出一条低碳发展的新路子。

走低碳发展的新路子，是我们积极主动应对全球气候危机，全面展示负责任大国形象的国际承诺。伴随着人类社会从工业文明向后工业文明社会的发展进程，气候问题已越来越受到世人的关注。从《联合国气候变化框架公约》到《京都议定书》，从"哥本哈根会议"到2015年巴黎世界气候大会，世界各国政府和人民都在为如何处理全球气候问题而努力。作为世界上最大的发展中国家，中国政府和人民在面临着艰巨而又繁重的经济发展和改善民生任务的同时，从世界人民和人类长远发展的根本利益出发，根据国情采取的自主行动，向全球作出"中国承诺"，宣布了低碳发展的系列目标，包括2030年左右使二氧化碳排放达到峰值并争取尽早实现，2030年单位国内生产总值二氧化碳排放比2005年下降60%—65%等。同时，为应对气候变化还做出了不懈努力和积极贡献：中国是最早制定实施《应对气候变化国家方案》的发展中国家，是近年来节能减排力度最大的国家，是新能源和可再生能源增长速度最快的国家，是世界人工造林面积最大的国家。根据《中国应对气候变化的政策与行动2015年度报告》显示，截至2014年底，中国非化石能源占一次能源消费比重达到11.2%，同比增加1.4%，单位国内生产总值二氧化碳排放同比下降6.1%，比2005年累计下降33.8%，而同期发达国家降幅15%左右。党的十八大以来，新一届中央领导集体把低碳发展和生态文明写在了中华民族伟大复兴的旗帜上，进行了顶层设计，制定了行动纲领。基于此，我们需要进一步加强低碳发展与应对气候变化规律研究，把握全球气候问题的历史渊源，敦促发达国家切实履行法定义务和道义责任，在国际社会上主动发出"中国声音"，展示中国积极应对气候危机的良好形象，为低碳发展和生态文明建设创造良好的国际环境。

走低碳发展的新路子，是我们加快转变经济发展方式，建设社会主义生态文明的战略选择。经过30多年快速发展，我国经济社会取得了举世瞩目的成绩，但同样也面临着资源、生态和环境等突出问题，传统粗放的发展方式已难以为继。从1990到2011年，我国GDP增长8倍，单位GDP的能源强度下降56%，碳强度下降 58%。但同期我国碳排放总量也增长到 3.4 倍，而世界只增长 50%。预计 2015 年我国原油对外依存度将首次突破 60%，超出了美国石油进口的比例，能源对外依存度将超过 14%，2014 年我国能源总消费量约 42.6 亿吨标准煤，占世界的 23% 以上，而 GDP 总量 10 万亿美元只占世界 15% 左右，单位 GDP 能耗是发达国家的 3—4 倍，此外化石能源生产和消费产生的常规污染物排放和生态环境问题也难以得到根本遏制。当前这种资源依赖型、粗放扩张的高碳发展方式已难以为继。如果继续走西方国家"先污染，再治理"传统工业化老路，则有可能进入"环境恶化"与"经济停滞"的死胡同，不等经济发达就面临生态系统的崩溃。对此，党的十八大把生态文明建设纳入中国特色社会主义事业"五位一体"总体布局，首次将"美丽中国"作为生态文明建设的宏伟目标。党的十八届三中全会提出加快建立系统完整的生态文明制度体系；党的十八届四中全会要求用严格的法律制度保护生态环境；党的十八届五中全会更是明确提出"五大发展理念"，将绿色发展作为"十三五"乃至更长时期经济社会发展的一个重要理念，成为党关于生态文明建设、社会主义现代化建设规律性认识的最新成果。加快经济发展方式转变，走上科技创新型、集约型的绿色低碳发展路径，是我国突破资源环境的瓶颈性制约、保障能源供给安全、实现可持续发展和建设生态文明的内在需求和战略选择。基于此，我们需要进一步加强对低碳发展模式的理论研究，全面总结低碳经验、发展低碳能源、革新低碳技术、培育低碳产业、倡导低碳生活、创新低碳政策、推进低碳合作，从而为低碳发展和生态文明建设贡献力量。

走低碳发展的新路子，是我们充分发挥独特生态资源禀赋，聚集发展竞争新优势的创新之举。当今世界，低碳发展已成为大趋势，势不可挡。生态环境保护和低碳绿色发展已成为国际竞争的重要手段。世界各国特别是发达国家对生态环境的关注和对自然资源的争夺日趋激烈，一些发达国家为维持既得利益，通过设置环境技术壁垒，打生态牌，要求发展中国家承担超越其发展阶段的生态环境责任。我国是幅员辽阔，是世界上地理生态资源最为丰富的国家，各类型土地、草场、森林资源都有分布；水能资源居世界第一位；是世界上拥有野生动物种类最多的国家之一；几乎具有北半球的全部植被类型。同时，我国拥有碳交易市场优势，是世界上清洁发展机制（CDM）项目最大的国家，占全球市场的 32% 以上，并呈现出快速增长态势。随着中国碳交易市场逐步形成，未来将有望成为全球最大碳交易市场。此外，我国还在工业、建筑、交通等方面具有巨大的减排空间和技术提升潜力。我国已与世界紧密联系在一起，要充分利用自己独特的生态资源禀赋，主动作为，加快低碳发展体制机制创新，完善低碳发展制度体系，抢占全球低碳发展的制高点，聚集新优势，提升国际综合竞争力。基于此，我们需要进一步深入研究世界低碳发展的新态势、新特征，全面总结世界各国特别是发达国家在低碳经济、低碳政策和碳金融建设方面的典型模式，充分借鉴其成功经验，坚定不移地走出一条具有中国特色和世界影响的低碳发展新路子。

二

近年来，我国低碳经济理论与实践研究空前活跃，不同学者对低碳经济发展过程中出现的诸多问题给予了密切关注与深入研究，发表了许多理论成果，为低碳经济理论发展与低碳生活理念的宣传普及、低碳产业与低碳技术的发展、低碳政策措施的制定等作出了很大贡献。湖北省委党校也是在全国较早研究低碳经济的机构之一。从2008年开始，湖北省委党校与国家发改委地区司、华中科技大学、武汉理工大学、中南民族大学、湖北省国资委、湖北省能源集团、湖北省碳交易所等单位联合组建了专门研究低碳经济的学术团队，围绕低碳产业、低碳能源、低碳技术和碳金融等领域开展了大量研究，并取得了不少阶段性成果。其中，由团队主要负责人陶良虎教授等撰写的关于加快设立武汉碳交易所的研究建议，引起了国家发改委和湖北省委、省政府的高度重视，为全国碳交易试点工作的开展提供了帮助。同时，2010年6月由研究出版社出版的《中国低碳经济》一书，是国内较早全面系统研究低碳经济的学术专著。党的十八大召开之后，随着生态文明建设纳入到"五位一体"的总布局中，低碳发展迎来了新机遇新阶段，这使得我们研究视野得到了进一步拓展与延伸，基于此，人民出版社与我们学术团队决定联合编辑出版一套《低碳绿色发展丛书》，以便汇集关于当前低碳发展的若干重要研究成果，进一步推动我国学术界对低碳经济的深入研究，有助于全社会对低碳发展有更加系统、全面的认识，进一步推动我国低碳发展的科学决策和公众意识的提高。

《低碳绿色发展丛书》的内容结构涵括低碳发展相关的10个方面，自然构成了相互联系又相对独立的各有侧重的10册著述。在《丛书》的框架设计中，我们主要采用了"大板块、小系统"的思路，主要分为理论和实务两个维度，国内与国外两个层次：《低碳理论》、《低碳经验》、《低碳政策》侧重于理论板块，而《低碳能源》、《低碳技术》、《低碳产业》、《低碳生活》、《低碳城乡》、《碳金融》、《低碳合作》则偏向于实务。

《低碳绿色发展丛书》作为入选国家"十二五"重点图书、音像、电子出版物出版规划的重点书系，相较于国内外其他生态文明研究著作，具有四大鲜明特点：一是突出问题导向、时代感强。本书系在总体框架设计中，始终坚持突出问题导向，入选和研究的 10 个重点问题，既是当前国内外理论界所集中研究的前沿问题，也是社会公众对低碳发展广泛关注和亟待弄清的现实问题，具有极强的时代感和现实价值。如《低碳理论》重点阐释了低碳经济与绿色经济、循环经济、生态经济的关系，有效解决了公众对低碳发展的概念和相关理论困惑；《低碳政策》吸纳了党的十八届三中全会关于全面深化改革的最新政策；《低碳生活》分析了当前社会低碳生活的大众时尚和网络新词等。二是全面系统严谨、逻辑性强。本书系各册著述既保持了各自的内涵、外延和风格，又具有严格的逻辑编排。从整个书系来看，既各自成册，又相互支撑，实现了理论性、政策性和实务性的有机统一；从单册来看，既有各自的理论基础和分析框架，又有重点问题和实施路径，还包括有相应的典型案例分析。三是内容详实权威、实用性强。本书系是当前国内首套完整系统研究低碳发展的著作，倾注了编委会和著作者大量工作时间和心血，所有数据和案例均来自国家权威部门，对国内外最新研究成果、中央最新精神和全面深化改革的最新部署都认真分析研究、及时加以吸收，可供领导决策、科学研究、理论教学、业务工作以及广大读者参阅。四是语言生动平实、可读性强。本书系作为一套专业理论丛书，始终坚持服务大众的理念，要求编撰者尽可能地用生动平实的语言来表述，让普通读者都能看得进去、读得明白。如《碳金融》为让大家明白碳金融的三大交易机制，既全面介绍了三大机制的理论基础和各自特点，又介绍了三大机制的"前世今生"，让读者不仅知其然、而且知其所以然。

三

本丛书是集体合作的产物，更是所有为加快推动低碳发展做出贡献的人们集体智慧的结晶。全丛书由范恒山、陶良虎教授负责体系设计、内容安排和统修定稿。《低碳理论》由王能应主编，《低碳经验》由张继久、李正宏、杜涛主编，《低碳能源》由肖宏江、邹德文主编，《低碳技术》由邹德文、李海鹏主编，《低碳产业》由陶良虎主编，《低碳城乡》由范恒山、郝华勇主编，《低碳生活》由陈为主编，《碳金融》由王仁祥、杨曼、陈志祥主编，《低碳政策》由刘树林主编，《低碳合作》由卢新海、张旭鹏、刘汉武主编。

本丛书在编撰过程中，研究并参考了不少学界前辈和同行们的理论研究成果，没有他们的研究成果是难以成书的，对此我们表示真诚的感谢。对于书中所引用观点和资料我们在编辑时尽可能在脚注和参考文献中一一列出，但在浩瀚的历史文献及论著中，有些观点的出处确实难以准确标明，更有一些可能被遗漏，在此我们表示歉意。

最后，在本书编写过程中，人民出版社张文勇、史伟给予了大量真诚而及时的帮助，提出了许多建设性的意见，陶良虎教授的研究生杨明同志参与了丛书体系的设计、各分册编写大纲的制定和书稿的审校，在此我们表示衷心感谢！

《低碳绿色发展丛书》编委会

2016.01 于武汉

目　录

第一章 英国：创建低碳经济模式

三百年前，英国的烟囱冒出世界上最多的黑烟，在工业革命中傲视全球。今天，英国又开始追求"低碳经济"，不仅是第一个为此立法的国家，还公布了详细的《英国低碳转型》方案。在应对气候变化和经济危机的双重压力驱动下，英国的低碳经济也已走在了世界前列。

一、制定《气候变化法》

英国政府深刻认识到创建低碳经济模式重要性和紧迫性，因此制定并通过了《气候变化法》，成为世界上第一个为应对气候变化立法的国家。

（一）《气候变化法》制定的背景及历程

英国《气候变化法》在一个极其复杂的背景下制定和通过。

首先，英国充分意识到能源安全和气候变化的威胁。英国作为工业革命的先驱，能源供应正在从自给自足走向主要依靠进口的时代，按目前的消费模式，预计到 2020 年英国 80% 的能源都必须进口，英国的能源安全不言而喻正受到严重威胁。同时，应对气候变化已经成为国际社会的共识。2003 年 2 月 24 日，英国发表了题为《我们能源的未来——创建一个低碳经济体》的白皮书。该白皮书从英国对进口能源高度依赖和作为京都议定书缔约国有义务降低温室气体排放的实际需要出发，着眼于降低对化石能源依赖和控制温室气体排放，提出了英国将把发展低碳经济作为英国能源战略的首要目标。继 2003 年能源白皮书之后，2006 年 10 月 30 日，受英国政府委托，前世界银行首席经济学家、现任英国政府经济顾问尼古拉斯·斯特恩爵士（Nicholas Sten）领导编写了《气候变化的经济学：斯特恩报告》（简称《斯特恩报告》），对全球气候变暖的经济影响做了定量评估。《斯特恩报告》认为，气候变化的经济代价堪比一场世界大战的经济损失。应对这场挑战，目前技术上可行，经济负担也比较合理。行动越及时，花费越少。如果现在全球以每年 GDP1% 的投入，即可避免将来每年 GDP5%～20% 的损失。《斯特恩报告》呼吁全球向低碳经济转型。主要措施有：提高能源效率；对电力等能源部门"去碳"；建立强有力的价格机制，如对碳排放征税和进行碳排放交易；以及全球联合对去碳高新技术进行研发和部署等。

其次，英国充分认识到发展"低碳经济"的重要性。英国制定《气候变化法》，不仅仅是应对气候变化的需要，也出于英国调整经济结构的目的。英国的工业化已经进行了几百年，积累了十分雄厚的资金与技术实力，加之已经进行了大量的前期研究，其实施碳预算，转向低碳经济更像是顺水行舟。①

第三，英国《气候变化法》的制定和通过，与英国自身所具备的条件也是密不可分的。英国经济发展水平、技术创新能力和特殊的地理环境，为英国制定《气候变化法》和英国民众赞同就气候变化问题专门立法提供了坚实的经济、技术、政治和社会基础；英国政府控制和削减温室气体排放的国内措施与实践经验，为气候变化立法提供了坚实的实践基础。②2007 年 3 月 13 日，英国公布了世界上首部规定了强制减排目标的立法文件——《气候变化法案的草案》（Draft Climate Change Bill）③。在当年 3 月 13 日至 6 月 12 日，草案供英国议会和公众提出意见，绝大多数民众都对草案给予了肯定和支持。2007 年 11 月 15 日，经修订后的《气候变化法》正式被纳入英国议会的立法日程。该法案也受到英国议会的积极支持，尤其是表决时，众议院只有三票反对。2008 年 3 月 31 日和 11 月 19 日，法案分别获得英国上议院和下议院通过。

2008 年 11 月 26 日，英国女王批准了《气候变化法》④，即以法律的形式，规

---

① 李伟、李航星：《英国碳预算：目标、模式及其影响》，《现代国际关系》2009 年第 8 期。
② 兰花：《世界上首部气候变化法评介——2008 年英国〈气候变化法〉》，《山东科技大学学报》2010 年第 3 期。
③ 草案文本可访问英国政府网站 http://www.official-documents.gov.uk/document/cm70/7040/7040.pdf.［2009-09-05］。
④ 获批准的法律全文可访问英国政府的公共部门信息办公室（Office of Public Sector Information, OPSI）http://www.opsi.gov.uk/acts/acts2008/ukpga_20080027_en_1,［2009-09-05］。

定了英国政府在降低能源消耗和减少碳排放量方面的目标和具体工作。从而，英国成为世界上第一个通过国内立法规定有约束力的温室气体减排目标、应对气候变化的国家。并且，英国政府明确指出，《气候变化法》有两个主要目的：一是表明英国为全球减排承担相应的责任——无论是现在还是最终在哥本哈根达成共识；二是提高碳管理水平，促进英国经济向低碳经济的转型。英国政府制定和通过《气候变化法》也向世界表明，应对气候变化，需要足够有效的政策调整，必须采取果断的行动并搭建新的国际制度框架。

（二）《气候变化法》的主要内容

英国 2008 年《气候变化法》有 101 条，由六个部分组成，分别规定碳排放目标和碳排放预算、气候变化委员会、排放贸易体系、气候变化的适应、其他条款和补充条款。前四个部分是规范温室气体减排的重心，为英国确立了温室气体减排的长期目标和经济上可行的减排路径，并从机构设置、制度支持和政策激励等方面确保减排目标的落实。第五部分是其他条款，规定了家庭废气削减计划以及削减的审查与财政激励、对一次性购物袋进行收费和可再生能源作为交通燃料的规定，以及威尔士削减温室气体排放的一些特殊规定。第六部分做了法律的一些补充规定，比如温室气体削减条款的适用范围等。

在《气候变化法》中，核心条款分别是：为英国制定一个清晰而连贯的中长期减排目标；规定政府负责与制订碳排放预算（carbon budget）规划；成立具有独立法律地位的气候变化委员会，对碳排放和减排情况进行监督和指导；引入排放贸易体系，通过市场的力量限制排放和鼓励减排；建立温室气体排放报告机制，监督英国温室气体减排的进展情况；政府提供政策引导投资低碳技术和鼓励能源节约。[①]

第一，关于碳排放目标。2008 年《气候变化法》为英国确立的碳排放削减目标（这个碳排放目标不包括航空业和海运业的碳排放）是：到 2050 年，将英国的碳排放量在 1990 年的基础上削减 80%[②]，其中到 2020 年，应该在 1990 年的基础上至少减少 26%[③]。同时，法律还规定英国政府可以根据形势的变化审议和

---

① 兰花:《世界上首部气候变化法评介——2008 年英国〈气候变化法〉》,《山东科技大学学报》2010 年第 3 期。

② Section 1: The target for 2050.

③ Section 5: Levels of Carbon Budgets.

更改减排目标。因此，2008 年 12 月，气候变化委员会发布专门报告，建议英国到 2022 年碳排放削减 34%。

值得注意的是，《联合国气候变化框架公约的京都议定书》（简称《京都议定书》）规定的减排范围是六种温室气体，虽然英国《气候变化法》规范的温室气体也包括了《京都议定书》规定的六种温室气体，但是《气候变化法》重点关注英国二氧化碳排放量的削减[1]，这与《京都议定书》规定在范围和重点方面略有区别。其原因在于：一方面是因为二氧化碳是导致气候变化的最重要的温室气体，占 2000 年全球温室气体排放总量的 77%，而且有关气候变化的科学探讨和政府间气候变化委员会的报告都认为，二氧化碳浓度与全球温度变化有较大的关联性。另一方面是因为英国在减少其他温室气体排放方面已经取得了较大进展，有报告显示 2005 年英国其他温室气体的排放量在 1990 年的水平上减少了 44%。[2] 英国法律这样规定，有助于集中力量、避免政府关注事项过于分散，从而便利减排目标的实现。当然，英国 2008 年《气候变化法》对于受调整的温室气体范围也并非一成不变，有适当灵活调整方面的规定，即《气候变化法》第 24 条授权英国政府，在必要的时候通过法定程序增加需要受该法调整的温室气体的种类。

第二，碳排放预算。为实现减排目标，《气候变化法》要求英国政府制定"碳预算"（carbon budget）。"碳预算"包括了"碳排放预算"和碳汇情况。所谓的"碳排放预算"是指为保持二氧化碳排放与生态容量之间的平衡而确定的相应周期内的碳排放量上限，具体而言，是指英国政府应当制定的每五年期内的碳排放总量的上限。《气候变化法》规定，英国政府应当尽快制定未来 15 年呈阶段递减的三个碳排放预算，为二氧化碳排放规定总量上限，以使受调整的企业明确强制减排的具体目标[3]。

碳排放预算的实施，一是有助于为英国企业和产业的减排与投资提供相应的可预期性。这是因为《气候变化法》规定，碳排放预算规划每五年碳排放预算所允许排放的总量要呈下降趋势，但是每个五年期内每年的排放量可以自行波动，在五年期内实行跨年度平衡[4]。二是有助于在削减碳排放的确定性与灵活性

① Section5：Subsection 4.
② 兰花:《世界上首部气候变化法评介——2008 年英国〈气候变化法〉》,《山东科技大学学报》2010 年第 3 期。
③ Section 4：Carbon Budgets.
④ 参见英国政府针对《气候变化法》发布的解释性说明（Explanatory Notes-Climate Change Act 2008），可访问 http://www.opsi.gov.uk/acts/acts2008/en/ukpgaen_20080027_en_1.

之间取得有效平衡。①

对碳排放总量进行阶段性的规定，并非是英国独创的做法。在《京都议定书》中同样分阶段规定，如 2008～2012 年是发达国家履行《京都议定书》的第一承诺期。这样分阶段确定减排目标的方法，也有助于分解实现目标的阻力。不过，五年的时间对于许多行业制订更为长期的投资计划而言并不够长，因此，英国在《气候变化法》中，还明确规定了中长期碳减排目标。比如，2020 年的减排目标由三个连续的碳排放预算规划来实现，这将提供未来 15 年可预见的减排计划，并为以后的行动指明方向。

在英国，碳排放预算具有法律约束力。英国政府每年必须向议会提交一份控制碳排放的报告，若不能完成碳排放削减目标，政府将受到司法审查。能源、交通和住房在内的各经济行业，都必须有碳排放预算，政府部门必须负责各自领域的碳减排目标②。2009 年 4 月，英国财政部发布了 2009 财政年度预算报告，确定从 2009 财政年度起设定"碳排放预算"，根据"碳排放预算"确定的排放目标安排相关财政预算，支持应对气候变化活动，成为全球第一个在政府预算框架内特别设立碳排放管理规划的国家。

如何看待碳排放预算对经济发展产业的影响呢？从短期来看，尽管碳排放预算的存在对英国某些领域和经济竞争力会有一定程度的影响（比如导致消费者的能源支出上升）。但是，从低碳技术发展的前景看，实施碳排放预算的经济成本并不大。相反，碳排放预算制度有助于引导政府关注并投资可再生能源和新能源的开发利用以及降低能耗的项目，这对于保障英国能源安全、减少碳排放大有裨益。

第三，关于气候变化委员会。英国《气候变化法》在第二部分作出了关于气候变化委员会的设立与职责的规定。创建这个新的独立专家实体，其目的是为政府提供碳预算标准的相关建议，以及如何获得成本效率节约，保障减排目标的落实，《气候变化法》明确规定，英国政府要设立一个新的、独立的法定机构——气候变化委员会（the Committee on Climate Change）③。该委员会主要由来

---

① 确定性就是计划期内二氧化碳的排放量；灵活性是指减排工作需要适应燃料价格、市场和天气变化等因素的变动，这些因素对碳排放量有直接影响，会导致某些年份的削减排放目标不能实现。

② 英国财政部 2009 年 4 月发布了 2009 财政年度预算报告，确定从 2009 财政年度起设定"碳排放预算"，并根据"碳排放预算"确定的排放目标安排相关财政预算，支持应对气候变化活动，成为全球第一个在政府预算框架内特别设立碳排放管理规划的国家。

③ Section 32: The Committee on Climate Change.

自经济分析与预测、商业竞争力、金融投资、技术研发与推广、能源生产与供应、气候科学、排放贸易、社会发展等领域的专家组成。该委员会就碳排放的控制与削减、气候变化的适应等事项，向英国政府提供独立的专家建议和指导，政府必须给予响应，以此确保一个年度制度的透明度和问责性。

《气候变化法》对气候变化委员会规定的主要职责是：对开发新能源和加大使用可再生能源提出建议，协助和便利政府执行节能减排政策；对碳排放预算的制定和碳排放预算的幅度及实现碳排放预算的政策措施提供建议；对国内减排指标和（通过项目或贸易体系获得的）减排交易指标之间的比例分配提供建议；为国际航空业和国际海运业的碳排放提供建议[1]；对英国政府实施碳排放预算的情况进行监督，检查每年的减排情况，根据政府在节能减排方面的成绩和存在的问题，向议会提交公开、透明的年度进展报告。[2]

第四，关于碳排放贸易体系。《气候变化法》的第三部分是关于温室气体排放贸易体系的规定。排放贸易体系是利用市场机制激励企业进行温室气体减排，通过成本效益规则的作用减少温室气体减排工作的障碍。由于英国 2002 年 4 月就启动了实验性的国内排放贸易机制——以 33 个直接参与的企业为主体，政府以拍卖的方式提供 2.15 亿英镑的资金，换取这些企业 2002 年至 2006 年期间的自愿减排二氧化碳 1188 万吨的承诺。[3]2008 年《气候变化法》明确要求英国政府制定次级立法，在已有的碳排放指标贸易的基础上设立全新的全英国碳排放交易体制，通过市场机制控制碳排放总量和减排[4]。

尽管《气候变化法》对碳排放贸易制度的具体内容与运行没有作出规定，但《气候变化法》为新的碳排放贸易体系勾勒了基本规则和内容。新的碳排放贸易制度有权限制那些会直接或间接导致碳排放的活动（该活动是指在英国境内实施的活动），鼓励那些会直接或间接减少碳排放的活动。英国政府还有权通过次级立法规定，受本法调整的行业或企业在多大程度或范围内使用通过碳排放贸易体系购买或交换的减排指标，设定每个碳排放预算规划期内可以购买的减排指标上限；规定能够得到认可的各种减排指标，不论是英国境内、抑或是欧盟碳排放贸易体系内，还是国际社会其他国家获得的。作为独立机构的气候变化委员会有

①   Section 35: Advice on emissions from international aviation and international shipping.

②   兰花：《世界上首部气候变化法评介——2008 年英国〈气候变化法〉》，《山东科技大学学报》2010 年第 3 期。

③   参见陈迎：《英国促进企业减排的激励措施及其对中国的借鉴》，《气候变化研究进展》2006 年第 2 期。

④   Section 44: Trading Schemes.

责任就"如何妥善平衡国内减排行动与欧盟和国际层面的减排行动或指标"提供建议。①

第五，关于气候变化的适应。适应气候变化是英国气候变化立法的一个优先关注事项。2008 年《气候变化法》的第四部分就是关于气候变化的适应及其影响的规定②。《气候变化法》规定英国政府有义务对英国遭受气候变化的影响进行风险评估并作出报告，在本法出台后三年内必须提交第一份风险评估报告，随后每五年必须提交一份此类风险评估报告，每份报告必须附随英国政府公布的适应气候变化影响的各项措施。为什么《气候变化法》如此关注气候变化的适应问题呢？究其原因主要是与英国这样的岛国遭受气候变化影响的威胁更大，政府应对气候变化的不利影响更为紧迫。

（三）英国制定《气候变化法》的意义

英国 2008 年《气候变化法》以法律的形式确立其温室气体减排的中长期目标，不仅为英国设定了经济上可靠的减排路径③，而且对英国政府、英国的产业以及世界上的其他国家都具有深远的意义。

第一，该法将减排与适应气候变化纳入具有法律约束力的长期框架，使英国成为世界上第一个将碳减排目标写入法律的国家。这既约束和明确了政府的职责，也显示出英国政府力求解决气候变化难题的决心，还将使英国气候变化政策的贯彻实施更为有效，保障英国减排目标的实现。同时，英国《气候变化法》在国际上产生了应对气候变化问题上的较大影响力。

第二，该法通过规范和扩大英国政府在气候变化问题上的职责，大大增强了英国适应气候变化影响的能力。这具体表现为：规定英国政府每五年进行一次广泛的气候变化风险评估；制订气候变化的国家适应规划，每五年审查英国面临的最紧迫的气候变化风险；授权政府要求公共机构和相应法人（比如水厂和能源利用企业）评估气候变化对这些机构工作的风险以及报告应对这些风险的措施；政府应当公布新能源应用的战略；政府就如何开展气候变化风险评估规定指南，并起草适应（气候变化的）行动计划（an adaptation action plan）。

---

① 兰花：《世界上首部气候变化法评介——2008 年英国〈气候变化法〉》,《山东科技大学学报》2010 年第 3 期。

② Section 56-70.

③ 当然，英国国内对此也有异议，认为《气候变化法》设定的减排目标从经济和技术角度难以实现。

第三，该法为英国的产业发展和投资低碳经济提供了更大的明确性和可预期性。《气候变化法》将减排与发展相结合，控制与适应并重——控制并削减碳排放与发展低碳经济、促进英国经济向低碳经济转型相结合[1]，这大大减少了相关行业对于减少化石能源的运用、削减碳排放的阻力，有助于减排。同时，通过发展和拓展利用可再生能源、运用市场原理提供经济激励，扩大了低碳经济的适用范围，增加了新能源工作机会，大大降低和抵消了减排的经济成本。

第四，英国《气候变化法》的制定为世界上其他国家实现控制和削减温室气体排放目标提供了重要经验。作为世界上第一个明确规定温室气体减排目标的法律，该法的内容及其实施还将为世界上其他国家确定减排方案和气候变化立法提供榜样与借鉴。英国气候变化大臣埃德·米利班德盛赞该法，认为"这是世界上第一份关于减排的法律，将使政府从法律义务上实践温室气体的减排目标——到 2050 年，温室气体排放减少 80%。这给欧洲和世界的气候谈判传递了明确的信息，采取严肃的行动是可能的。"

二、实施"碳预算"

碳预算是构成英国《气候变化法》的核心内容。2009 年，英国实施了世界上第一个国家碳预算。

（一）碳预算的提出

碳预算（carbon budget）一词源自西方，是一个借用了财政学意义的概念。20 世纪中后期开始应用于生态学研究的科学报告中，原指生态环境系统中一定时期一定区域的累计温室气体排放及碳汇（carbon sink）的情况。现在，在国际上碳预算已广泛应用于计算某一地区的碳排放源和碳汇的研究中。相对于一个地区而言，碳预算指该地区总的碳吸收能力或某部分森林系统、陆地系统或海洋的碳吸收能力。[2] 如果某地区排放源的排放超过了碳汇的吸收能力，则称为碳赤字

---

[1] See Committee on Climate Change（1st December 2008），Building A Low-carbon Economy——the UK's Contribution to Tackling Climate Change,［EB/OL］,http://www.theccc.org.uk/reports,［2009-09-05］.

[2] 李伟、李航星:《英国碳预算：目标、模式及其影响》,《现代国际关系》2009 年第 8 期。

（carbon deficit）。从范围上看，碳预算有可以分为全球碳预算和国家碳预算。国际社会普遍认为全球升温 2 摄氏度是人类能够承受气候变化的最高极限，从而基本确定了人类能够承受的碳排放最高上限，这就是全球碳预算。国际社会减少碳排放的主要途径是建立国际框架，由国家履约来实现，而国家在履约过程中一般又会设定预期年份和预期目标，这是国家碳预算。全球碳预算和国家碳预算之间有共通之处，全球碳预算为现在和未来架起了一座桥梁，国家碳预算保证了各国气候政策具有不随政府变更而变化的延续性[①]。如若德豪斯（P. G. Rodhouse）等人早在 20 世纪 80 年代就计算过全球碳预算[②]。杨纳基（Y anag i）等人在 20 世纪 90 年代计算过东京湾的碳预算[③]。

随着全球应对气候变化政治议程的推进，碳预算逐步被赋予其他含义。《京都议定书》生效后，碳预算被赋予公共政策内涵，开始作为一种政策管理工具出现。联合国开发计划署《2007 / 2008 人类发展报告》指出，作为政策管理工具的碳预算是由《京都议定书》策划人员首创的，之后一些国家沿用了这一概念。[④] 实际上，《京都议定书》中并没有出现碳预算这个词汇，而是提出了量化的限制或减少碳排放的承诺履约方式。当时得到认同的碳预算概念类似于政府给定的碳排放限额，是一种应对气候变化的管理工具。[⑤] 按此管理工具的设计，温室气体减排议程的关键就变成了制定有关可持续碳预算的政策，即在所有发达国家，以 1990 年的排放水平为参照制定国家碳预算（关于基准年份的问题仍然存在分歧，以 1990 年为基准年是大多数国家的共识），并将这个目标纳入国家立法；通过与国家碳预算目标一致的税收或者"限额—交易"计划确定碳的价格，在此基础上通过市场机制推进人类社会应对气候变化的政治议程。

（二）英国"碳预算"的实施

英国在全球第一次把碳预算纳入国家财政管理，赋予其财政含义，以求更

---

① 李伟、李航星：《英国碳预算：目标、模式及其影响》，《现代国际关系》2009 年第 8 期。

② P. G. Rodhou se and C. M. Roden, / C arbon budget for acoastal in let in relation to in tens ive cu lt ivat ion of suspens ion-feed ing b-ivalve m olluscs0, Marine Ecology, 1987, 36:pp. 225-236.

③ T. Yanag i T. Sa ino, et a,l / A C arb on Budget in TokyoB ay0, Journa l of Ocean og raphy, 1993, 49: pp.249-256.

④ UNDP, Human Development Report 2007/2008, New York：Oxford University Press, 2008, p.43.

⑤ Canada，L.P.O.，Balancing Our Carbon Budget：A New Approach for Large Industrial Emit-ters, A White Paper, Liberal Party of Canada，2007，p.24.

好地调控国民经济运行，有效实施碳减排。2009 年 3 月，经王室批准《气候变化法》正式实施，英国成为世界上第一个为减少温室气体排放建立起法律约束性的国家。在《气候变化法》中最关键的莫过于"碳预算"方案。按照该法的要求，2009 年 4 月 22 日，在第 40 个"世界地球日"到来之际，英国财政大臣阿利斯泰尔·达林（A listair Darling）在宣布政府财政预算的同时也宣布了"碳预算"。该预算将应用于英国经济的各方面。这意味着，今后英国政府的每项决策都将考虑碳的排放和吸收，还要相应考虑由此引起的财政收入和支出。英国碳预算的目标是确保实现长期的、具有法律约束力的承诺，即在 2050 年前使其温室气体排放在 1990 年的水平上至少减少 80%，在 2020 年前比 1990 年减少 34%。这高于此前欧盟承诺温室气体排放量减少 20% 的目标，并且领先于美国承诺在 2020 年年末达到 1990 年排放水平的目标。英国碳预算还有两个短期目标，即温室气体排放在 2012 年年末和 2017 年年末分别减少 22% 和 28%。英国制定了第一阶段首批三个具有法律约束力的具体碳预算，每五年为一个周期，分别是 2008 年到 2012 年、2013 年到 2017 年、2018 年到 2022 年。英国承诺，一旦在 2009 年 12 月哥本哈根会议上达成全球气候变化协议，将进一步增加减排预算。英国制定第一阶段三个具体碳预算目标时主要考虑了三个因素[①]：一是 2050 年减排目标所定未来 40 年的减排轨迹，到 2020 年英国需要为全球排放量减少所作出的适当贡献；二是英国已经承诺的欧盟的减排目标；三是各部门可行的减排量，可能涉及的费用以及政策保障。

英国实施碳预算不仅仅是为了约束本国的碳排放，还有益于通过示范效应影响应对气候变化的全球性制度框架，特别是 2009 年年底哥本哈根气候会议的议程。英国人希望碳排放的约束行动从国内开始，但不止于国内，而是使之最终能够成为全世界的参照系。

（三）英国碳预算的特征

英国碳预算在全球第一次把国家财政与碳减排直接挂钩，作为英国经济向低碳经济转型的一项最基本的制度创新，表现出了较明显的特征。

第一，英国碳预算采取的是低成本、主要以技术做支撑的减排路径。英国气候变化委员会指出，碳预算可以通过以下路径来实现：提高建筑业、工业的能

---

① CCC, Building a Low-carbon Economy——The UK's Contribution to Tackling Climate Change, The FirstReport of the Committeeon Climate Change, 2008, London：TSO.

源效率，改善道路交通和车辆的燃油效率，迅速地转向可再生能源和核能等新能源。很多情况下，家庭和企业甚至能够从制定碳预算、减少碳排放的行动中节省资金，得到额外的收益。还有一部分碳减排将以低于欧盟碳排放交易市场上的碳价格来实现，对于实施成本远高于碳排放交易市场上的碳价格，英国气候变化委员会建议暂不实施。英国认为，技术是碳减排主要的决定因素，在英国碳预算背后做支撑的，是自下而上的系统研究。这些研究逐个部门详细评估了碳减排的技术潜力、成本及对竞争力的影响，主要落在电力、建筑业、工业及交通运输业等部门和行业。这些评估表明，通过提高能效、应用清洁能源、采用碳捕获与埋存（CCS）技术等方式进行碳减排，碳预算中的减排目标是完全可实现的。

第二，英国碳预算采取了"意向碳预算"与"过渡碳预算"供选的灵活模式。意向碳预算是为全球碳减排做准备的，过渡碳预算是在不能达成全球减排协议时使用的。2009年4月英国公布的碳预算就是过渡碳预算。意向碳预算将反映哥本哈根和其后的国际谈判的成果。英国承诺一旦达成全球性协议，将采取意向碳预算，可以进一步加大目前的减排力度，即在2020年将温室气体排放量减少到比1990年的水平低42%。即使没有达成全球协议，英国也将执行比1990年水平减少34%的目标。

第三，英国碳预算与国际减排义务相衔接，并在国内的碳减排和国际碳排放贸易之间设立了隔离墙。英国碳预算在将国际义务与财政和国民经济挂钩的过程中非常谨慎，英国承诺了欧盟温室气体减排任务，因而对于在欧盟碳排放贸易框架内向欧洲其他国家购买碳排放信用（EUAs）来满足碳预算没有任何限制，碳预算强调政府不会通过购买如清洁发展机制（CDM）下产生的国际碳排放信用（CERs）来满足过渡碳预算。如果在哥本哈根会议上达成国际减排协议，英国碳预算将允许通过国际碳排放贸易购买碳信用来实现意向碳预算。[1]英国气候变化委员会估计，如果实施过渡碳预算案，只有不到10%的减排量将来自购买碳排放信用，其余90%的减排预算可以通过在国内减排或从其他欧盟国家购买减排量实现；但如果实施意向碳预算案，国内将需要做出加倍的努力，而且仍然有超过20%的减排量必须通过购买国外碳排放信用来实现，这需要通过碳市场购买欧美国家以外的其他国家的碳信用。[2]

第四，英国碳预算进行了周密的成本收益分析，并将成本控制在可承受的

① 李伟、李航星：《英国碳预算：目标、模式及其影响》，《现代国际关系》2009年第8期。

② CCC, Building a Low-carbon Economy——The UK's Contribution to Tackling Climate Change, The FirstReport of the Committeeon Climate Change, 2008, London：TSO.

限度内。碳预算的确立和实际执行少不了需要进行成本收益的分析，其实施成本在哪个范围内是英国所能承受的。对此，英国政府指出，到2020年实施减排的成本将不到当年GDP的1%（1%的GDP的成本包括了传统含碳能源价格上涨的成本影响），由于碳预算制定中经济增长率按GDP的2%来计算，减排成本占GDP的1%相当于GDP增长的一半消耗在碳预算中，2020年的GDP总量比现在高出30%，届时减排的总成本更高。这是否意味着英国的经济发展难以承受这么大规模的碳预算？英国政府认为，这大规模的成本付出与不采取行动可能带来的灾难性后果相比是值得的。更何况，正如英国财政大臣阿利斯泰尔·达林（Alistair Darling）所认为的那样，碳预算将为发展和运用低碳技术创造新的商机，还将直接创造数千个高新技术企业和成千上万的高技能岗位。此外，政府也考虑到了因实施碳预算而导致贫困人口能源支出负担加重的问题，即给予这类人群适当的补助。如果政策设计得当，政府为此付出的这笔费用也将保持在可控范围之内。

（四）英国"碳预算"的前景

第一，碳预算的执行需要系统的保障条件和严密的程序。既然碳预算关注碳减排整个过程，也试图比现有减排体系拥有更好的结果控制，那么碳预算就必然需要比现有减排体系拥有更为充足的政治意愿、更为完善的设置原则和更为坚定的执行机构，显然《气候变化法》也做出了相应安排。

在《气候变化法》中，明确规定了碳预算长期正常运转的保障条件。一是政府首脑应对碳预算负有直接的政治责任，即如果执行周期碳排放超过了预算，那么政府首脑将承担法律责任；二是在执行上碳预算应尽量避免与欧盟排放权交易体系等现有减排体系重合，但在政策措施上却又要尽量利用现有的体系和政策过程，争取把它们有效整合进来；三是气候变化法还要求碳预算清晰具体，每个执行周期详细而确定，不得因为任何原因而擅自改动；四是在日常监测和管理上，气候法案还要求设立独立的专门机构（气候变化委员会），政府提供使该机构正常运转的资金和技术。此外，碳预算具体实施过程中还需切实考虑预算成本有效原则，即在诸多政策组合中尽量选择成本最小化。

碳预算要成功实施必须经历以下几个步骤：评估和计算确立总预算；分解总预算至部门预算；为预算实施确定责任主体；对碳预算实施过程监测和评估；超预算惩罚机制；预算系统的灵活性包括"借"未来预算的制度安排；排放权交易在总预算中的作用。

　　第二，碳预算的规模必须科学可行。碳预算规模的大小对碳预算成功实施至关重要。预算规模太小不可能实现应对气候变化的目的，规模太大又可能成本巨大而难以实施。因此，为了做到碳预算规模合理可行，需要对碳预算规模进行科学的评估。

　　对碳预算规模进行科学的评估，即包括全国温室气体减排的经济技术潜力的评估，又包括碳预算应该涵盖范围的确定。预算需要考虑两个重要的方面：一是对整个英国设置预算还是像欧盟排放权交易体系一样只是对某些重点行业；二是预算能否对 6 种温室气体都做出要求，国际气候机制目前尚无管制的航空和航运排放量能否包括进来；三是如果国内减排经济代价过于昂贵，那预算能否可以通过购买碳信用执行；等等。英国还基于到后京都谈判的成功与否，明确提出了意向性预算和过渡性预算，也同时考虑到了后京都机制在国家减排承诺和排放权交易的可能性。因此，碳预算并不鼓励通过购买排放权尤其是欧盟之外排放权来实现，更何况排放权购买还意味着碳泄漏和环境目标的没有真正实现。

　　第三，碳预算的成功实施必须处理好国内、国际范围内的种种矛盾和冲突。碳预算设置过程和种种制度设计充分说明碳预算是目前人类应对气候变化最完善的制度创新，但是预算的顺利实施必须得到广泛的协同与配合。

　　必须处理好的矛盾和冲突之一：一方面，由于碳预算在环境权可诉性上迈出了重要的一步，政治领导人没有完成碳预算将可能面临被起诉的风险。并且受"环境权是人权基本组成部分"的法律观念的影响，政府作为公民的委托人，如果没有起到应尽的环境保护责任，同样应受到法律的问责。另一方面，尽管碳预算在制度和具体操作上都具有相关优势，但英国公众认为任何绝对限制都会妨碍自由，对温室气体设置绝对减排目标显然也是自由的部分丧失，因此当视自由为生命的英国公众对注重结果的碳预算投以怀疑的眼光时就不会感到奇怪了。

　　必须处理好的矛盾和冲突之二：一方面，碳预算的任何实施步骤都需要企业、个体经济主体的相关行动，和现有减排体系一样，经济主体行动也需要成本，这种成本有多大，在不在能力承受范围内，不同部门经济技术减排潜力又是多少等等，都需要企业、个体经济主体及时有效地反馈，因而碳预算在推动公众参与的民主价值方面具有重要意义。另一方面，碳预算制定过程和英国意欲在欧盟和全球推广，说明碳预算本身具有强烈的国际政治经济含义，本身也隐含了发达国家与发展国家如何分割全球碳预算的分歧。发达国家希望自己实施预算的同时，也让发展中国家大幅减排，淡化了发达国家自身的责任，从而颠覆了发达国家与发展国家应遵守"共同但有区别的责任"的原则。

　　必须处理好的矛盾和冲突之三：一方面，碳预算对英国经济和就业的可能损害进一步使英国公众对碳预算合法性提出质疑，他们认为碳预算只在英国实施会导致英国经济竞争力下降、贸易机会外流、产业和就业机会转移，因此制定第一阶段三个具体执行周期时便考虑到了全球、欧盟和实施技术的可行性三个方面，并提出了在欧盟和国际范围内实施碳预算的可能性。另一方面，英国政府认为碳预算要在欧盟范围内甚至国际范围推行，需要以下几个条件：碳预算在英国成功推行，垂范国际社会；碳预算在英国成功的经验为欧盟其他国家仿效；碳预算的经济成本在该国或地区可以承担的范围内，同时该国和地区拥有实施碳预算所必需的技术；碳预算实施过程得到企业、居民和其他行为主体等利益攸关者主动配合。

总之碳预算未来能否持续运转，就在于政府是否有足够的准备以应付经济学界和科学界没有充分掌握的经济、社会和国际政治经济后果并最终争取生态、社会和经济之间的平衡。

三、英国经济向低碳转型

2009 年 7 月 15 日，英国政府公布了《低碳转型发展规划》白皮书（*The UK Low Carbon Transition Plan*，以下简称《规划》）。这是英国第一个为温室气体减排目标立法并发布《气候变化法》后，在应对全球变暖方面出台的又一重大举措。同时，英国政府公布了一系列关于商业和交通的配套改革方案，包括《英国可再生能源战略》、《英国低碳工业战略》和《低碳交通战略》等，《规划》与若干战略的出台，标志着英国政府正主导经济向低碳转型。

（一）大力发展低碳能源

英国 75% 的电力来自煤和天然气的使用，其电力和重工业领域的温室气体排放占到了英国排放总量的 35%，居各领域排放量之首。到 2050 年，英国几乎所有的电能将来自可再生能源、核能或实现长期碳捕获和碳储存的化石燃料（煤、石油、天然气等）。根据《规划》，到 2020 年可再生能源在能源供应中要占 15% 的份额，其中 40% 的电力来自低碳领域（30% 来源于风能、波浪能和潮汐能等可再生能源，10% 来自核能）。

一是大力发展可再生能源。关于发展可再生能源，英国有自己的优势。例如，英国拥有充足的可再生能源（高速的风能、强大的潮汐能，以及活跃的生物质能等），占欧洲可再生能源总量的三分之一。在《欧洲潜在风力能源》（1986

年）一文中提到：英国有 1760 千瓦时的风力发电潜能，占欧洲总风力发电潜能的 40%。其中 50% 分布在苏格兰，30% 在英格兰、威尔士，另外 20% 分布在北爱尔兰。英国四面是海，海上风能资源丰富，因此将风能列为重点发展的新能源项目。英国第一个海上风力发电站 2000 年 12 月获准建设，经过 10 年的发展，英国已成为全球拥有海上风力发电站最多、总装机容量最大的国家。根据英国风能协会（BWEA）发布的一份报告显示，英国将在海岸沿线再增加 4000 台风力发电机，在海上增加 5000 到 7000 台风力发电机，到 2020 年，使英国总风力发电量达 330 亿千瓦时。据英国风能协会估算，风能现在每年为英国经济作出 25 亿英镑贡献，而到 2020 年这个数字可能会增长 10 倍。

英国可再生能源有广阔的发展空间。然而依照目前的技术，利用可再生能源发电的成本普遍高于其他发电形式，必须改进技术来降低成本。为此，英国政府在预算中专门拨出 4.05 亿英镑，支持绿色产业和绿色技术。旨在扶持关键企业应对气候变化，包括海上风力发电、水力发电、碳捕获及储存。英国还将投资 600 万英镑，开发智能电网；向地方政府拨款 1120 万英镑，加快对可再生能源项目的审批程序；将 1.2 亿英镑投入海上风力发电，6000 万英镑投入海浪及潮汐发电；将 600 万英镑投入地热探索，仅英格兰西南部的地热资源就能满足全英国每年 2% 的用电需求；将 400 万英镑用于帮助制造业，包括核电制造业。另外，在英国政府的推动下，欧洲投资银行与英国皇家苏格兰银行、劳埃德银行及 BNPParibasFor-tis 银行联手在 3 年内放贷 10 亿英镑，支持英国陆上风能发电，以满足 50 万家庭用电的清洁电力需求。[1]

二是发展核能。已将新建核电厂的规划和制度审批等工作流程规范化，并正在对一些将在 2025 年前建成并运营的核电厂厂址进行评估。

三是开发碳捕捉和存储技术（CCS）。已经设立了一项机制支持至少 4 个燃煤电厂试点碳捕捉和存储技术，并提议要求所有新建的燃煤电厂试用这项技术。一旦这项技术被证实有效，将在英国全面推广。

四是开发智能电网。2009 年推出了全国智能电网发展规划，以促进电力行业增加输电能力、扩大可再生能源供电比例以及相关新技术的应用。

在英国，除了大力发展低碳以外，还广泛推广新的节能生活方式。英国能源问题专家安德鲁·斯皮德曾经说过"在全世界任何一个地方，建设低碳经济面临的一个主要障碍，就是个人不愿意改变浪费能源的生活方式和习惯——我们习以为常的舒适与富足的生活都是建立在过度消费能源的基础上的"。在英国的街

---

① 邱松：《"绿色革命"拯救英国经济》，《学习时报》2010 年 4 月 27 日。

头，人们可以接到过不少算经济账的公益广告："充电器不用时拔下插头每年能节约30镑，用多少热水就烧多少每年能节约25镑，换个节能灯每年能省60镑"。布朗首相多次公开呼吁政府官员购买使用环保汽车。一些绿色组织在促进全社会养成节能习惯方面发挥了重要作用，他们以多种方式提供和传播低碳经济信息与知识，并提供有针对性的意见和指引，循序渐进地改变英国人的生活方式。在住房方面，英国政府拨款32亿英镑用于住房的节能改造，对那些主动在房屋中安装清洁能源设备的家庭进行补偿，预计将有700万家庭因此受益。

（二）发展低碳工业与农业

在工业方面，将那些高排放的产业纳入到欧盟的排放交易系统中，同时以财政支持帮助英国企业发展低碳技术，进军全球低碳市场。2009年4月，英国已经拨款4亿英镑用于研发低碳技术。据预测，全球低碳经济市场价值达3万亿英镑，到2015年可为英国提供120万个就业岗位。

英国政府还积极支持绿色制造业，研发新的绿色技术，从政策和资金方面向低碳产业倾斜，确保英国在碳捕获、洁煤等新技术领域处于领先地位。

根据《规划》，到2020年，英国农业和废弃物方面的温室气体排放量须在2008年的水平上减少6%。为此，政府将采取以下措施：鼓励农民更有效地使用化肥、更好地管理牲畜及其粪便；支持厌氧技术，将废料和粪便转化为可再生能源；减少需要填埋的垃圾，更好地对垃圾废气进行捕捉利用；鼓励私有资金投资造林。

（三）发展低碳交通

根据《规划》，到2020年，交通领域温室气体排放量须在2008年的水平上减少14%。为此，政府将采取以下措施。

一是降低新增常规交通工具的能耗。根据欧盟的标准，到2020年，汽车每公里二氧化碳排放量应减少至每公里95克，相当于在2007年的水平上减少40%；促使欧盟出台规定对新多功能车（面包车、客货两用车等）实行更高的能效标准；未来两年内投资3000多万英镑生产数百辆低碳巴士。

二是采用新技术、新能源。从长期来看，彻底采用新技术、新能源才是交通领域减排的最终解决途径。为此，英国政府决定：试行340辆电动低碳轿车；从2011年开始，为每台超低碳车提供2000～5000英镑补贴，以降低其售价；投资 3000 万英镑用于在英国约 6 个城市中安装电车充电站；承诺 2020 年前交通能源至少 10% 来自可再生能源。

三是其他辅助措施，包括发起全国第一届可持续出行城市的竞赛；新增投入 500 万英镑用于在铁路车站建自行车存放点等。

（四）重视低碳住房与社区

根据《规划》，到 2050 年，通过提高能效和采用低碳能源，英国家庭能源消耗所造成的温室气体排放量将接近零。

政府将主要采取以下措施：政府将总共投入约 32 亿英镑用于住房的节能改造；大力推广社区节能工程，向 9 万户低收入家庭提供节能改造服务；试行"节能支付"的先期支付模式，为低碳转型的家庭提供长期融资；引入"清洁能源回报"政策，对采用清洁能源供热、发电的公司和家庭给予资金奖励；针对弱势群体，从政府用于改善弱势群体家庭生活的 200 亿英镑专项资金中，拿出一部分专门对老年人等弱势群体家庭提高能效和购买新供热设备给予补贴。

英国也重视低碳社区的规划和建设。始建于 2000 年伯丁顿低碳社区，是世界自然基金会（WWF）和英国生态区域发展集团倡导建设的首个"零能耗"社区，成为引领英国城市可持续发展建设的典范，具有广泛的借鉴意义。伯丁顿社区零能源发展设想在于最大限度地利用自然能源、减少环境破坏与污染、实现零矿物能源使用，在能源需求与废物处理方面基本实现循环利用。为了促进低碳社区的发展，英国政府 2008 年专门构建了低碳社区能源规划框架，主要由发展设想与战略、规划机制两部分组成。从社区能源的发展设想与战略来看，将城市划分为 6 大区域：城市中心区、中心边缘区、内城区、工业区、郊区和乡村地区。针对每个区域，制定社区能源发展的中远期规划方案和确定能源规划组合资源配置方式。建立规划机制的目的是实施低碳化能源战略，包括从区域、次区域、地区三个层面来界定社区能源规划的范围和定位，整合国家、城市、地区相关的能源发展战略，构建社区能源发展的框架。

（五）启动"绿色振兴计划"

2009 年，在许多国家受全球金融危机影响纷纷转移精力、削减投入甚而放松减排要求的情况下，英国首相布朗则宣布，将在当年 4 月晚些时候启动一项批量生产电动车、混合燃料车以应对目前经济衰退的"绿色振兴计划"。这项计划将首先在英国的两三个城市试行。布朗说他将建议大臣们带头购买环保汽车。据测算，该计划有可能在未来5年内为英国创造40万个就业机会。布朗说，为了使英国经济尽快以"低碳经济模式"从衰退中复苏，政府将在未来几年内使环保产品和服务的收益增加50%，达到15亿英镑。在促进"绿色振兴计划"的同时，英国政府还将放松对风力发电建设的限制，力争在2020年使风力发电达到英国所需电能总量的15%。

（六）向全球推广低碳经济的新模式

英国一直强调"低碳经济"不仅对英国，而且对整个世界都有重要意义，不断通过各种渠道在国际上推广"低碳经济模式"。英国前首相布朗多次强调，发展中国家不应再延续发达国家历史上那种高能耗的发展模式，可以考虑发展低碳经济的新模式。由于发展中国家在应对气候变化上情况不尽相同，差别较大，推行低碳经济困难重重，英国提议发达国家给发展中国家提供尽可能多的技术和财政支持。英国还在全球推销其低碳技术，希望通过对发展中国家的低碳技术输出，在全球目前价值达3万亿英镑的产业中获得更多的份额，推动其经济发展和充分就业。

四、构建发展低碳经济的互动体系

目前，英国已初步形成了以政府为主导，以市场为基础，以全体企业、公共部门和居民为主体的低碳经济发展互动体系。

（一）确立政府的主导作用

第一，政府在发展低碳经济中充分发挥领导、指导与引导作用。英国著名学者安东尼·吉登斯（Anthony Giddens）于2009年出版了《气候变化的政治》一书，提出了"保障型国家"（ensuringstate）概念，对低碳经济时期政府的战略角色进行了新的定位。与工业文明时代的"参与式国家"中政府的辅助者角色不同的是，低碳经济条件下，政府的领导、指导与引导者的角色更为突出，政府的战略地位更为显著。由于在全球变暖的大背景下，希望碳排放的自动减少和低碳经济的自动实现几乎是不可能的，必须依赖政府从法律法规、政策环境、技术发展等方面加以强力推动。[①]

第二，英国通过立法来强化政府在低碳经济发展中的法律责任与行政责任。英国于 2003 年 2 月 24 日发表了《我们能源的未来——创建一个低碳经济体》白皮书；2008 年年末正式颁布《气候变化法》，并在 2009 年开始实施其中的碳预算等主要制度和政策；2009 年 7 月 15 日，英国政府公布了《英国低碳转型计划》白皮书。通过这一系列的法律与政策，英国强化了政府在低碳经济发展中的法律责任与行政责任。

第三，明确在低碳经济发展中政府与市场的作用，调整与转变政府职能。英国政府为弥补低碳经济发展中的市场失灵，采取了气候变化税（CCL）制度、碳基金、配额制度、行政法律强制、碳排放税、建立排放贸易体系等低碳政策工具，并将碳减排纳入国民经济与社会发展调控的总体框架，实行了碳预算。

气候变化税，即能源使用税制度是英国气候变化总体战略的核心部分。气候变化税于 2001 年 4 月 1 日开始实施，针对不同的能源品种其税率也不同，征税对象也有详细而具体的规定。政府将气候变化税的收入主要通过三个途径返还给企业：一是将所有被征收气候变化税的企业为雇员缴纳的国民保险金调低 0.3 个百分点；二是通过"强化投资补贴"项目鼓励企业投资节能和环保的技术或设备；三是成立碳基金，为产业与公共部门的能源效率咨询提供免费服务、现场勘察与设计建议等，并为中小企业在促进能源效率方面提供贷款。在英国，气候变化税一年大约筹措 11 亿～12 亿英镑，其中 8.76 亿英镑以减免社会保险税的方式返还给企业，1 亿英镑成为节能投资的补贴，0.66 亿英镑拨给了碳基金。据测算，由于气候变化税政策的实施，至 2010 年英国每年可减少 250 多万吨碳排放，相当于 360 万吨煤炭燃烧的排放量。[②]

此外，英国政府实现公共政策流程的"低碳化"、"减碳化"乃至"无碳化"（De-carbonize）。也就是优化政府决策程序，在决策中结合推进低碳经济的发展思维，支持实现发展低碳经济的目标。

（二）以市场为基础

英国在发展低碳经济中，十分注重发展市场机制的作用。

第一，"政府投资、企业运作"成为英国推动低碳经济的有效模式。碳基金，

---

① 李军鹏：《低碳政府理论研究的六大热点问题》，《学习时报》2010 年 5 月 24 日。

② 郭印、王敏洁：《国际低碳经济发展现状及趋势》，《生态经济》2009 年第 11 期。

是一个由英国政府投资、按企业模式运作的独立公司，成立于 2001 年。碳基金的主要来源是气候变化税，从 2004／2005 年度起，增加了两个新的来源，即垃圾填埋税和来自英国贸易与工业部的少量资金。碳基金主要在三个重点领域开展活动：（1）能马上产生减排效果的活动；（2）低碳技术开发；（3）帮助企业和公共部门提高应对气候变化的、能发展相关的大量有价值的资讯。碳基金作为一个独立公司，介于企业与政府之间，实行独特的管理运营模式。一方面，公司每年从政府获得资金，代替政府进行公共资金的管理和运作；另一方面，作为独立法人，碳基金采用商业模式进行运作，力图通过严格的管理和制度保障公共资金得到最有效的使用。碳基金的这种介于政府与企业之间的独特地位，有利于调动和协调政府、企业、科研机构和媒体等各方面的力量和积极性，共同关注和培育低碳经济。[①]

第二，英国于 2002 年正式实施排放交易机制，成为世界上第一个在国内实行排放市场交易的国家。为与欧盟气候政策相协调，英国排放贸易机制于 2006 年 12 月 31 日结束。欧盟在各成员国的基础上，建立了温室气体排放贸易体系，扩大交易范围，除污染性企业和电厂外，交通、建筑部门等都可以参与排放交易，并于 2005 年在欧洲企业间实施碳排放交易。预计 2020 年，欧盟将成为世界最大的碳交易市场，并带来几百亿欧元的收入。

此外，政府还通过市场体系促进节能技术升级，形成低碳技术与低碳产品开发的市场环境。

（三）以全体企业、公共部门和居民为主体

英国在向低碳经济转型的过程中，政府起主导作用，市场发展基础性作用，而企业、公共部门和居民则是发挥主体作用。企业、行业协会、咨询公司、投资公司、科研机构、媒体、居民等多方面力量的参与和合作，共同促进低碳发展。如公民树立低碳理念、改变消费观念、参与低碳决策等。

---

① 郭印、王敏洁：《国际低碳经济发展现状及趋势》，《生态经济》2009 年第 11 期。

第二章 法国：大力发展绿色产业

绿色产业，是对传统产业的改进和升级，是人们在拥有一定物质基础后的必然选择。法国在绿色产业发展方面拥有诸多经验和成绩。

一、制定绿色产业发展战略

节能环保逐渐成为新趋势，这是绿色产业得以兴起的基础。虽然绿色产业在发展中面临困境，但法国仍旧坚持在战略上重视绿色产业的发展。

（一）绿色产业的含义

绿色产业，是基于环保的目的，在生产、生活过程中，减少污染、废物的排放，再利用资源，循环使用资源以及污染的防治等一系列相关经济活动的总称[①]。

由于绿色意识日益成为影响当代社会经济发展进程的一种重要理念，绿色产业得以兴起和发展，绿色产业与传统的产业分类方法不同，是以其对环境友好为基本的标准，既包括对现有产业的绿色化改造，也包括一些相关的新兴产业。

绿色产业也有狭义和广义之分，这是针对不同范围作出的区分，也是一个包含范围不断扩展的过程，是一种历史性的区分[②]。狭义上，绿色产业主要是指"直接与环境保护相关"的产业。这里的直接相关，是指通过减量化生产、提高

---

① 刘小清：《绿色产业——迎着朝阳走来的新兴产业》，《商业研究》1999 年第 9 期。
② 陈飞翔、石兴梅：《绿色产业的发展和对世界经济的影响》，《上海经济研究》2000 年第 6 期。

生产成本用于污染排放减少、提供环境保护设备和废弃资源再处理的企业。

广义上，所有"对环境友好"的产业都可以被称为绿色产业，但须符合4R原则，即减量化、再利用、再循环和取代使用（reduce、reuse、recycle、replace）。减量化，是指减少资源单位使用量，减少单位生产废弃物排放，在生产和运输过程中减少其他不必要的消耗、破损、过期等情况；再利用，是指材料、用品的反复使用、再收集再使用以及修复后再使用；再循环，是指将废弃物、老旧物进行回收再用于生产，这种回收包括对物品进行分解为各种有用资源，如日常生活中的废报纸、塑料瓶、旧电脑等物品的再循环生产；取代使用，是指对污染大、损耗大、废弃物产生量大的物品、材料或资源进行取代，更换为环境友好的其他物品、材料或资源。

（二）绿色产业的兴起与困境

绿色产业随着绿色观念的兴起而兴起，绿色产业在拥有许多光环的同时也存在发展中的困境。

1. 绿色观念的兴起

随着社会经济的发展，人们的生活水平不断提高，物质生活不断丰富，却也带来一系列问题。不断扩张的工业生产和不断扩张的物质需求，带来了环境污染和破坏，也造成了资源的稀缺和枯竭，一批持悲观主义的学者站出来大声疾呼，认为目前我们的生产、生活方式已不可持续，需要考虑到全体人类的福利，需要考虑到现在和未来人的福利，如此无节制的发展方式，终会带来人类的毁灭。

正是这些悲观主义者的大声疾呼，使人们开始注重目前发展中的各种问题，也有学者相应地提出了可持续发展的观点，可持续发展的概念，可持续发展的内涵，以及可持续发展的实现方式。

绿色观念，可以说，从思想起源上，也是与可持续发展观一脉相承的，也与可持续发展观并行不悖，甚至是可持续发展观的具体实践。提起绿色观念的兴起，有初期的"绿色革命"，也有之后的"绿色计划"。

绿色革命，主要是指针对农业的一种变革，运用科学技术手段改进生产过程，如通过培育良种等办法来达到农业产量的提高。很明显，绿色革命涉及的范围难以解决目前的深层次问题，逐步提升的产业结构带来的变化，绝不仅仅是一个农业改变所能涵盖的。

绿色计划，主要是为实现可持续发展而进行的战略构想与计划，使整个社会经济发展朝着更"绿色、节能、环保"的方向运行。"绿色计划"最早是在1989年，由加拿大环境部长提出，加拿大第一次在官方文件中使用这个词。其后，在90年代，有"12个工业化国家"提出了自己的"绿色计划"构想。

绿色观念的兴起，与当时快速社会经济发展所带来的一系列问题有直接的关系，是人们对于当时环境问题的一种积极反馈。人类在高速发展的同时，也在高速地破坏环境，"根据联合国环境署的一项统计，20世纪90年代初，世界每年排入大气中的有害气体达10亿吨以上，有1800万公顷的森林从地球上消失，600万公顷土地变成沙漠，1000多种鸟类和哺乳类动物、10%的植物正濒临灭绝的危险，数以百万的人死于因环境污染而导致的疾病……"随着科技水平提升，资源的边界被不断扩展，过去发展中的问题被不断地克服，可是，地球作为一个封闭的生态系统，终究会有自己的边界。当人类的发展达到这个边界，即100%甚至更多时，地球生态系统的崩溃就也不远了，因此，如何切实解决这些身边的问题，需要反思现有的发展模式。

绿色产业，是绿色观念兴起的直接性产物，是绿色观念的具体践行。正是绿色观念开始被人们所认同，一些国家开始出台"绿色计划"推动绿色发展，这种内部性的导引，与外部的推动，使得绿色产业开始有动力和发展的空间。绿色产业，是对传统产业的改进、改造或再造，从传统的线性发展，到符合循环理念的循环发展。绿色产业致力于改善人类的生活环境质量，使环境更有益于人类的长远发展，并提升环境自身的创造力。

2. 绿色新政的提出

2008年12月11日，联合国秘书长潘基文在为联合国气候变化大会高级别部分致开幕词[①]时表示，在面临气候变化与经济双重危机的时刻，各国也迎来了同时应对这两个挑战的契机。他呼吁各国实施"绿色新政"，在应对气候变化方面进行投资，促进绿色增长和就业，创造可持续投资所需的政治、法律和经济框架，针对经济危机采取的措施必须同时推进气候变化问题上的目标，而针对气候变化危机采取的行动将促进经济和社会目标的实现。

潘基文对美国、中国等在气候变化问题上展现出的一些积极态势表示欢迎。他指出，美国下届政府计划将替代能源、环境保护和气候变化作为国家安全、经

---

① 潘基文:《潘基文致辞气候变化会议呼吁各国实施"绿色新政"》，2008年12月11日，见 http://www.un.org/chinese/News/fullstorynews.asp?newsID=10877。

济复苏和繁荣的核心;中国将经济刺激方案的四分之一用于增强可再生能源、环境保护和节能;丹麦自1980年以来以能源消耗的少量增加实现了国内生产总值的大幅增长;这些都是令人鼓舞的进展。

潘基文表示,本次在波兹南举行的联合国气候变化大会面临着三个挑战。一是为明年的谈判确立工作计划,他很高兴与会各方已就此达成一致;二是勾勒出减缓和适应气候变化远景的核心内容,工业化国家和发达国家在这方面应各尽其力;三是再度承诺就应对气候变化这一紧迫问题采取行动。他强调,尽管经济危机很严重,但气候变化问题涉及的利益更高,它影响人类当前以及长远的生活和繁荣,因此必须在各国议事日程上占据首要地位。

绿色经济,包括"开发清洁能源和清洁技术、开发包括生物物质在内的农村能源、发展包括有机农业在内的可持续农业、建设生态系统基础设施以及通过发展节能交通工具和节能建筑促进城市的可持续发展等",是为了维护人类的可持续生存与发展的一种经济模式,也是绿色新政的主要内容。

有人将绿色经济视为新一轮的"工业革命",这是由于绿色经济能够极大地推动人类的发明和创新,从而再次带来另一种模式的爆发式变革。这种变革体现在能源上,表现为因气候变化带来的能源革新。由于传统化石能源的使用,开采造成的地质破坏、废弃物堆积,运输过程中造成的泄漏,加工、使用过程中造成的温室气体排放、污染性气体的排放、废弃物堆积,地球上存量的不断减少等问题逐步呈现,人们开始寻找化石能源的替代品——清洁能源。

清洁能源的发展,却又受到现有关税和贸易体制的影响,以及金融政策的影响,由于成本较高且不成熟,很多金融机构不愿意对其进行投资。"绿色新政"的出台,将会对诸如此类的问题造成改观。法国总统萨科齐、英国首相布朗和美国新任总统奥巴马都陆续表示支持这项"绿色新政"。

3. 绿色产业的优势

绿色产业有许多优势,也存在一定的困难[1]。推动绿色产业,能够降低能源消耗量,是防止全球气候变暖的必然之举[2]。据估算,随着化石能源等资源的消耗,地球温度会进一步上升,至2050年,将升高6或7摄氏度。这将造成海平面的进一步上升,对于许多国家和地区来说,将是毁灭性的。如果仅仅升高2摄

---

[1] 参见陈文江、唐烨:《金融危机推动"绿色新政"》,2008年11月18日,见 http://www.360doc.com/content/08/1118/17/22_1951851.shtml。

[2] 参见李文虎:《投资于绿色产业一箭双雕》,《高科技与产业化》2009年第3期。

氏度，预计需要 45 万亿美元。这笔钱中的很大一部分，需要投入可再生能源和清洁能源的开发上，因此，未来绿色产业将迎来大量的资金支持，也是为防止气候变暖的必经之路。

绿色产业的发展，将会对其他传统落后产业造成挤出效应，或者迫使这些传统产业进行更多的绿色投资，这会对传统工人的就业造成影响。与此同时，绿色投资所带来的新的岗位需求也在产生，这会创造出新的就业机会。根据联合国的一份报告，美欧等西方发达国家的绿色产业将产生大量的就业机会，至 2020 年，德国的可再生能源产业提供的岗位将超过汽车业，英国花费 1000 亿美元的风力项目将提供 16 万个岗位，美国 1500 亿美元的能源使用效率提升将提供 500 万个就业岗位，法国在节能建筑方面的投资将提供 20 万～50 万个就业岗位。

4. 绿色产业的困境

作为新生事物的绿色产业，前景不一定一帆风顺，有悲观主义者担忧传统能源会成为绿色能源的主要阻力，当传统能源遇到经济下行时，也会调低价格，从而阻碍绿色能源的发展。

发展太阳能、风能、核能以及可再生能源均需要大量的投资，这些投资均需要一定的时间消化，收回投资并获得收益更需要时间并具有风险。绿色能源的价格相对于传统能源的价格有足够优势时，才更易于发展，根据相关测算，油价在 140 美元 / 桶时最适合绿色能源获得收益。

然而，由于经济危机，需求不足，投资放缓，大量产品价格开始下降，传统能源价格也不能例外。为应对经济的衰退，国际油价开始下行，由之前的 147 美元 / 桶下降到 60 美元 / 桶，这样低的价格使得潜在的绿色能源购买者会放弃购买，毕竟价格低与使用习惯会左右人们的选择。

于是，各地对于绿色能源的投资开始变得谨慎起来。如西欧的意大利和东欧的一些国家，甚至美国，前者的国家行为开始不再遵循欧盟的倡议，后者的风险资本家也开始缩手缩脚，不再对绿色能源像以前那样表现出巨大的兴趣，这种转变给绿色能源的发展带来极大的阻力。

在这种倾向下，唯一能够快速起到作用的，只能是政府干预。通过政府大规模的资金刺激计划，使金融市场对绿色能源的发展更加倾斜，这虽有悖于许多欧美国家的自由市场主义原则，但历史上，这些国家在过去也这么做过。如当年的罗斯福新政，其内涵就是针对经济危机实行国家干预，提振信心，让国家更快地从危机中恢复过来，虽然这种国家刺激行为不断为广大市场的信奉者诟病。

且不谈刺激带来的后遗症，市场需要宏观支持，市场中的广大失业者也需要，如何快速让经济从低落拉升起来，还能满足进一步产业升级的要求，非投资绿色能源莫属。

（三）法国的绿色产业战略

法国政府一向有国家干预的传统，在制订的计划中，绿色产业成为该国的重要战略，这一战略在面临经济危机时执行得更加坚决。

1. 绿色产业传统

法国向来偏好国家干预[①]。法国从来都不是"市场"的完全信奉者，对于自由市场主义的信条并不是逐条遵循，当需要时，国家便会挺身而出，成为市场的引路人和刺激者。第二次世界大战后，法国面对战争带来的满目疮痍，选择了国家主导下的快速发展战略，其中值得一提的，就是代价昂贵、风险较大的核电项目，以及遍布法国的"高速铁路网"。在这样的选择之下，法国迎来了灿烂的"光辉30年"，法国人也因之前的预期性投资受益，享受了清洁、便宜的电能和快捷的交通网络。

法国的建筑在国家导向下发展。有估算称，法国将近四分之一的"温室气体排放来自建筑物的能源消耗"，为降低建筑能耗，降低温室气体排放，提高就业，2007年10月，法国总统萨科奇召集相关部门出台了具体针对节能建筑的计划。该计划主要给建筑（如住宅、办公楼和公共住房等）提供更好的隔热设施，并提高能源利用率，这将产生"大约20万个就业岗位"，到2020年，"使法国温室气体排放降低40%"。

法国的环保汽车在国家刺激下发展。为了改变国民的购买习惯，使国民逐步放弃大排量的汽车，而中意小排量的汽车，自2008年1月1日，法国政府同时推出了补贴小排量和大排量汽车额外征税的政策。目前，该项政策已经起到一定效果，如雷诺汽车在同年9月份的销售额就上升了8.4%，"预计全年增长3.4%"。

法国的新兴能源在国家计划、扶持和刺激下发展。2008年年底，法国已制订了新兴能源的发展规划，致力于发展清洁、无污染的能源，该规划要求于"2012年建成第三代（EPR）核反应堆的首台机组，2015年至2020年具备批量

---

① 李文虎：《投资于绿色产业一箭双雕》，《高科技与产业化》2009年第3期。

建设第三代反应堆的能力，2035 年完成第四代反应堆的开发"，同时，通过发展生物能、风能、太阳能等，使新兴能源的使用占比于 2020 年达到 23%，提升12.7 个百分点。这样，传统化石能源的使用占比将会大大下降，被新兴能源所替代。这其中，由于煤炭的有害气体含量更高，煤炭的使用量将会降低 40% 左右，这将是重大的变化。

国家干预需要大量的资金，这会增加政府的支出压力，加重财政赤字，这在经济衰退的时候，对于政府而言，便更感吃力。然而，经济衰退的时候，更需要政府出面提振市场信心。2008 年，法国政府仅补贴一项，就耗费了 2 亿法郎，这进一步加重了法国的财政赤字。法国总统萨科奇说，"（我们）不再为了现在牺牲未来，而是为国家的发展创造最好的条件"。

2. 最新绿色产业战略

发展绿色产业从来没有像今天这样迫切，这是在危机之中的一种积极选择，也是发达国家掀起的世界性潮流。法国并未在 2008 年的危机中独善其身，引以为豪的汽车制造业、旅游和酒店业、房地产和建筑业等均受到影响，上百万人陷入失业，这是又一次严重的困境，也是新兴产业的机会。从客观需求出发，旧有的生产生活方式已不可持续，迫切需要借助经济低位来转型。

为实现更大程度的可持续发展，"法国可持续发展综合委员会（CGDD）就法国绿色产业的现状和未来发展趋势和需求发布了一份综合报告"[1]。报告首先就全球的绿色产业情况进行了分析，包括已具规模的和极有发展潜力的；然后，对法国的每个产业的优势和劣势进行了分析，并据此提出了发展的优先行业、极具潜力的行业以及有发展前景的行业；最后针对每个行业提出了相应的发展规划，以及政府在其中所要从事的活动，包括科研倾斜、基础设施建设和企业扶持等。

报告中指出，法国的六个优先发展行业是，清洁汽车、海洋能源、第二和第三代生物质燃料、离岸风能、节能建筑和二氧化碳捕获和储存（CCS）。

二、制定绿色产业发展政策

绿色产业的发展需要相应的政策支持，法国政府在可再生能源、环保汽车、

---

[1]　科技部:《法国推出绿色产业"增长战略"以应对后经济危机》,2010 年 3 月 9 日，见 http://www.most.gov.cn/gnwkjdt/201003/t20100309_76203.htm 。

核能、环境保护和绿色建筑等领域，都出台了相应的政策[①]。

（一）可再生能源

法国在价格上引导可再生能源的发展方向，这也源于自身化石能源不足。2008 年，法国再次提出发展可再生能源的一揽子计划。

1. 价格引导投资

法国政府自 2000 年 2 月，为达到发展清洁能源的目标，政府要求法国电力公司以政府规定的价格，从"绿电"供应商手中购买清洁能源，即通过上调可再生能源购价格，以鼓励更多的投资者加入到可再生能源领域[②]。

法国工业部副部长弗朗索瓦·罗斯（Francois Loos）称，生物质能将以约 50% 的增长率上涨至 14 欧分（约 17.64 美分）／千瓦时；地热能源将从 7.6～12 欧分（约 9.5～15.2 美分）／千瓦时上涨至 7.9～15 欧分（约 9.95～18.9 美分）／千瓦时，这种能源用于发电或电热结合装置；另外，海面风力涡轮机的发电价格也将上调至 13 欧分（约 16.4 美分）／千瓦时。

罗斯称，由于法国强风区的风电设备已满载，为激励投资者投资高效设备并在风力均衡地区安置发电机，陆地风力涡轮机发电的现有价格结构也将被调整。法国的目标是，到 2010 年，促使可再生能源发电比率由现在的 14% 增至 21%。

1970 年，第一次石油危机后，法国开展了许多大的项目，法国电力公司是其中之一，约四分之三的电力都是由法国电力公司的核电厂提供。而可再生能源项目中，在规模和目标上比较显著的有两个项目。一个是法国第一家离岸式风力电厂，建在距海峡度假村 7 公里（4 英里）的地方，计划于 2008 年投入运行。电厂每年的装机容量设定为 3 亿千瓦时，足够为一个 15 万人口的小镇供电。另一个是一项新的地热发电计划，将在法国东部的下莱茵县开展。

欧洲风能协会上周表示，在布鲁塞尔进行的欧洲议会表决中，决定将欧盟非核能研究经费的 2/3 投入可再生能源与能效中。这一决定相当于把投入化石燃料上的研究经费转移到清洁能源上来。风能协会称，2007 年至 2013 年的非核

[①] 国际能源网：《法国上调"绿电"价格　促可再生能源发展》，2006 年 7 月 6 日，见 http://www.newenergy.org.cn/html/0067/200676_10715.html。

[②] 新华网：《法国出台一系列政策发展绿色经济》，2010 年 1 月 4 日，见 http://www.bioon.com/bioindustry/bioenergy/427866.shtml。

能研究经费总计将达 24 亿欧元（约 30.24 亿美元）。如获欧盟各国部长批准，那么，每年研究可再生能源和能源效率的经费约为 2.26 亿欧元（约 2.85 亿美元）。

2. 发展一揽子计划

可再生能源是法国发展的重点，尤其是在 2008 年这个节点，法国公布了发展包括地热能、太阳能等可再生能源的一揽子计划。该计划体现了法国政府的政策倾斜力度。

该计划提出，提高地热能的使用量至 5 倍以上，"使 200 万户家庭能够用这种能源取暖"，提高太阳能的利用率，并鼓励其他再生能源的研发、生产和销售。

在太阳能的利用上，采用集中发电和个人发电两种办法，一方面，发展自身技术，"到 2011 年前，法国的每个大区将至少建造一座太阳能发电站"，另一方面，鼓励个体利用太阳能发电，通过简化手续和补贴的方式，鼓励企业和个人在建筑屋顶上"安装太阳能电池板"。通过这两方面的共同努力，大大提高太阳能的利用率。

如果该计划得以贯彻，估计 2020 年可再生能源在能源消费总量中的比重至少要提高到 23%，相当于每年为法国省下 2000 万吨石油。

（二）清洁汽车

清洁能源汽车，或称之为清洁汽车、新能源汽车，顾名思义，是指改良传统的汽油动力系统，辅之以新兴能源或使用新兴能源完全取而代之的新型环保汽车[①]。清洁能源汽车并不是完全抛弃传统汽油能源，从保有量和技术成熟度来说，混合动力汽车是很好的过渡产品。纯电动汽车也有很好的发展前景，目前主要受制于充电站、价格和安全因素等。

2008 年，法国投入将近 4 亿欧元用于清洁能源汽车的研发。石油的使用带来了一系列的环境问题，石油目前的储量难以持续利用到下个世纪，开发和使用新能源是未来的必然趋势，也是应该提前做出的布局。基于此，法国将石油的替代使用延伸到汽车这一行业。

为保证清洁汽车的能源持续获得补给，建造相应基础设施。对于纯电动汽车而言，充电池的续航能力和再充电成为关键，大量的充电站是必需的基础设

[①] 李学梅：《法国拟斥巨资发展清洁能源汽车》，2008 年 10 月 9 日，见 http://news.xhby.net/system/2008/10/10/010352730.shtml。

施，就好比传统汽车需要大量的加油站。法国在工作和生活的重要场所和节点大力建造汽车充电站，避免纯电动汽车无电可充的局面。

为降低清洁汽车价格，推出补贴政策。价格也是一个十分重要的因素，出于使用惯性，消费者更习惯传统能源汽车，对清洁汽车表现出不信任，然而合理的价格能够推动消费者，使他们倒向清洁汽车。2008 年，法国政府推出了"新车置换金"政策，这一政策对置换新车的车主产生影响，如果购买小排量的、环保型的汽车，则能享受"200 欧元至 1000 欧元的补贴"，相反，如果购买大排量的汽车，则"须缴纳最高达 2600 欧元的购置税"。

这一系列政策不仅触动了消费者，也大大刺激了汽车生产商，诸如雷诺—日产联盟、标致—雪铁龙、法国电池生产商博洛雷集团和意大利的皮宁法里纳公司，都从 2010、2011 年开始试水电动车，正在进入逐步量产的快车道。

节能环保、经济实用的车型目前备受部分汽车生产商和消费者青睐。但业内人士认为，这类汽车虽然环保，但在市场普及方面依然存在不少困难，如车用电池无法长时间使用，充电站难以在短期内形成规模等，此外，电动车的研发费用也十分高昂。

（三）核能

第二次世界大战后的战略选择，通过大力发展核能使其成为法国的优势产业，使得核能在能源来源中占到举足轻重的比例，也使法国拥有"阿海珐集团、法国电力集团等在核能开发方面全球知名的企业"。

由于法国在核能方面的优势地位，法国也希望不仅仅是利用核能，更希望能够将核能技术对外输出，甚至帮助其他国家和地区建造核电站及其相关设施，来获得收益。因此，法国电力集团和阿海珐集团的负责人经常是法国领导人出访的随行者，法国领导人也乐于对外推荐自身的优势产业。如欧洲的"压水核反应堆"，法国希望通过"发展和转让压水堆技术"，从中"获取巨大经济利益"。

从发展历程上看，法国的核能经历了一个快速发展、逐渐被忽视和再次获得重视的过程。二战后时期的战略选择，主要从客观需求出发，政府的重视使核电站建设热情高涨，期间核能发展迅速；随着核能逐步满足了国内需求，并能够对外输出电能，需求逐步饱和的情况下，法国对于核能的发展放缓了；其后，诸如石油等化石能源价格的高企，法国开始再次重视核能这一优势产业。

法国开始将发展"核能与发展可再生能源置于同等重要的位置"，这体现在法国领导人的相关讲话中，也落实在政策上。在 2009 年的政策中，总计约"350

亿欧元的政府借贷计划"，其中就有"10亿欧元将被用于发展第四代核反应堆"。

核能作为新兴能源的重要组成部分，虽然存在风险，但仍旧是许多国家和地区未来发展的重点，这些发展需求对于法国来说是极大的利好，随着发展，新兴能源终会取代传统能源成为主力，面对这些契机，法国将积极体现自身优势。

（四）环境保护

法国并非是无污染的净土，工业化同样让法国面临污染的困境，PM2.5浓度偏高也曾是法国的噩梦，通过不断出台相关政策措施，广大的游客才能随处可见湛蓝的、如画般的天空。

法国治理环境的一个主要方式是税收调节，通过征税来获得环境治理的资金，通过减税来引导有利于环境的生产生活方式。2006年，法国出台了"一系列旨在加强环境保护的税收政策"[1]。该政策包括对煤炭的使用征税，"税额为1.19欧元／兆瓦小时"；增加工业污染和垃圾排放税收的税率，较之前提升10%；增加"航空噪音污染税"；对减少环保型企业的税收；减少或免除"生态农业和节能住房"的土地相关税收，减少的比率在50%左右。

所有增加的税收，都会用到相应的治理环节中，如增加的煤炭使用税用在空气的治理和碳排放的控制上，增加的"航空噪音污染税"将用在污染区域内的房屋隔音装置上。

这些政策并不代表法国就能从此与污染绝缘，仅以空气为例，2004—2006年期间，2013期间，法国部分区域都出现了空气污染超标甚至严重的情况。为此，相应处罚措施和定期监控政策是较为有效的控制办法。

（五）绿色建筑

2012年法国生态、可持续发展、交通运输和住房部环境与可持续发展理事会国土可持续开发分会主席阿兰·拉孔特（Alain Lecomte）[2]在第八届绿色建筑大会的开幕式上，对法国的绿色建筑政策作出了阐述。

---

[1]　卢苏燕：《法国出台环保税收新政策》，2006年11月14日，见 http://news.qq.com/a/20061114/001114.htm。

[2]　阿兰·拉孔特（Alain Lecomte）：《绿色建筑与可持续国土——法国政策》，2012年4月2日，见 http://www.chinagb.net/gbmeeting/igebc8/xinxi/yjg/20120402/85296.shtml。

　　他指出，在2007年，法国决定将可持续发展和应对气候变化作为优先国策。新当选的共和国总统希望成立涵盖环境、交通、住房和能源公共政策的一个大部，之前，这些政策分别隶属政府四个部管辖。可持续发展部部长于是启动了一个持续几周的论坛，汇集有国家、地方、企业、工会和行业协会的代表，目的是共同确定减少温室气体排放和能耗的国策，该论坛取得了很大成功，也使法国全社会意识到应对气候变化的重要意义。

　　现在，法国企业已积极行动起来，开始为提供"绿色"建筑所适用的产品和系统而努力，所有建筑行业正经历深刻的变化，为减少能耗和对环境的影响作出贡献。地方政府希望自己的城市成为可持续发展的城市。在它们当中，已有很多城市开展了雄心勃勃的城市项目。优秀的城市规划师和专业为地方公共服务，如交通、水分配以及垃圾收集与再利用的大型企业都为这些项目提供了帮助。中央政府也发挥了重要作用，肩负指导公共和私营部门行动的责任，在论坛之后，国民议会通过了两个立法，落实论坛所确定的国家政策目标。其中第一部法律着重确定减少能耗的高目标和可持续发展的原则，如减少城市面积扩张；第二部法律明确了达到这些目标的方法。因此，在城市规划、建筑、交通和能源领域，非常具体的措施都得到采纳。

　　为协调公共和私营部门的行动，还专门制订了建筑规划，新的热能标准将于2013年1月1日起在所有新建筑中执行。另外，一个新的标准也自2007年以来就应用于进行改造工程的旧建筑。能耗审计和检查成为必须，以零利率或者税收补贴形式为主的重大资金支持也已经到位，以帮助私人业主和社会住宅机构改造住房。建筑行业的不同专业之间有了更好的协调，从而使整个建筑行业都动员起来参与改善建筑的整体性能，从建材和设备生产商到建筑师和工程师，建筑企业以及物业管理公司。

　　这一建筑领域的积极行动也被纳入更加广泛的可持续城市计划当中。该计划以新的方式设计和管理城市，以减少对环境的破坏。为此，国家启动了项目招标活动。第一轮招标涉及的是生态街区，目的是让新近城市化的区域成为环保的典范；第二轮招标内容是生态城市项目，涉及更广大的地域，地方政府应从可持续发展的长远视角协调城市化、交通、住房和环保政策；第三轮招标的内容是公共交通发展，即建设能提供高质量服务的轻轨和公交车路线。

　　这一城市可持续发展计划基于两项对投标的地方政府所提出的要求。第一项是居民、协会和经济实体参与可持续城市的设计及其运行，这是让城市真正可持续发展的保证，因此得到所有在那里生活和工作的人们认同。第二项要求是从三个层面进行整合，一为社会阶层的融合，不论收入水平如何，所有居民都将能混合居住；二为功能整合，要求在同一块地域内，既有住房也有办公楼；三为年龄混合，要求在同一地点居住有不同年龄层次的居民。只有这样，城市才能保持活力和开放。这些，需要通过发挥私营企业和政府部门专长而取得的成就。

最后，他强调绿色建筑和可持续城市的发展不能仅依靠技术的进步。公共和私营部门应该开展真正的高质量行动去满足可持续发展的需要。这需要从四个方面着手，一者应在城市建筑的各个层面进行努力，否则，取得的成果或节省就会在别处流失；二者应确保制定针对最终目标的整体设计方案，对于建筑而言，从设计伊始，就要考虑到当建筑废弃时的建材回收再利用，对于地方来说，则是整个城市功能要得到地方政府的组织；三者公共和私营部门应共同致力于确定高质量的项目，公共部门作为采购方，应信任那些愿做供应商并能提供创新性新颖解决方案的企业；最后应使全体消费者、公共服务的用户，乃至全体公民都充分意识到一个真正环保的做法能改善生活质量并减少自己的能源开支。

三、选择发展绿色产业重点领域

法国根据其目前的技术水平及其未来市场潜力，确立了 6 个重点行业或称之为优先发展行业，分别为清洁汽车、海洋能源、第二和第三代生物质燃料、离岸风能、节能建筑以及二氧化碳捕获和储存（CCS），这些都通过政府、企业和个人三者的有效互动而实现。

（一）清洁汽车

汽车产业在法国具有十分重要的战略地位和支柱地位，扮演着就业吸纳器的作用，其解决就业达到总就业人口的 10%，法国政府历来对汽车产业这一支柱十分重视[1]。近年来，伴随着经济危机、能源危机、内需饱和以及外来竞争等多方面因素，法国汽车产业的发展面临重重困境，并多次陷入份额下降和利润下滑的境地，甚至不得不裁员。汽车产量大大降低，从而影响到汽车行业就业人口，行业就业人口较之 10 年前下降了 30%。以雪铁龙公司为例，其在 2012 年

---

[1] 杨海洋：《法国出手扶持汽车工业　提高环保和清洁车补贴标准》，2012 年 7 月 30 日，见 http://intl.ce.cn/sjjj/qy/201207/30/t20120730_23536955.shtml。

准备在法国国内裁员 8000 人，并准备关闭部分分厂，通过减少运营成本的办法，试图扭转颓势。这给法国国内带来了触动和紧迫感，也给清洁汽车的发展带来理念的统一和政策支持。

清洁汽车的概念由法国政府在 2004 年率先提出，就是以基本不对环境产生危害的能源为动力的汽车，目前，主要的清洁能源汽车有电动汽车、燃料电池汽车等[1]。

法国清洁汽车的领先地位，首先体现在理念[2]上。清洁汽车的发展受到了足够的重视，这种重视甚至不论政党派别，左派与右派都认为清洁汽车在未来必能成为主导者，因此支持与重视是必要的。随着能源的更新换代，清洁汽车将逐步替代传统能源汽车，进入千家万户，法国人民运动联盟（UMP）生态和可持续发展部国务秘书埃里克·蒂亚德称，2020 年清洁汽车的产值将达到 120 亿欧元。法国社会党运输部国务秘书贝纳德·苏拉奇也对清洁汽车表示了极大的支持，认为清洁汽车更符合现实环境的需求，能够减少污染，因此，公共交通工具也要广泛应用这种技术，让清洁汽车获得更大发展。2011 年，清洁汽车中混合动力车和乙醇汽车在法国的市场占有率分别为 0.5% 和 0.2%，预计至 2020 年，将在国内和国外市场获得更大发展，在欧洲和中国大致能达到 8% 和 7%。

2011 年，法国政府再次对清洁汽车进行支持[3]，共"将订购 2.5 万辆电动汽车，其中 1 万辆用于邮政运输，5000 辆作为公务用车"。该项支持活动给法国汽车厂商带来大量商机，雷诺汽车公司与雪铁龙公司因此而受益，在获得订单的同时，相应车型的车辆也得以量产。与此同时，由于清洁汽车造价更高，法国政府也对其进行相应购买补贴。以雪铁龙产品为例，雪铁龙 C zero 电动汽车售价高达 3.5 万欧元，约为同等排量汽油车型的三倍，3008Hybrid4 混合动力车较 3008 汽油车高出 5000 欧元，因此，法国政府拟对每辆电动汽车和混合动力汽车的购买者，分别补贴 5000 欧元和 2000 欧元。

2012 年，法国公布了"扶持汽车工业计划"，这是在汽车业再次面临萧条，法国汽车面临困境时提出的。该计划汲取了上轮刺激政策的经验和教训，主要致力于给中小企业提供信贷支持，而不是更大范围和规模的低息贷款，也没有

---

[1]　中国网：《法国清洁能源汽车商务考察团来华考察》，2010 年 11 月 12 日，见 http://news.163.com/10/1112/18/6LAF5N4700014JB6.html。

[2]　刘伟：《法国清洁汽车市场发展前景广阔》，2011 年 10 月 13 日，见 http://www.mofcom.gov.cn/aarticle/i/ck/201110/20111007779143.html。

[3]　刘伟：《法国政府鼓励和支持清洁汽车的发展》，2011 年 10 月 11 日，见 http://www.mofcom.gov.cn/aarticle/subject/chanyejishu/subjectm/201110/20111007775668.html。

"以旧换新"补贴政策。具体而言，法国政府为"法国奥赛欧集团（OSEO）将提供近 6 亿欧元资金"，该集团专门为中小企业提供信贷服务。中小企业擅于创新，能为清洁汽车的技术进步带来更多活力，这正是诸如雪铁龙和雷诺公司所缺乏的。

（二）海洋能源

海洋能，具体包括"海洋热能、风能、潮汐能、海流能、波浪能等"，由于技术等问题，这些能源在目前并未得到充分利用，甚至处于闲置的地位，法国在这些方面有不容置疑的开发优势。这得益于法国拥有 1100 万平方公里的海洋区域，堪称世界第二。法国在全国范围内启动了诸多海洋能开发计划[①]，从大城市到内地各省和海外省，如南特、圣纳泽尔、布雷斯特、土伦、留尼汪等等。

2011 年，法国政府进行了总额为 100 亿欧元的海上风电项目招标，成为继续深入利用海洋能源的一个缩影。"法国电力巨头阿尔斯通、法国电力集团，能源巨头燃气苏伊士公司、核能巨头阿海珐的风电公司和西班牙伊维尔德罗拉（Iberdrola）电力公司"等，均递上了标书，希望能够参与其中。

2012 年，法国能源部部长贝松指出，"法国的目标是要在海洋可再生能源领域处于世界领先地位"[②]。法国的确也在朝这方面努力，5 年内已投入近 8000 万欧元，包括成立海洋能研究所（IEED），开辟海上风力发电、潮汐发电等项目。法国海洋能研究所[③]的研究内容，涉及近海风能、潮汐能、波浪能以及海洋热能等问题。该研究所将建造 5 个海上试验场，以供相关设备在真实环境下进行测验。在未来 10 年内，"法国海洋能源"研究所将聚集 58 家工业企业、研究所、大学以及沿海地区的区域市政府，其财政预算将达到 1.333 亿欧元，法国电力公司（EDF）总裁将担任该研究所的第一任主席。

法国的西北地区在大西洋沿岸，拥有非常特殊的地理位置，其潜在海洋

---

① 阿尼克·边奇尼:《海洋可再生能源：法国的优势领域》，朱祥英译，2011 年 9 月 29 日，见 http://www.ambafrance-cn.org/%E6%89%93%E5%8D%B0.html?id_article=16256&lang=zh&cs=print。

② 中国市场研究报告网:《法国投巨资发展海洋可再生能源》，2012 年 3 月 28 日，见 http://www.ewise.com.cn/Industry/201203/xinnengyuan281125.htm。

③ 陆娟:《法国："法国海洋能源"研究所成立》，2012 年 4 月 10 日，见 http://info.yup.cn/energy/51223.jhtml。

可再生能源占整个法国的90%。法国政府承诺支持可再生能源企业，特别是同STX法国造船厂签订了创新资助协议，扶持三个项目，分别为"海上风力发电站"（Fondeol）、风力发电安装船（Poseole）和海上风力发电场变电站（Watteole），总计223万欧元。专攻波浪能和海流能的南特中央理工学院如今为海洋可再生能源设立了一个海上试验平台，并筹建一个海上漂浮式风力发电机测试站。

法国国有船舶制造集团（DCNS，75%国家控股，25%泰雷兹集团控股）参与深水漂浮式风力发电项目，这个项目被纳入法国环境与能源控制署于2009年10月启动的海上能源示范性项目框架内。预计从2013年起，安装在布列塔尼沿岸的样机试验发电将并入国家电网。这一示范项目的成功将意味着，从2015年起，在远离海岸处可建立首个海上风力发电场。法国国有船舶制造集团在海洋热能开发方面仍然占据领军地位。该集团正在三个海外省实施项目：留尼汪、波利尼西亚和马提尼克。据该集团的一位负责人介绍，"海洋可再生能源最终将在欧洲占到每年60亿至80亿欧元的市场"。

由法国海洋开发研究所实施的《法国海洋能源》计划得到两个科技竞争园区的支持：布列塔尼海洋科技竞争园区和蓝色海岸海洋科技竞争园区。54家单位加盟这一计划，有企业、科研组织、高等院校和合作研究机构，组成了一个规模庞大的联合集团。目标是将法国西部建设成为真正的欧洲海洋之都。

布列塔尼海洋科技竞争园区与蓝色海岸海洋科技竞争园区在国际行动中相互协调，确定了发展战略和重点目标：欧洲、地中海、北大西洋和英吉利海峡海洋盆地、北海与波罗的海海洋盆地，其他地区列入更长远的目标。布列塔尼海洋科技竞争园区已经同国外的一些科技园区签署了多项合作协议：其中有英国东南部海洋产业群、法国—挪威基金会、德国石勒苏益格—荷尔斯泰因（Schleswig-Holstein）海洋产业群和魁北克海洋产业群。

发展海洋能源不仅能获得大量能源，多样化能源来源渠道，还能增加新的就业需求。根据法国能源部估算，到2020年，海洋能源能占到总能源的3.5%左右，这将更大程度地发挥法国的海洋资源优势。

（三）第二、三代生物燃料

第一代生物燃料是目前市场上仅有的生物燃料，从一些植物中萃取，如甜菜和一些油料作物，但是这些燃料需要消耗大量的耕地、水和资金，因而限制了效益。第二代生物燃料正在评估中，尤其是它的效益和对环境的影响，可通过生物发酵获得合成气，再转换成液体燃料（热化学转化技术），也可通过消化微生物获得乙醇（生物技术）①。

通过光合作用，一些微藻和蓝藻在特定条件下可产生氢，这是可直接用于燃料电池的能源载体，这些微生物还可以产生可转化为生物柴油的碳氢化合物和植物脂肪。藻类由此而能储存的脂肪达其干重的 50%，由于藻类繁殖速度快，表面利用效率高，这些生物在能源方面具有重要意义，即在同样面积上，某些藻类生产的生物柴油比一些地面植物，如油菜和向日葵可能高出 10 至 20 倍。

1. 理论研究

在法国的卡达拉什，研究人员十多年来筛选最有前途的藻类，研究它们的代谢状况，并优化它们的生物学机制，以提高富油成分含量。2008 年建立《日光—生物技术》科研平台就是为了这方面科研进展的需要，该平台具备尖端设备，能够在海量的微藻中找出有利特征，并识别这些微藻所产分子的性质；该平台与多方建立学术伙伴关系，拥有 20 至 25 位研究人员、工程师和技术人员，其中 13 位是法国原子能委员会和法国国家科学研究院的专职科研人员，他们在法国实施的科研项目由欧盟和法国国家科研署提供资金。

研究人员在努力寻找，目前是什么限制了生产有效益生物能源微藻的应用，并解开这个锁。研究人员正在实施关于微藻产氢、脂以及脂排泄途径的科研计划。用微藻培养技术生产很稀薄的生物质能（每升仅几克）需要使用大量的水。将脂类复合物排泄在介质中就可以克服生物能源代价高昂的难题。研究人员还在研究微藻脂类的质量，以获得接近煤油性质的最短链产品。从中期前景来看，有多种途径能够成功开发出第三代生物燃料。

同传统燃料相比，生物燃料因其温室效应气体排放减少，今天，它已成为遏止气候变化，在运输领域（二氧化碳的主要排放者）降低我们对石油依赖的一个直接、有效的手段。因此，生物燃料是法国稳定燃料价格、增强能源供应安全的一个稳定因素。

2. 新的生物能源产业化

欧盟日前决定对以粮食为基础生产的生物燃料加以限制，使得一度被人们

---

① 黛尔芬·巴莱:《了解更多生物能源的生产知识》，朱祥英译，2012 年 3 月 22 日，见 www.ambafrance-cn.org/ 了解更多生物能源的生产知识 .html?lang=zh。

视为在应对气候变化中发挥核心作用的生物燃料产业遭到重大挫折。业内人士和分析家预计欧盟的决定将在欧洲引发一轮生物燃料工厂关闭潮,未来生物燃料的发展前景令人担忧①。

据路透社报道,欧盟宣布将把交通领域中粮食型生物燃料的比例限制在5%。根据欧盟制定的可再生能源政策,到2020年,交通行业所用燃料中应有10%来自可再生能源。此前人们曾认为,以粮食为基础的第一代生物燃料在实现该目标的过程中将发挥重要作用,而随着欧盟开始限制粮食型生物燃料,不足的部分需要由新一代生物燃料来填补。

法国索菲博托(Sofiproteol)集团首席执行官让·菲利普·普伊格(Jean-Philippe Puig)表示,欧盟这次的表态是生物燃料政策的一个重大转变。该集团拥有欧洲最大生物柴油制造商,此前索菲博托集团已经在生物燃料领域进行了大量投资,包括投入超过1亿欧元在法国建设生物柴油工厂。

欧洲和美国此前的政策都倾向于鼓励生物燃料的发展,然而创纪录的全球粮食价格使许多人开始呼吁欧美对其政策进行变革。环保组织德国环境与自然保护联合会(BUND)主席休伯特·维哲(Hubert Weiger)表示,政策转向将降低粮食的价格上涨压力,同时促使汽车制造商提供更省油的汽车。欧盟2011年的数据显示,以粮食为基础的生物燃料占欧盟交通用燃料的4.5%,其中大部分生物燃料产自欧洲,也有一部分进口自南美、北美和东南亚。

在正式成为法律之前,欧盟委员会的计划还需要得到欧洲各国政府和欧洲议会的批准。德国含油种子行业协会(UFOP)发言人表示,欧盟的建议将会导致整个生物燃料行业走向毁灭。荷兰合作银行分析师贾斯汀·谢拉德(Justin Sherrard)表示,投资者的焦点已经逐渐转向下一代生物燃料。欧盟的建议发出了一个明确的信息,即第一代生物燃料的投资时机已过。

目前新一代生物燃料项目大多数规模很小,仍处于发展阶段。克劳斯·凯勒表示,也许到2020年我们可以看到一两个新型生物燃料工厂,但其产能远远无法与目前的传统生物燃料相比。

此外,第一代生物燃料制造商面临的困境将影响下一代生物燃料的发展前景。让·菲利普·普伊格表示,第一代生物燃料制造商最有可能投资第二代和第三代生物燃料,但是在第一代生物燃料工厂被迫关闭的情况下,这会给第二代生物燃料的企业投资带来困难。

---

① 人民网:《政策转向使欧盟生物燃料产业面临重大挫折》,2012年9月29日,见 http://www.beinet.net.cn/topic/dtjj/dtsj/201209/t4186011.htm。

3. 戴诺（Deinove）公司新进展

2012 年，法国一家中小企业戴诺公司[①]，分离出一种可用来生产第二代生物乙醇的细菌菌株，该菌株能够更为快捷和低成本地制造乙醇，便于第二代生物燃料的产业化。

生物燃料具有很大的发展前景，现今生物燃料已发展到第三代。第一代主要以粮食作物作为原料，如玉米等；第二代和第三代的区分方法尚存争议，有的以原料区分，有的以生产工艺区分。第一代生物燃料的缺点主要在于消耗粮食，对粮食食物作用的发挥起到挤出效应，对于愈来愈增加的世界人口而言，虽然生物燃料的兴起能够更好地应对能源危机和环境污染，但也令本就总体缺乏的粮食总量雪上加霜。因此第一代生物燃料有需要被替代的必然性。第二代生物燃料之所以迟迟不能完全取代第一代，主要在于成本。第二代生物燃料使用农业废弃物、非粮作物和藻类等生产乙醇和柴油，工艺十分复杂，复杂的工艺带动成本上升，虽不采用粮食作物，大大节约了粮食，却难以投入量产。

戴诺公司的这项技术，菌株分离过程不需要酶、酵母或抗生素等添加剂，能直接将复杂的生物原料分解成单糖并转化成乙醇。这让生物燃料厂商看到了曙光。这主要是由于法国农业部门的一纸禁令，由于第一代生物燃料生产过程中耗费大量粮食，促使国际粮价进一步上涨，为了阻止这一趋势，法国农业部门只好出台规定，限制"燃料中生物燃料含量不得超过 7%"。如此一来，生物燃料厂商的产量便受到限制，只能寻求其他生物燃料的生产方式。戴诺公司的新发现，毫无疑问地成为了他们的福音。

（四）离岸风能

风能是因空气流做功而提供给人类的一种可利用的能量。空气流具有的动能称为风能[②]。空气流速越高，动能越大。人们可以用风车把风的动能转化为旋转的动作去推动发电机，以产生电力，方法是通过传动轴，将转子（由以空气动力推动的扇叶组成）的旋转动力传送至发电机。到 2008 年为止，全世界以风力产生的电力约有 94.1 百万千瓦，供应的电力已超过全世界用量的 1%。风能虽然对大多数国家而言还不是主要的能源，但在 1999 年到 2005 年之间已经成长了四倍以上。

---

① 黄涵：《法企取得第二代生物燃料生产技术突破》，2012 年 9 月 14 日，见 http://news.xin-huanet.com/2012-09/14/c_113079688.htm。

② 维基百科：《风能》，2012 年 9 月 24 日，见 zh.wikipedia.org/wiki/ 风能。

法国西北方的布安（Bouin）原本以临海所产之蚵及海盐著名，2004 年 7 月 1 日起，8 座风力发电机组正式运转，这 8 座风机与蚵、海盐三项，同时成为此镇之观光特色，吸引大批游客从各地涌进参观，带来丰沛的观光收入。

1. 风能发展困境

全球风能协会（GWEC）报告显示，法国海上风能发展缓慢，其给予风能市场的法律框架与离岸经济活动不能及时匹配。法国首个风能发电场的建造起于 2005 年的政府招标，后因冗长的行政程序，该计划延迟至 2010 年年底才得以开始实施[①]。

法国政府设定了目标，即 2020 年年底前，通过调用招标的方式，保证海上风电装机容量达到 6000 兆瓦。第一个标用于 2010 年公布，后两个会陆续在 2012 年和 2014 年公布。除此，招标要求应建立在地理区域的基础上，该区域必须经过所有利益相关者的共同协商，以选出理想的海上风电场落成地。

虽然法国风能市场有很大发展潜力，但仍有阻碍存在。在法国风能开发区（ZDE）一些私人风电项目行政程序的冗长，并网容量的不足以及目前该国尚有一些地区对于风电装机的禁止。

比起风能市场的缓慢前行，法国风能开发区法律滞后了法国市场的发展，并导致了数量更多、内容更复杂的行政程序及并网手续。法国经济工业部 2007 年披露的一个调查很值得深思。在法国，一个风电项目自申请要经过 9 周时间才能启动，然后政府经过 19 周才能完成审批。

另外一个问题就是并网装机容量。虽然政府应允了一些承诺，加强电网建设，但在一些地区，并网装机容量依旧是个严峻的问题。法国部分装机容量低的地区，电网建设着实需要加强。因此，政府出台了《Grenelle2》法令，涉及电网连接的区域计划，以改善以上问题。

2. 风能发展进展

欧洲西班牙公司伊维尔德罗拉（Iberdrola）可再生能源和法国阿海珐（Areva）集团试图联合投资五个离岸区域，并由法国提出投标[②]。

① Lizzy :《GWEC：法国海上风能发展缓慢》，2011 年 1 月 29 日，见 http://www.in-en.com/article/html/energy_1710171066920634.html。

① 国际新能源网:《西班牙、法国两能源集团将联手投资五个离岸风电项目》，2011 年 7 月 18 日，见 news.bjx.com.cn/html/20110718/295835.shtml。

近来，两个公司签署了相应的书面协议，阿海珐将是唯一的离岸风电机组供应商，伊维尔德罗拉将使用风电设备。法国政府计划到 2020 年实现 6000 兆瓦的离岸装机容量。7 月份，第一次投标 3000 兆瓦的风电机组开始投入生产，其中包括法国沿岸 5 个区域。

总计，伊维尔德罗拉计划在欧洲的离岸装机容量达到 1 万兆瓦。对于其 M5000 风力涡轮机，阿海珐有 600 兆瓦的装机容量，并将于 2013 年年底安装。

截至 2008 年年底，已经有 1473 兆瓦的风电机组在海上风电场投入运行，99% 来自欧洲。虽然装机容量只占全欧洲所有风电场的 1.8%，但并网发电量达到总风电发电量的 3.3%，高于实际的装机比例。丹麦、英国、荷兰、瑞典、爱尔兰已经成功开设离岸风能项目。2008 年至 2009 年，欧洲的离岸风能市场已经扩展到西欧核心国家包括法国、德国、比利时。根据各成员国相关政策的综合统计到 2010 欧盟总离岸风电的装机容量达到 30 亿瓦~40 亿瓦①。

2011 年 1 月 25 日，法国总统萨科齐在法西部港口城市圣纳泽尔宣布，法国将投入 100 亿欧元在近海建设风力发电设施。

萨科齐说，新建风力发电设施的装机总容量将达到 3000 兆瓦，政府希望通过此举，将风力发电发展成国家的一项支柱产业，并在未来向国外出口电力。他表示，首批招标活动将于 2011 年第二季度展开，预计工程将为法国创造 1 万个就业岗位。

另据法国媒体报道，目前政府已在英吉利海峡和大西洋沿岸选定了几处建设风力发电场的地点，未来将有约六百座发电设施拔地而起，并于 2015 年投入运行。

（五）节能建筑

法国是个能源资源相对匮乏的国家，其石油和天然气储量有限，而煤炭资源已趋于枯竭。鼓励节能减排、发展可再生能源成为政府优先考虑的问题，而建筑业这样的能源消耗大户，更是政府的重点目标②，提出了相应的节能规范、激励政策③，以及环保倡议④。

②　百方网:《2011 年欧洲海上风能展 29 日拉开帷幕》，2011 年 11 月 18 日，见 info.electric. hc360.com/2011/11/181200422246.shtml。

③　顾永强:《西方发展低碳经济举措频出》，《中国石化》2010 年第 5 期。

①　张琦:《国外建筑节能政策比较分析及启示》，《国际经济合作》2012 年第 5 期。

②　徐永模:《绿色节能建筑的理念与示范——英、法、瑞的节能建材与应用》（一），《混凝土世界》2010 年第 3 期。

1. 节能规范

早在 1974 年，法国就编制了建筑节能规范，称之为 RT1974，这是法国的第一个专门针对建筑节能的设计标准。该标准按照温度将法国分为三个区域，根据不同区域的特点，设计相应的标准，以达到节能的目的。其后，法国不断地修订和提出新的建筑节能规范，1982 年修订了 RT1974，1989 年出台新规范 RT1988，1997 年明确规定了空调、热水和照明的能耗标准，2000 年出台新规范 RT2000，2004 年明确了每 5 年更新一次建筑节能规范的工作计划，2005 年如期出台新规范 RT2005，之后是 RT2010。

不断更新的建筑节能规范，使得建筑的构筑和部件的布置有章可循，避免出现整体攀比浪费的情况，也大大降低了建筑能耗。可以说，法国在节能建筑方面，做得如此之好，与节能规范的基础性作用分不开。

从 1974 年到 2005 年的节能规范，体现了不断细致化的规定，以求降低能源无谓损耗、从可再生能源中获取能源的思路。如 RT1997 通过构筑围护结构对建筑进行保温，减少热损失，RT1982 对围护结构作出进一步规定，RT1989 对供暖系统进行改进并试图引入太阳能，RT1997 建筑内耗能的几个关键环节（空调、热水和照明等）的能耗进行规定，RT2000 开始从整体提供建筑能耗降低的优化和实施方案，RT2005 进一步详细规范空调、通风和照明等相关标准。节能规范整体思路一脉相承，不断细化和力图具有可操作性。

目前已经发布的"建筑热工法"RT2010 版[1]，提出了更高的节能指标要求，2010 年起执行。到 2020 年至少在目前的基础上再节能 15%。并要求限制使用空调，对于可以用空调的建筑，给使用空调的权利，即在能耗计算时考虑空调能耗。例如，在巴黎别墅建筑夏季不需要降温，即规定能耗定额，不给予空调使用权。实施能源多元化，扩大可再生能源的应用，鼓励使用烧木材的锅炉，鼓励使用太阳能，鼓励利用自然环境条件，利用建筑热惯性，减少建筑能耗，开展生物气候建筑设计。

2. 激励政策

详细的节能规范并不能从源头上驱动人们使用节能建筑，可行的激励政策尤为重要。法国政府主要从税费减免和补贴两方面着手。

具体而言，如果个人在家庭中"安装节能供暖装置，使用节能墙体，以

---

③ 李萍、张小玲：《法国建筑技能管理与评估认证》，2007 年 8 月 8 日，见 http://www.chin-aesco.net/newshtml/xxzx/20070808100144.htm。

及安装采暖温控调节装置"等，则可在 2005 年到 2009 年，减免 25%～40% 的个人所得税；如果接入"以热电联产或可再生能源（如生物质能、太阳能、热泵等）为热源的区域集中供热管网的家庭"，可减免 40%～50% 的个人所得税。

由于个人所得税的减免申请较为复杂和麻烦，为了使该项政策为更多人所接受，法国政府的相关部门如环境与能源控制署、各地方议会、全国住房管理署以及税务局都积极行动起来，大力宣传该项政策、提供节能设备、相关政策说明和咨询。使民众在实际操作中有章可循，并减少政策推进的阻力。

除了减免个人所得税，法国政府还提出了补贴政策，具体而言，凡是符合节能要求的建筑，可在"征地、房屋开发建设等项目中享受政府补贴"，补贴"优惠幅度最高可达 30%"。

3.《Grenelle》环保倡议

法国为了应对全球气候变暖，2007 年 10 月提出了《Grenelle》环保倡议的环境政策[①]，为解决环境问题和促进可持续发展建立了一个长期的政策。《Grenelle》的核心是强调建筑节能的重要性和潜力，以可再生能源的适用和绿色建筑为主导。为建筑行业在降低能源消费、提高可再生能源应用和控制噪音和室内空气质量方面制定了宏伟的目标，所有新建建筑在 2012 年前能耗不高于 50 千瓦时 / 平方米年，2020 年前既有建筑能耗降低 38%，2020 年前可再生能源在总的能源消耗中比例上升到 23%。

毫无疑问，法国的低碳政策对建筑行业的影响是深远的。没有技术的变革就不能实现这些能源目标，降低全球变暖对环境的影响。要实现《Grenelle》的目标，就要转变创新的模式，从建筑产品的创新转变到对系统、工程和服务的创新，不仅要发展可持续的建筑，也要实现社区和整个城镇的可持续发展。

（六）二氧化碳捕获和储存（CCS）

二氧化碳捕获和储存（CCS）[②]是指在二氧化碳排放之前就对其捕捉，然后

---

① 徐永模：《绿色节能建筑的理念与示范——英、法、瑞的节能建材与应用》（一），《混凝土世界》2010 年第 3 期。

① 南方周末：《碳捕捉技术：拯救地球的技术还是谈判的筹码？》，2009 年 8 月 29 日，见 http://discover.news.163.com/09/0829/10/5HSLM6TI000125LI.html。

通过管线或者船舶运到封存地，最后压缩注入地下，达到彻底减排的目的。

碳捕获和储存的优势和劣势都十分突出，优势在于在不必改变现有能源结构的条件下，就能大大降低碳排放量，这是很多国家，特别是发展中国家所需要的；劣势在于成本高、风险大，将二氧化碳注入地下，并不意味着一劳永逸，一旦泄漏便会功亏一篑，而且高昂的成本，也令很多人望而却步。

碳捕获和储存是一项新技术，曾经不被人们重视，随着全球气候变化问题愈来愈受到重视，碳捕获和储存又再次焕发出生命力。以美国为首的欧美国家宣称，它们会在未来逐步实验碳捕获和储存技术，法国政府也在这一领域开始积极运作。

2010 年 4 月，法国的道达尔集团在法国西南部波城（Pau）附近建立的拉克（Lacq）试验工厂是世界上首个包含了二氧化碳捕集、运输和地下封存全过程的二氧化碳捕获和储存项目，其一体化程度前所未有。道达尔在拉克项目上采取的是富氧燃烧捕集二氧化碳的方法，燃料在纯氧环境下进行燃烧[1]。

目前二氧化碳捕捉主要有 3 种技术路径，为燃烧前捕捉、富氧燃烧捕捉和燃烧后捕捉。其中燃烧前捕捉技术只能用于新建发电厂，而后两种技术则可同时应用于新建和既有发电厂。德国和英国试验工厂都属于新建电厂，而后两种技术的应用现在更为普遍。

法国阿尔斯通公司已在全球建立了 9 个二氧化碳捕获和储存试验工厂并有望在 2015 年实现全面的商业化，德国的黑泵试验电厂也采用了阿尔斯通的技术。

---

② 解怀颖：《CCS：欧盟遍地开花》，《高科技与产业化》2010 年第 1 期。

第三章　德国：低碳经济先行

德国是走在低碳经济发展前列的国家，有着丰富的成功经验。低碳经济的发展已成为德国当前发展的稳定器。德国发展低碳经济的主要经验是：构建并完善发展低碳经济的法律制度体系，积极发展具有德国特色的循环经济，大力发展绿色生态产业和不断推进低碳城镇化发展。

一、构建低碳经济法律体系

在欧洲国家中，德国是低碳经济法律框架构建最完善的国家之一。德国政府从 20 世纪 70 年代起启动和实施了一系列环境政策，制定了一系列完整的低碳法律法规。

（一）循环经济的法律体系

德国是世界上最早提出发展循环经济的国家之一，也是最早制定出相关法律法规体系的国家。在德国循环经济发展进程中，DSD 机构应运而生，这个机构代理进行资源回收和再循环利用。它不仅是德国发展循环经济的特殊产物，同时也对其他国家循环经济的发展产生了相当的影响。

20 世纪 70 年代发生的两次世界性能源危机带来最突出的影响就是经济增长与资源短缺之间的矛盾激化，西方工业发达国家也开始注意对废弃物的处理措施的研究。20 世纪 70 年代，经济的快速发展提高了人们生活质量，同时也带来了很多的问题，其中生产和消费导致大量垃圾产生显得尤为突出，引起了德国政府高度重视。

因此，德国联邦政府在 1972 年颁布了《联邦废物管理法》，该法是德国第一部在发展循环经济实践道路上的法律。以法律的形式将各种废物的收集和处置固定下来。该项法律的颁布促使德国人改变以前的生活方式和垃圾处置方式，德国人开始分门别类地回收普通生活垃圾、塑料容器以及纸类等；按颜色分类回收玻璃，并使此项回收方式义务化。随着德国公众不断提高的环保意识，德国政府 1986 年以法律的形式把避免产生废物、废物再利用及安全处理三项基本原则固定下来，从而促使德国公众对废弃物的处理认识由"怎样处理废弃物"提高到"怎样避免弃物的产生"①。

1991 年颁布的《包装废物管理条例》中把德国循环经济理念充分地体现出来，条例明确了"污染者负担原则"，规定了商品生产和流通业对包装废物承担回收和循环利用义务。规定制造者负责回收商品包装；销售商必须回收在商店购买商品所产生的包装废物；生产商必须回收运输过程中的包装废物；必须全部循环利用所回收的包装废物。②

1992 年颁布了《限制废车条例》，规定德国的汽车制造商有回收废旧车义务。

1994 年颁布的《循环经济与废物处置法》，首次在法律条文中使用循环经济概念，最早在世界上提出发展循环经济思想，在严格执法的基础上形成了一套完善的富有特色的废弃物管理体系。

1996 年 10 月德国正式颁布了《循环经济与废物管理法》，这部法律的颁布从根本上改变了世界环境保护运动，从对过去的循环经济发展的末端模式以及其政策与措施的研究治理发展为从源头上控制。该法的目的是保护自然资源，确保废物按有利于环境的方式进行清除，促进循环经济发展。该法把循环经济思想中资源闭路循环的思想从商品包装方面发展到相关的社会领域，规定对废弃物问题处理遵循"避免产生—循环利用—最终处置"的优先顺序，提出了废弃物问题的三大原则，即废弃物产生最小化、污染者承担治理义务和官民合作，将循环经济的资源闭路循环的思想推广到国民经济所有生产部门。此外，还规定了消费者和制造企业的三大法律责任，即要尽量避免产生垃圾，要回收利用垃圾，要对无法避免和无法再生利用的垃圾进行合理处置③。该法确定了任何生产过程要首先尽量避免或减少废物的产生、促进循环经济发展的基本要求，规

---

① 向君：《德国发展循环经济的实践》，《合作经济与科技》2008 年第 3 期。
② 向君：《德国发展循环经济的实践》，《合作经济与科技》2008 年第 3 期。
③ 向君：《德国发展循环经济的实践》，《合作经济与科技》2008 年第 3 期。

定将在消费和生产系统的资源消耗和环境污染降至最低，最终促使德国生产和
生活废料的清除向循环经济回归。该法规定，要求尽量采用循环利用的措施来
回收再利用生活垃圾，如废纸、旧电池、旧汽车等，目的是促使一家企业的废
料成为另一家企业的生产原料，最终实现资源消耗的减少和环境污染的减少，
达到有效保护资源环境和开发出废料少的产品的目标。该法还规定了生产者在
产品生命周期管理过程中应负的责任，即当某些产品有明确的回收可能性时才
能被容许投放市场。

此后，德国根据不同行业情况，针对特定的废弃物，又分别制定了各自的
法案或条例来进一步推动循环经济的发展，如《废油条例》、《垃圾法》、《电池
条例》、《污水污泥条例》、《废电器设备规定》、《联邦水土保持与旧废弃物法令》、
《报废车辆法》、《社区垃圾合乎环保放置及垃圾处理场令》、《采矿业结构填充物
条例》、《再生能源法》、《2001 年森林经济年合法伐木限制命令》、《持续推动生
态税改革法》和《森林繁殖材料法》等。这些法律法规主要目的是通过产品责任
制加强企业责任心，实现资源的节约、减少废弃物产生、资源循环利用和处置，
从而使得产品及其生产状况得以改善。

（二）气候保护的法律体系

“气候保护法”是指以减少温室气体排放为手段，以保护大气系统、减缓气
候变化为目的的一系列法律规范的总称。它的核心是温室气体排放管制立法，主
要组成部分是能源法中有关减少温室气体排放的法律规范。目前，德国已形成了
温室气体排放管制、节能和提高能效、可再生能源等为主要内容的气候保护法律
体系。[1] 德国“气候保护法”主要内容如下。

1. 气体排放管制

2004 年 7 月德国颁布了《温室气体排放交易法》。该法主要目的是通过温室
气体排放交易系统的建立来实现温室气体的排放，并将《京都议定书》规定的减
排机制与排放交易系统两者有机联系起来，该法的适用范围是附件一中规定的 18
类高能耗设施所排放的二氧化碳。此外，该法还详细地规定了温室气体排放许可
的申请程序、申请材料以及排放许可证的内容；报告、确认排放主体排放数量[2]；

---

[1]　廖建凯:《德国的气候保护立法及其借鉴》,《环境保护》2010 年第 15 期。
[2]　廖建凯:《德国的气候保护立法及其借鉴》,《环境保护》2010 年第 15 期。

确定分配排放许可总量；登记排放许可证书交易和交易原则等内容。德国在 2009 年 7 月对《温室气体排放交易法》进行了修订，在温室气体排放交易系统中纳入航空运输中排放的温室气体，从而使航空运输中温室气体排放报告与确认的标准得以详细规定。

德国分别在 2004 年 8 月和 2007 年 8 月颁布了《温室气体排放许可分配法 2007》和《温室气体排放许可分配法 2012》，旨在确保《国家分配计划 2005—2007》和《国家分配计划 2008—2012》得以实施。[①] 德国第二期温室气体排放交易因《温室气体排放许可分配法 2012》的颁布而有了法律框架。该法规定在 2008 年至 2012 年间，每年德国排放的温室气体总量为 9.736 亿吨二氧化碳当量，其中纳入排放交易计划免费分配给排放设施的排放量有 4.42 亿吨；不同的排放许可分配规则因不同的各类排放设施有所不同。该法中纳入交易的排放额与《温室气体排放许可分配法 2007》相比，排放量减少了 11%。

2005 年 9 月颁布了《项目机制法》，使国内的温室气体排放许可与国际减排信用实现了对接。该法适用于作为投资国或者投资接受国的德国从 JI／CDM 项目获得减排信用，核能项目除外；规定了获得官方认证的前提条件和通过 JI／CDM 项目获取减排信用的程序；规定了 JI／CDM 项目和减排信用由联邦环境署授权批准和认证；规定企业可以通过用获得认可的减排信用来交易或者履行其提交排放许可的义务。

德国制定了一系列温室气体排放管制法规，其排放主体的适用范围不仅涵盖能源和工业领域，还包含了航空运输领域，并且对减排总量的设定、排放许可的分配到排放许可交易的整个过程都有详细的规定，实现了国内的排放交易机制与国际的京都 JI／CDM 机制的紧密结合。可以说，德国的温室气体排放管制立法为德国构建起了完整的温室气体交易机制的法律框架以及具体运作规则，对于有效控制温室气体的排放，保护大气系统以及应对气候的变化等方面都有着重要的作用。[②]

2. 节能与能效

节能和提高能效是德国气候保护立法的重要方面，它可以降低能源消耗，使得温室气体排放减少从而大气系统受到保护，因此德国联邦政府制定了一系列相关的法律法规。

---

① 廖建凯：《德国的气候保护立法及其借鉴》，《环境保护》2010 年第 15 期。
② 廖建凯：《德国的气候保护立法及其借鉴》，《环境保护》2010 年第 15 期。

（1）《建筑节能条例》和《建筑节能法令》（2001）。《建筑节能法令》规定用于取暖、温度调节和热水供应的新建筑的能源消耗应当减少25%～30%。它要求新建筑应当有能耗证书以表明其能源需求，同时鼓励提高已有建筑的能源使用效率。《建筑节能法令》颁布使德国的建筑节能发展为控制建筑物的实际能耗，而不再是以控制建筑外墙、外窗和屋顶的最低保温隔热指标为目的的节能[1]。德国在2007年10月颁布《建筑节能条例》，该法取代了《建筑节能法令》，规定从2008年开始分段实施，规定筑能耗证书的同样适用于已有的建筑。德国联邦内阁在2009年10月修订了《建筑节能条例》，规定对新建的建筑提出了能效的更高标准，并要求对大修后的已有建筑的平均能效必须提高30%。《能耗标识法》规定，能耗标识必须贴在冰箱、洗衣机、空调、电磁炉和电灯泡等电气上，能耗标识以最高能效的"A++"级和最低能效的"G"级来反映能耗状况。《乘用车强制能效标识规定》规定新车销售点的乘用车的耗油量和二氧化碳排放量必须标明在乘用车上或其附近[2]。消费者可通过这些能耗标志和排放标志来选择更加节能环保的产品，同时刺激企业降低产品能耗。2008年3月颁布的《耗能产品生态设计要求法（2008）》，表明德国实施欧盟耗能产品生态设计指令的《耗能产品生态设计要求法》正式生效。该法规定能耗产品如在欧盟指令涵盖范围内，那么必须要遵守生态设计的相关要求，并进行相应的标志才能上市销售。各州指定相关机构进行市场监督，监督制造商核实是否遵守了生态设计要求，并可以处罚违反规定的制造商。节能增效的最有力措施是从源头上促使企业降低产品能耗和耗能产品生态设计要求。

（2）《新机动车税制规定》。根据2009年7月生效的《新机动车税制规定》，新的机动车税制适用于按照其排气量和二氧化碳排放量新登记的车辆。根据排气量来定征税的数额：柴油发动机9.5欧元/百毫升，汽油发动机2欧元/百毫升。此外，车辆的二氧化碳排放量超过120克/千米的还将以2欧元/（克/千米）征税。但这一排放税收标准适用到2011年后将逐步提高。旧车从2013年开始适用新的机动车税制规定。将节能与减排紧密联系在一起的德国节能与能效法律体系涵盖范围从生产生活中的建筑住房到工业生产和交通运输等各个方面，并且把税费优惠和财政补贴与强制性能源标识、生态设计要求结合了起来，将进一步降低能耗，减少污染气体的排放，促进节能与环保的紧密结合。

---

① 廖建凯：《德国的气候保护立法及其借鉴》，《环境保护》2010年第15期。
② 廖建凯：《德国的气候保护立法及其借鉴》，《环境保护》2010年第15期。

3. 可再生能源相关法律

德国气候保护立法的另一项重要内容是非耗竭性可再生能源和低碳性特征的可再生能源。

（1）《生态税改革法》（1999）和《生物燃料配额法》（2006）。《生态税改革法》旨在通过使用能源征收生态税来达到节约能源、保护环境和增加就业的目的。德国生态税收入在1999年到2003年约为577亿欧元，其中用于支持"可再生能源市场刺激计划"大约6.5亿欧元。此外，化石燃料价格上涨也受到生态税改革相关立法的影响，对可再生能源的发展起到了实际的促进作用。德国逐渐减少对生物燃料的税收减免以避免过度补贴生物燃料，把税收减免调整为比例配额来促进生物燃料发展。2006年12月生效的《生物燃料配额法》中规定的生物燃料的税收减免被取消了，该法规定在化石燃料中必须添加或混合有一定比例的生物燃料。

（2）《可再生能源法》。该法2000年颁布，于2004年和2008年进行了两次修订。其宗旨是实现可持续发展的能源供应，保护气候和自然环境；设定了可再生能源的发展目标；规定可再生能源发电设施优先接入其电网是电网经营者的义务，并优先对可再生能源电力全额收购；规定可再生能源电力的电价根据可再生能源发电设施的地点、装机容量和所采用的技术而有所不同；规定了在各电网运营者间可再生能源电力和电价款的平衡和支付方式等。在2004年的修订中，设定了可再生能源发展更高的目标；规定更加详细具体的有关电价及支付方式和电价负担均摊；新增了特殊企业可再生能源用电限额、透明度及来源证书等规定。在2008年的修订中，调整了原有法律的基本结构，重新设定了可再生能源电力在电力供应中的比例的新目标，即比例到2020年至少达到30%。各类可再生能源电力的强制入网电价得到提高，奖励采用新技术的企业，并使电价负担均摊、信息公开和纠纷处理的规定被进一步细化。[1]

（3）《可再生能源取暖法》（2008）。该法律要达到的具体目标是2020年使德国可再生能源达到终端用于取暖消耗的14%（2005年至2007年分别为5.4%、6.1%和7.5%），终端取暖消耗包括房间取暖、制冷、工艺加热及热水。《取暖法》规定使用面积为50平方米以上的新建房屋的所有人有使用可再生能源的义务。如2009年1月1日之前已经提交了建房申请（Bauantrag）或建房通知，则不承担使用义务。除了新建房屋外，《取暖法》还授予了各联邦州特权，可以要求已建房屋的所有人同样履行使用可再生能源的义务。《取暖法》同时规定了符合规

---

① 廖建凯：《德国的气候保护立法及其借鉴》，《环境保护》2010年第15期。

定但不承担使用义务的特例情况，如：根据使用目的每年使用期少于 4 个月的新房屋的主人没有使用可再生能源的义务。《取暖法》在规定了新能源使用义务的同时，还对于不履行该义务的义务人做出了明确的罚款规定，最高至 5 万欧元。

在全面系统的气候保护法的推动下，德国温室气体减排目标提前实现，使得环境保护和经济发展的双赢局面得以实现，德国可再生能源在初次能源消费中的比重得到显著提高，从 1990 年到 2009 年可再生能源在初次能源消费中比重由 1.3% 上升为 8.9%。德国的温室气体排放量在可再生能源的快速发展和能源生产力的迅速提高的双重影响下迅速减少。德国温室气体排放量在 2008 年为 9.45 亿吨，与 1990 年比较，减少了 22.2%，使得在 2008 年至 2012 年承诺期减排 21% 的任务在整个承诺期的首年就超额完成了。德国 2007 年的能源消费量与 20 世纪 90 年代初期相对比，减少了 6.1%，而在同期德国经济增长了 30%。换言之，德国的经济发展与能源消费增长基本上实现了脱钩。

（三）德国能源法律体系

德国经济实力位居欧洲之首，它不仅是高度发达的工业化国家，而且还是世界上最大的能源消费国之一，石油和天然气的消费量分别居世界的第三和欧盟第二位[①]。但是，德国的自然资源比较贫乏，除拥有储量丰富的硬煤、褐煤和盐以外，德国的石油自给率仅占其消费量的 2.5%，天然气仅满足国内消费量的 17%[②]，需要进口 75% 的初级能源[③]，德国作为能源资源有限的国家，必然要保障其能源的安全。德国的政治体制是联邦制，是一个联邦国家，联邦和各个州有立法权，联邦和各个州都有一系列的能源法律和政策出台，目的是确保本国的能源安全，因此，德国完备的能源法律政策体系很早就已经形成了。

1. 联邦宪法

德国宪法不同于其他欧盟的成员国的宪法，德国 1949 年的宪法全称是《德意志联邦共和国基本法》。在德国宪法中没有针对能源问题的专门规定，但是，

---

① 傅庆云等编：《各国能源概况》，中国大地出版社 2004 年版，第 96 页。

② Johann-Christian Pielow et al, Energy Law in Germany, in: Energy Law in Europe: National, Eu and Inernational Law and Institutions, ed.by Martha M Roggenkamp, Catherine Redgwell, Anita Ronne and Inigo del Guayo（eds.）, 2nd Edition, Oxford University Press, 2007, p.625.

③ Carsten corino, Energy Law in Germany: And Its Fondations in International and European Law, C.H.Beek, 2003, p.2.

德国联邦宪法法院裁决："保障能源供应安全是经济运行的前提，是绝对的公共利益，就像每天需要不可缺少的面包一样；确保能源供应的绝对安全是人人能过上有尊严的生活的不可缺少的组成部分。"①

2. 国际条约和欧盟法律

德国按照其国内法的规定，国际条约在德国国内是具有效力的，国际条约也是国内法的组成部分。因此，所有德国加入和批准的国际条约对德国都有约束力，如《联合国气候变化框架公约》和《京都议定书》等，德国的能源法律不能与这些国际条约相冲突。此外，德国作为欧盟成员国，按照欧盟法律的直接效力原则，欧共体立法机关通过的条例，欧盟成员国的各级国家机关或政府机构和司法机关受到欧盟法律的约束，并自动成为各欧盟成员国法律的组成部分②。所以，德国能源法的重要组成部分中包含欧盟能源法律与政策。

3. 能源基本法

《能源工业法》是德国的能源基本法，1935 年颁布实施。"德国能源法发展进程中的里程碑是 1935 年《能源工业法》(Energy Industry Act)"③，在 1935 年之前德国没有专门的能源法律体系，主要由普通私法和行政法来调整电力和天然气的供应活动。在 1935 年《能源工业法》序言里规定，该法的主要目标是尽可能地确保安全和廉价的能源供应的组织，防止竞争给经济造成的破坏性影响。该法赋予诸多的权限给相关职能部门以便履行其相关的职责，主要有颁发许可证给新进入公共能源供应领域的实体，能源设施的建造或关闭必须符合公共的利益等职责。

德国在 1998 年通过新的《能源工业法》来取代 1935 年《能源工业法》，主要目的是执行欧盟 1996 年 12 月的《欧盟电指令》。在 1998 年《能源工业法》中规定，电力和天然气以及市场的总体框架成为该法主要的调整对象。不但要通过引入竞争来降低能源价格，政府进一步放松电力和天然气市场的管制，又要提高德国电力和天然气价格在欧共体市场里的竞争力，从而进一步提高市场自由化的程度。该法还规定了能源法的宗旨：一是能源供应的安全稳定；二是能源价

---

① 杨泽伟：《德国能源法律与政策及其对中国的启示》，《武大国际法评论》2009 年第 11 期。

② 曾令良：《欧洲联盟法总论》，武汉大学出版社 2007 年版。

③ Barry Barton et al（eds.），Energy Security: Managing Risk in a Dynamic Legal and Regulatory Environment, Oxford Press, 2004, p.337.

格的合理；三是生态系统的平衡。这三大宗旨在法律冲突时并不存在谁优先的问题，都具有同等的重要性。[①]

2005 年 7 月德国颁布新的《能源工业法》，主要用于执行 2003 年 6 月《欧盟电和天然气指令》，新的《能源工业法》与 1998 年《能源工业法》相对比来看，有很大的不同，新的工业法 118 个部分而 1998 年的工业法只有 18 个部分。按照新的《能源工业法》规定，德国的能源市场会更加开放[②]。德国联邦政府还根据 2005 年《能源工业法》的授权制定一系列的能源规则，主要有：2005 年 7 月《关于供电网进入的规则》、《关于供电网进入付费的规则》、《关于天然气供应网进入的规则》、《关于天然气供应网进入付费的规则》与 2006 年 1 月《关于为终端消费者连接低压电网和低压天然气网订立规定的规则》等[③]。

4. 德国能源专门法和能源配套法规

德国除了能源基本法之外，还有一系列的专门法与能源基本法配套，主要有：《保障能源供应法》（1974）、《电力负荷分配法》（1976）、《天然气负荷分配法》、《矿物石油储备法》（1978）、《电力供应保障法》（1982）、《天然气供应保障法》、《联邦电力价格法》（1989）、《电力输送法》（1991）、《引入生态税改革法》（1999）、《可再生能源优先权法》（2000）、《节约能源法》（2002）、《综合热电法》以及《核能法》与《可再生能源优先权法》（2004）等。[④]

二、发展循环经济

德国是发展循环经济起步最早、水平最高的国家之一。德国循环经济起源于垃圾处理和废物利用，逐渐扩展到生产和消费领域，形成了独树一帜的循环经济体系。

---

① Barry et al（eds.），Energy Security: Mannging Risk in a Dynamic Legal and Regulatony Environment, Oxford University Press, 2004, p.338.

② 杨泽伟：《德国能源法律与政策及其对中国的启示》，《武大国际法评论》2009 年第 11 期。

③ Johann-Christian Pielow etal, Energy Law in Germany, in: Energy Law in Europe: National, EU and International Law and Institutions, Martha M.Roggenkamp, Catherine Redgwell, Anita Ronne and Inigo del Guyao（eds.），2nd Edition, Oxford University press, 2007, pp.655-656.

④ 《德国能源法律与政策及其对中国的启示》，《武大国际法评论》2009 年第 11 期。

（一）循环经济的发展历程

德国政府、企业和公众密切合作，循环经济发展成绩斐然，循环经济已经成为德国社会经济发展不可缺少的重要组成部分，发展势头很好，日益成熟。德国不仅积极推动工业企业绿色化的进程，而且以走向无废弃物堆积的未来为目标[1]。德国循环经济严格来看是一种废弃物处理经济，更加注重推动全社会的废弃物处理。德国循环经济发展经历了四个阶段。

1. 废弃物末端处理阶段

德国 1972 年颁布了《废弃物管理法》以解决垃圾堆放及引起水和土壤二次污染等问题，1986 年颁布了"废物避免及废物管理法案"以解决垃圾末端处理中心的处理站建设问题[2]，对废弃物的处理因这一系列的法规制度而得到加强。

2. 废弃物减量化阶段

1991 年德国颁布了《包装条例》，规定包装生产者负责回收包装，回收各类废弃包装物成为包装生产者的义务，从而使废弃物的减量化得以实现。德国于1990 年 9 月 28 日发起并成立了德国双重系统股份公司（DSD）[3]，采用"绿点系统"运作方式[4]，将绿点标记在 DSD 企业成员的物品包装上，物品包装上无绿点标记的用户要自行回收处理包装废弃物，有绿点标记的家庭和单位用户均不需要对此类包装废弃物缴纳垃圾费。

3. 废弃物减量化与无害化阶段

德国 1996 年颁布了新的《循环经济与废弃物管理法》，该法明确规定要采用无害化清除后填埋方式来处理确实无法循环利用的废弃物。德国议会在 2001年通过的"城市废物环保健康处理法令"规定，生活垃圾的堆积未处理行为将在2005 年后全部禁止，迫使企业积极致力于技术含量高、经济可行的新产品研制和改进旧产品，增加产品的功能，延长产品寿命，简化产品维修程序，资源循环

---

[1]　周宏春：《清洁生产：从生态工业到循环经济、循环社会》，《产业与发展》2003 年（增刊）。
[2]　陈赛：《循环经济及其法律调控模式》，《山东科技大学学报》（社会科学版）2003 年第 5 期。
[3]　戴宏民：《德国 DSD 系统和循环经济》，《中国包装》2002 年第 6 期。
[4]　段宁：《清洁生产、生态工业和循环经济》，《环境科学研究》2001 年第 14 期。

再利用和废弃物安全处理。

4.废弃物减量化与资源化阶段

在循环经济蓬勃发展的影响下，垃圾已经被德国人看成是"放错地方的资源"。为了更有效地利用废弃物，德国制定了各种法规来促进各行业垃圾的再利用，把饮料包装、废铁、矿渣、废汽车和废旧电子商品等废弃物充分地利用起来，真正做到"变废为宝"，促使废弃物处理实现资源化[①]。

（二）循环经济发展的特点

德国循环经济经过近 40 年的发展，已经逐步形成了一系列鲜明的特点：由政府自上而下地推动法规政策逐步完善；实行生产者扩大制度；运用采取 DSD 运作模式；鼓励公众积极参与和以消费带动生产。

1.由政府自上而下地推动法规政策的逐步完善

作为最早发展循环经济的先驱国家，德国也是世界上最早实施循环经济立法的国家，由政府自上而下地推进德国循环经济法规的完善，形成了三个层面的循环经济法律体系：循环经济基本法、循环经济综合法以及循环经济专项法。法律的不断修改完善，有力地推动了德国循环经济的发展。德国循环经济的不断推进不仅仅依靠"立新法"，还由于不断地"改旧法"，1991 年的《包装废弃物处理法》在 1998 年、2000 年和 2001 年先后修订过三次。1998 年的《废电池处理条例》在 2001 年也被重新修订。

德国政府不仅依法推动循环经济，而且还制定出许多鼓励企业和公众积极地参与循环经济建设的政策。主要有三大政策：一是实行垃圾收费政策。垃圾收费减少了垃圾数量，提高了废弃物利用率。二是实行生态税政策。生态税主要针对那些使用了对环境有害的材料和消耗了不可再生资源的企业行为，如德国自 2002 年起开始针对燃油和电力消费征收生态税。三是实行废物处理产业化政策。垃圾处理不仅是政府的事业，而且是全民的共同事业，德国政府很早就认识到不能光靠政府的力量来完成，因为垃圾处理投资巨大，仅凭政府的力量无法独自完成，必须动员广大公众和广泛吸引私人经济参与进来。推进垃圾处置向市场化和产业化发展，可以有效地吸引社会公众和私人经济参与废弃物回收利用的活动，

---

① 　诸大建：《从可持续发展到循环型经济》，《世界环境》2000 年第 3 期。

负责包装废弃物处置的双向回收系统——DSD 系统就是典型的案例①。

2. 实行生产者责任扩大制度

生产者责任扩大是指,生产者不仅对于产品的责任扩大到产品的使用结束的产品生命周期的最后阶段,而且生产者既负责产品的性能,又对产品从生产到废弃时对环境的影响承担全部责任。所以生产者必须考虑选择原材料、确定生产过程、产品的使用过程和产品废弃等因素,生产者必须考虑生产产品的各个环节对环境的影响。这种企业—环境管理制度最初在德国形成,然后传播到整个欧洲。延长的生产者责任环节迫使企业加快技术改造步伐,设计出对环境影响负荷较小的产品来提高资源的利用效率。比较突出的领域有:对废旧汽车的处理,对废旧电池废纸的处理。

废旧汽车的处置:德国各个汽车生产厂家、汽车零部件生产厂家、分销商和汽车修理厂等汽车相关企业在 1996 年 2 月联合向政府作出两个承诺:一个承诺是不可再循环的零部件比重,到 2002 年时从当时的 25% 降低到 15%,到 2015 年则将不超过 5%;另一个承诺是自己用户使用期在 12 年的汽车将被汽车厂商和进口商免费回收。

废旧电池的处置:德国电池生产厂家和分销商在 1988 年向联邦政府作出承诺,自愿地促进废旧电池的回收和再循环。并且在电池厂家的一致努力下电池中有害物质镉和汞的含量,已经降低到相当微量的水平了。并且,凡是含有有害物质的电池都被厂家作了明显的标记。

废纸的处置:德国联邦环境部 1994 年 10 月收到一项倡议和承诺,是由与造纸业、纸张进口业、纸品分销商、印刷业和出版业有着广泛代表性的若干企业协会和有关组织联合提出的,表示要使印刷品、办公用纸和绘图专用纸的再循环比例到 2000 年达到 60%。这一目标在工商界的一致努力下也大大超出原定目标的标准。②

3. 形成 DSD 运作模式

Duales System Deutschland,简称 DSD 或绿点公司,是德国在循环经济发展方面的运行的特色与组织的创新,又被称为双重回收系统。1990 年 9 月 28 日在德国工业联盟与工商企业协会共同支持下,德国双重回收系统股份公司

① 于文武:《德国循环经济发展的特征及经验借鉴》,《经济师》2008 年第 9 期。
② 于文武:《德国循环经济发展的特征及经验借鉴》,《经济师》2008 年第 9 期。

DSD 成立。DSD 公司由 95 家涉及零售、日用品生产与标志生产的公司共同发起成立。DSD 系统当前已形成有 1.6 万家企业加入的回收、分类与再循环包装的体系。根据 DSD 公司的统计数据，目前德国年产生大约 4 亿吨的固体废弃物中，在居民区产生的生活垃圾约占 10%，大概有 4000 万吨，其中 1160 吨生活垃圾可以被回收再利用。由于 DSD 系统的成功运作，2001 年德国各类包装废弃物的回收再利用率不断飙升，从 60% 升至 75% 的水平，超过法律规定的标准。

4. 鼓励公众积极参与

德国走的是一条由消费促生产及从社会到企业的循环经济道路，主要通过对废弃物处置的高度重视、消费市场和消费行为的高约束性，来引领德国工商业循环利用和处置废弃物的行动。在市场经济条件下，德国发展了一条更为有效的循环经济发展道路，即通过生产与消费过程中物质能量的循环，监管产品的消费，从而把企业的责任转化为一种改善企业市场的竞争力的行为。非营利性的社会中介组织所起的作用在发展循环经济中可以起到政府公共组织和企业营利性组织所不能起到的效果。DSD 包装物双重回收系统就是一个有较大作用的非营利性中介组织。绿点标记普遍被 DSD 企业用于其企业产品包装上，而家庭和单位用户均不需要对此类包装的废弃物缴纳垃圾费用。任何印有绿点标记的商品表明生产该商品的企业参与了"商品再循环计划"，同时企业交了费用来处理自己的产品。企业缴纳的"绿点"费被 DSD 用来收集、清理、分拣和循环再利用废弃物。目前，"绿点"标志已扩展到 10 个欧盟国家使用。

（三）发展循环经济的动力

德国循环经济的发展主要有如下动力。

1. 经济利益驱动

德国各地都有企业提供垃圾再利用服务，从事技术咨询和垃圾回收处理，并能因此获取适当利润，利润是德国循环经济发展的基本动力。德国的循环经济实际上以"垃圾经济"为特征，私营垃圾处理公司不断发展的趋势是德国循环经济的重要基础。德国 BIOJERM 公司的沼气发电项目就是一个典型的例子。用生活垃圾为原料，采用垃圾干法生产沼气并用于发电，形成了从垃圾到沼气，再到发电，最后到有机肥的产业链。该公司沼气发电在政府相关政策的支持下实现了经济利益、生态效益与社会效益的统一。经测算，每处理一吨垃圾可获得98~120欧元的毛收入，5年左右的时间就可以收回全部的投资。德国甚至拥有废弃物回收的百年企业，如德国纽伦堡市郊的废旧汽车处理厂和拥有上百年历史的纽伦堡最大的废旧金属回收公司。

2. 社会需求拉动

德国一向提倡绿色消费，随着经济的发展和社会的进步，对生活质量的追求和对生态环境改善的渴求已经慢慢地成为人们自觉的行动。德国人提倡的绿色消费包括：资源节约，污染减少；生活绿色，选购环保；自然保护，万物共存。在德国人的日常生活中处处都留下循环利用资源和保护生活环境的烙印，德国人选购商品都喜爱绿色、无污染或低污染用品，因此，企业不得不对商品进行改良化生产，以满足消费者的口味。这种情况在一定程度上也促使企业进行绿色环保生产。德国循环经济的社会需求体现在两方面：一方面体现在个人消费行为中，另一方面表现在组织和制度上的创新。德国包装二元回收体系（DSD）作为一个非营利中介性组织，却发挥了公共组织和营利性组织没有起到的作用。

3. 技术进步推动

循环经济体系建立和发展的关键是技术进步。循环经济能否发展，德国的经验就证明了，即科技是先导和支撑。德国工业技术和装备水平居于全球领先的地位，这一领先地位也构成了德国资源产出率和资源利用率的世界领先水平的基础。在德国有一整套的先进技术来支撑德国的利用垃圾发电各个环节，即垃圾分选、干法生产沼气、沼气发电等环节。德国冶金生产中有95%的矿渣经过技术处理都可以重新再利用，经处理后的矿渣可以做建筑材料、生产水泥和做化肥使用。再生能源和生物技术的发展在德国的市场前景是相当光明的，因为德国处理废水、废料和废气等废弃物的技术在世界上处于领先水平。从垃圾开始的德国循环经济的发展离不开回收、处理和再利用垃圾先进技术的支持，正是凭借先进的垃圾处理技术，德国才成为各国循环经济发展的楷模。没有先进技术的支持，德国的循环经济发展不会这么成功。

4. 政府支持的促进

在发展循环经济方面德国政府的作用是至关重要的。政府实施了一系列激励政策，积极创造良好的外部环境利于循环经济发展。这些政策措施包括：政府绿色采购、融资帮助、财政绿色补贴、贴息贷款、环保专项基金支持和所得税减免等。德国 1990 年颁布实施《电力输送法》，目的是鼓励发展环保能源。规定电力运营商在有偿的条件下，有义务接纳其供电区内生产的可再生能源电力。德国为了强化对可再生能源发电的激励政策，于 2000 年又颁布实施了《可再生能源优先法》。德国在风力发电政策的大力推动下，成为世界上最大的风力发电国，装机总量从 1990 年开始到 2003 年装机的容量已达 1460 万千瓦，发电量占德国总发电量的 5%。循环经济发展需要技术做支撑，但没有任何一家企业能独自承担高昂的研发经费。德国政府对新技术的高额投入使得德国循环经济的发展技术在世界上始终处于领先地位。

三、发展生态产业

由于人们越来越关注传统发展模式带来的环境污染问题、能源危机和资源枯竭等负面影响，人类发展需要寻找一种具有普遍意义的可持续发展的模式，生态产业模式就首当其冲，成为人类最佳的选择。

（一）发展生态农业

1984 年，德国为满足经济发展和环境保护的双重需求，制定了德国农业发展的目标与战略，提出了生态农业概念。当前德国最主要的农业保护手段就是以食物质量保证、食品安全保障以及可持续发展为目标的生态农业发展政策。

1. 德国生态农业发展现状

德国生态农业在 1991 年还处在起步阶段，到 2001 年年底，在德国，有14702 个农业企业，按照"欧盟生态农业指令"相关规定从事生态农业经营，占农业企业总数的 3.3%，有 64 万公顷的规模经营面积，占全德国农业用地的3.7%。德国各级政府在 2001 年的疯牛病危机后，对生态农业发展的资助力度大大地加强，德国民众也对生态农产品的购买需求也大大提高了。德国生态农业的界定是：生态农业应是注重人、动物、植物和土壤之间的有机联系与自然相和谐的农业生产方式，要确保土壤肥力得到保持。在对生态农业要求上，德国比其他欧盟国家更高。德国对生态农业有以下具体要求：禁止使用化学合成的除虫剂和除草剂，使用有益天敌或机械除草方法；禁止使用易溶的化学肥料，提倡使用有机肥或者长效肥，土壤肥力的保持靠腐殖质；使用轮作或间作种植方式；禁止使用化学合成的植物生长调节剂；保持牧场载畜量的适当程度；采用天然饲料喂养动物；禁止抗生素的使用；禁止使用转基因技术。大多数的德国生态农业企业的组织和管理工作都是通过生态农业协会来进行的，生态农业协会组织不仅要向其成员提供法规和技术等方面的咨询和服务，而且还负责甄别和监督生态农业的经营，发放准许进入生态农产品市场的产品标识。

2. 德国生态农业发展的主要政策

（1）生态农业立法。欧共体首次在 1991 年 6 月制定了"欧共体生态农业条例"，明确规定农产品和食品可以被确定为生态产品的范围，具体规定生产和加工方式，规定了生产加工过程中允许与不准使用的物质，该条例同样适用于那些非农产品的食品配料。德国还明确规定进口食品必须都是经得起严格检验的生态农产品和生态食品，不能出现任何德国认为可疑的不明成分。该条例在 1999 年 7 月增加了有关动物性产品的生产条款，包括：第一，规定了与面积相联系的不同种类动物饲养的最大密度；第二，规定了由普通企业转换为生态经营型企业的条件；第三，基本杜绝了对各种动物饲养的拴系方式饲养；第四，禁止任何含抗生素和激素的生态饲料被用于饲喂；第五，依靠自然抵抗力保持动物健康；第六，建立定期检查生态性生产的肉类来源证明制度。2003 年 4 月德国《生态农业法》正式生效，规定了已经注册的生态农业企业的经营活动和其产品的监测、检查及处罚制度，保证生态农业的健康发展。

（2）实施补贴和标志制度。一方面，提供转型和维持补贴。整个德国 2002 年度食品零售总额中生态农业提供的食品占市场份额大约为 2.5%，比 2001 年提高了 0.5 个百分点。与传统型农业经营相比较，从事生态农业经营的农民收入水平大约低 7%，从事生态农业经营者付出的活劳动高于传统型农业的付出的活劳动，因此，传统型农业经营者的收入明显地高于从事农业经营的农民收入①。所以政府制定和实施转型补贴政策来鼓励农民进行经营转型，每公顷土地每年可以得到 450 马克的补助。2002 年德国启动了一项"生态农业建设的联邦规划"，为此注入的资金 2002 年为 3480 亿欧元，2003 年为 3600 亿欧元，2004 年至 2006 年每年为 2000 亿欧元，2007 年为 1600 亿欧元，以后每年约为 1000 亿欧元②。另一方面，实行生态标志制度。德国《生态标识法》在 2001 年 12 月 15 日正式生

---

① 见《德国农业文献和信息中心年度报告》（2003）。

② 徐永祥：《基于保护环境视域下的生态农业可持续发展探析》，《老区建设》2010 年第 4 期。

效，保护了生态产品的消费者和生产者的利益。

（3）提供培训和信息服务。德国政府制定多个"联邦生态农业项目"进一步改善德国生态农业发展的条件，为农业经营者和劳动者提供培训和信息服务，加强相关的研究和技术改进，同时总结和推广实践中形成的经验。这个项目的具体措施有：第一，提供信息、咨询和培训服务，帮助农民转向生态农业经营，帮助农业生产者在 Internet、博览会、交易会、媒体和讲座等平台上传播信息；第二，通过相关法规的宣传，鼓励和帮助农民进行农业技术革新和展开竞争；第三，向消费者提供生态农产品的咨询服务，培训生态农产品零售商；第四，在餐饮及教育场所宣传生态产品知识。

德国政府制定了详细的政策和明确的政策目标来促进生态农业的发展，一方面，要求生态食品在全德国食品市场零售总额所占份额要保证每年以 10%～20% 的速度增长；另一方面，要求用于生态农业经营的农业用地面积到 2010 年必须占到德国农业经营用地总面积的 20%。

（二）发展生态工业

德国把发展生态工业的重点定在绿色经济的发展上，德国 2009 年 6 月公布一份战略文件，旨在推动德国经济现代化，强调发展德国经济的指导方针是生态工业政策。

德国生态工业政策主要包括以下内容：严格制定和执行环保政策；制定各行业能源有效利用战略；扩大可再生能源使用范围；可持续利用生物质能；制定刺激汽车业改革创新措施；实行环保教育、资格认证等方面的措施。①

德国自然资源保护和核能安全部长加布里尔指出，环保技术是德国经济的稳定器，并将成为未来经济振兴的关键。如果在生产过程中合理地利用自然资源，德国工业每年将可节省约 1000 亿欧元。如果德国经济能顺利实行生态变革，到 2020 年国内可新增 100 万个就业岗位。②德国促进生态工业发展的主要措施有：

第一，引导政府资金和社会资金流入生态产业。德国为了确保绿色经济顺利从传统经济转轨，制定了增加政府对环保技术创新的投资计划和各种鼓励私人

---

① 《世界各国纷纷追捧"绿色经济"》，见 http://www.meizhou.cn/news/0910/27/09102700087. html，2009。

② 《世界各国纷纷追捧"绿色经济"》，见 http://www.meizhou.cn/news/0910/27/09102700087. html，2009。

投资的政策措施，还通过建立环保和创新资金（基金的款项主要由公共和私人资金两个来源）来推进德国绿色经济的发展。德国政府认为减少二氧化碳排放量的关键是发展低碳发电项目。通过产业结构的调整，示范低碳发电站的建设，加大发展清洁煤技术等研究项目的资助力度，二氧化碳的排放量已大幅降低。

第二，用高技术促进生态工业发展。德国在 2006 年 8 月推出了"高技术战略"，目的是以持续加强的创新力量，确保德国技术在未来全球市场上占据领先地位。自实施"高技术战略"后，德国用于研发企业技术的资金大大增加，德国科学界和经济界共同为企业技术研发筹集资金。2007 年制定的"气候保护高技术战略"，是在"高技术战略"框架下的一项新战略。其中，"增进能源效益"，最具挑战性，其投资金额高达 60 亿欧元。"高科技战略"另一项目是汽车及建筑物的氢燃料电池技术的研发。德国积极发展"热电联产"技术不仅可用于火力发电站的节能改造，而且可运用于微型发电机的制造，解决小范围的供电和供暖问题，降低用户对发电站的依赖。德国政府到 2020 年计划将利用"热电联产"技术供电的比例比目前水平翻一倍。[①] 这些高技术战略的实施大大提高了德国生态工业发展步伐和德国经济的强劲发展。

第三，开发清洁能源。2004 年通过的《可再生能源法》确定，清洁电能占比由 2004 年的 12% 提高到 2020 年的 25%～30% 的水平。到 2020 年使用太阳能、生物燃气、地热等清洁能源取暖的建筑的能源比例从 2004 年的 6%，提高到 14%。在整个德国能源消费比重中，可再生能源要从 2003 年的 3.5% 提高到 2008 年的 8.7%，可再生能源在发电行业中的比重将达到 17%。德国 2009 年可再生能源达到 290 亿欧元的销售额，新能源企业达到 250 亿欧元的产值，创造出超过 25 万个就业岗位。如今，德国占领了世界大部分太阳能电池板、风力发电机的市场份额，德国还想在 2020 年在天然气使用比重中沼气的比重提高到 6%，到 2030 年实现 10% 的目标。

第四，提高能源利用效率。德国政府为了充分挖掘建筑以及公共设施的节能潜力，计划投入大量资金用于节能改造的民用建筑，包括建筑供暖和制冷系统，将热电联供使用率达到 25% 的水平。

第五，大力发展新能源汽车产业。在德国领先的可再生能源技术的全力推动下，新能源汽车产业发展迅速，2009 年 8 月德国政府颁布了"国家电动汽车发展计划"，其目标是到 2020 年德国将拥有 100 万辆电动汽车。[②]

---

① 徐琪：《德国发展低碳经济的经验以及对中国的启示》，《世界农业》2010 年第 11 期。
② 徐琪：《德国发展低碳经济的经验以及对中国的启示》，《世界农业》2010 年第 11 期。

（三）发展生态服务业

生态服务业由生态旅游业、现代物流业等部门构成，生态服务业也是德国生态循环经济的有机组成部分。

1. 发展生态旅游业

德国不仅是一个旅游业发达的国家，也是一个旅游资源相当丰富的国家。每年都有大量的国外游客涌入德国旅游观光。如今，在德国有 6 万多家各种酒店，从事旅游业工作的人数在 240 万人左右，约占德国总人口的 3%，每年接待的外国游客达到 4000 万，每年有 1200 亿欧元以上的营业额[①]。

德国成功发展旅游业的基本经验是对旅游资源的保护与开发利用并重，并以保护为主。

（1）保护古建筑等人文历史景观。因为德国特定的历史，使得德国各地的人文历史资源非常丰富。德国历史上长期的、独特的邦国林立格局，使得德国各地有众多各具特色的建筑。对这些历史资源德国人都十分珍惜，通过兴办博物馆保留各地区那些曾经有过辉煌和特色的东西，因此，德国各地有着众多的、形式多样的博物馆。同时，德国绝大部分地方都保留了或者重建修复了各地的古建筑，如教堂和古堡，它们与博物馆一道同被称为"德国旅游三绝"。

（2）保护山水自然景观。德国不仅重视保护历史文化遗产，而且同样注重保护自然环境。德国政府通过立法、严格执法和加强教育等有效措施来加强保护环境工作，促使德国人遵守社会的公德，加强教育特别是加强环保理念的宣传，这一理念已经深入人心了。通过德国人多年的努力，在德国已经重现了山清水秀和蓝天绿地的美丽景象。

（3）保护非物质文化遗产。非物质文化遗产也是显示文化个性、解释一个国家和民族的文化身份的重要依据。德国有丰富多彩的民俗节庆文化，有些是由传统的宗教节日演变来的。各地完好地保留这些极具特色的文化，对推动旅游经济的发展有无法估量的作用。

德国生态旅游业的成功经验表明，不断发展的旅游文化对改变一个国家民

---

① Steinecke A. Tourismus-eine geographische Einführung［M］. Braunschweig: Schnigh Winklers GmbH, 2006: 30-33, 50-52.

众价值观起到很大的作用。发展生态旅游业要处理好保护自然景观、人文景观和促进地区经济发展的关系，做到相辅相成，相得益彰，共同发展。

2. 发展现代物流业

德国的物流业水平是世界闻名的，发展的速度之快、之成功闻名于世。德国现代物流业发展已经 20 多年了，渗透德国几乎各个行业。依靠德国密度大、等级高和免费高速公路系统，物流业在德国还有很大的发展空间和前途。不同于其他国家的物流业，它有自己独到的特征。

（1）先进的物流基础设施、物流装备和发达的物流网络。德国位于欧洲大陆的中心，交通十分便利，有欧洲最长的水运网络，大约 7300 公里，还有世界第三大高速公路网，达到 1.2 万公里，拥有四通八达的高速铁路网，德国的集装箱船队在全球是现代化水平非常高的。先进的交通基础设施和自动化、信息化及智能化物流装备，奠定了德国现代物流业发展的坚实基础。同时，信息网络化在德国物流业的程度是相当高的。

（2）高度发达的物流园区、规模化的专业物流。德国物流业整体效率极高，其基础是建设了大型物流和物流园区。德国物流中心规划科学，形成了完善的网络体系。

（3）物流行业发展的法制健全。法制健全是德国物流业发展的另一大特色，物流业在由政府制定的法律法规保障下健康快速发展。德国制定了《公路交通条例》、《德国运输业条例》、《联邦货物运输法》、《内河物质运输法》等法律法规，严格规范物流行业的运作和行为。

（4）物流行业发展与环境保护的关系协调。物流业在促进经济发展的同时，也给城市环境带来不利的影响，如污染的排放、运输工具产生的噪声污染、引发的交通阻塞等。德国力图把物流业建成绿色物流，即把环境可持续发展理念融入现代物流活动中。为了达到对环境造成的污染和资源消耗减少的目的，德国物流业对储存、装卸、运输、包装、管理、加工流通等物流的环节进行了绿色化改造。德国十分注重资源的使用效率，在莱茵河内河运输航道的生态效益和经济效应的成绩都是极高的。大量使用的火车车型都是排污量小的，实行夜间运货和近距离配送。不仅要注重从消费者手中逆向物流，而且更注重的是消费者手中的绿色运输、仓储、包装，分类回收垃圾被严格执行。物流运输中大量采用厢式车辆，保证物流品不会在运输途中出现撒落和污染公共设施。物流园区的洗车用的污水要进行循环利用，禁止直接排入江河，确保物流园区内有不低于 20% 的绿色面积和不出现裸土等。

四、建设低碳城镇

德国的城镇化取得了丰富的经验，这些经验不仅体现在城镇规划和公共服务设施的建设和管理方面，而且在乡村基础设施的建设和管理方面，还体现在乡村城镇化过程中采取的做法和经验方面。

（一）建设低碳运转的城市群

在德国，可持续发展城市区域的基本模式是多极的、有若干功能互补的城市群，而不是过度发展城市区域的某一种单一的、支配性的中心城市。德国城市历经百年的发展，形成了几个多极的城市群。第一个城市群是在德国中部形成的一个"莱茵—美茵"多极城市区域，面积达到8100平方公里，有420万人口，359个市政单位。这里有美因茨、威斯巴登、法兰克福、阿森芬堡和达姆斯塔特5个大城市，但是没有任何一个在政治和经济上可以支配其他城市。第二个城市群是"莱茵—鲁尔"多极区域城市群。德国"鲁尔工业区"以丰富的煤炭资源和铁矿资源闻名于世，有杜塞尔多夫、科隆、埃森、杜伊斯堡和多特蒙德5个大城市，这些城市的人口数量都达到50万人以上，整个"莱茵—鲁尔"多极区域城市群约有1100万人口，1.6万平方公里的土地面积，与北京的规模相当。德国的一般老百姓虽然还认为它们是城镇的居民，但便捷的铁路公路交通和各种通信设施把它们联系在一起，交通、就业、经济和居住的联系都是发生在城市区域层次上的，形成一种多极的城市区域。[①]

发达便捷的交通方式是这类区域城市最明显的特征之一。20世纪80年代之后，法兰克福城市中心的常住人口面临逐渐减少的状况，"莱茵—美茵"多极城市区域的居住人口逐步向5大城市之外的乡村腹地和小城镇转移。法兰克福不再是"莱茵—美茵"区域的支配性中心，只是一个国际金融中心，主要原因是这些区域里的主要城市和大大小小的，不同地域的城镇都具有了在经济和社会发展上的功能。这类区域城市发展的现象已经不是过去那种"中心—郊区"的传统模式了。

区域城市，西方发达工业国家城镇化发展的新现象，是一种新的城市规划

---

① 金国中：《借鉴德国经验思考城镇化进程》，《经济参考报》2009年10月15日。

的概念，是城市发展的蔓延模式的一种结果。不同于传统城市，区域城市最大的特点是具有专门的动能区、多种多样的中心、走廊和保护地。所以，区域城市规划的尺度和规模不同于传统城市。当然，具体到社区层次，规划依然沿用传统的规划手法，安排社区层次的各类规划要素。①

（二）发展低碳交通

低碳交通系统不仅要推进经济的发展，减少能源的消耗和降低二氧化碳的排放量，而且还要保证交通系统的安全性，促进交通设施的公平使用，使居民的整个生活质量得到大大提升。可以从两个角度来观察德国的能耗和碳排放，首先是从交通能源使用率上看，德国的交通能源使用效率要比美国高出50%，但是交通的碳排放量仅是美国碳排放的三分之一；其次从个人出行使用公共交通所消耗的能源率来看，德国公共交通工具的能源使用效率高出美国能源使用效率的4倍。究其原因，主要是德国公交的乘客量多于美国，各种乘车优惠多、乘车方向的选择多和公共交通的投资水平高，交通工具比美国先进等。此外，德国的交通系统比美国安全，交通出行方式选择具有多样性和对公共交通具有更强的依赖性。

政府在推进低碳可持续发展的交通系统方面有五类政策：其一，在区域、国家层次上的公共交通协调，降低对小型交通的依赖程度；其二，革新汽车技术，适当限制购车；其三，鼓励开发混合居住区，通过合理的区域土地规划，使车辆交通出行的距离和次数得到减少；其四，联邦政府和地方政府共同努力提高自行车出行和步行出行的安全保障；其五，确保上述四类政策有效地协调，相互推进，相互补充。

德国推进低碳交通系统发展的关键手段之一，是不断改善和协调都市区、区域和国家层次的公共交通系统，其目标是公共交通系统的方便和乘坐舒适度得到改善和提高。德国公共交通系统的协调方式包括公共交通的时刻、服务和价格。在20世纪60年代，汉堡就成立了德国第一个区域交通机构，在此之后各种类似的区域交通机构先后在德国各地都市区成立。这类机构主要是协调公共交通系统运营的所有事务，如确定车票价格体系。德国公共交通系统把安排步行和自行车的使用设施综合在一起考虑，寻求在汽车、轨道交通及其他交通之间的无缝衔接，将大量的自行车停车空间安排在都市区火车站、远郊火车站和汽车站等地方。

---

① 叶齐茂：《可持续发展的德国城镇化》，《城乡建设》2010年第2期。

（三）推进乡村城镇化可持续发展

德国城镇化水平在二战之后的 60 年间从 69% 提高到 89%，城镇化率年平均递增 0.3%，实现了可持续发展。

1. 建设聚集度适中的居住区

从德国人的规划传统上看，最为理想的居住单元就是一个有 7000 到 9000 的人口居住在被自然景观包围的居民区。二战后德国重建的核心地区都是居住人口在 7000 至 9000 人的地方居民点，包括完善这些居民点里的商店、学校和其他公共服务设施。在三个占领国中，英国和美国实际上也非常推崇这样规模的居住单元的建设。三个占领国都同意和鼓励德国人按照德国的规划传统来重新建设自己的城乡，英国就特别的在其占领区域里严格控制开发非建成区土地的行为。美国起初希望按照美国低密度住宅区的模式来规划德国城乡模式，后来也认可聚集度高的德国传统乡村居住模式，这种模式不仅可以成为应对冷战的有效手段，而且符合德国城乡居民点的布局类型。

2. 走分散的城镇化道路

控制城市人口规模，走分散的城镇化道路，是德国城镇化的基本倾向。虽然德国城镇建设用地规模和城市人口规模扩张的压力巨大，在控制规模政策的作用下，城镇规模没有过度扩张，都市区中的传统农业型村庄越来越多地转变成为二、三产业集中的工商城镇，分散型的小城镇发展相当成功，与美国凝结成绵延百里的中心城市和郊区大为不同。德国一方面在积极推进传统的乡村居民点转变成为规模不等的工商城镇，另一方面积极维持和不改变城镇周边的农业和森林用地性质，确保在城市区域内三次产业并存。因而，郊区经济在第一、第二、第三产业协同带动下能够实现增长。

3. 控制占用农业用地和开放空间

德国城市低碳和可持续发展政策基础是使现有城市土地和开放空间的利用效率得到提高，使土地和开放空间的消耗进一步降低。在此基础上考虑城镇区域内的工业布局、交通的组织、就业的安排和保护城乡的生态环境，从而使得良性循环的城乡生态和可持续的城镇化得以实现。比如，慕尼黑提出了城市建设策略，即"紧凑的慕尼黑：城市和绿色"，在策略中，慕尼黑市区建筑容积率一般控制在 0.9～2.5 之间，公共设施、绿地和交通用地的土地面积为 30%～50%。慕尼黑市基于经济发展和生态保护的双重目的，大量保留低容积率的行列式楼房，把这些区域建成居住和工作的混合方式，容积率被提高到 1.6 和 2.5，在个别地区容积率提高到 3。

4. 构建城乡和谐的生态环境

德国的各级政府为了解决地方经济增长和保护生态环境的矛盾，同时为了帮助远郊区开发新的服务经济，采取合作投资建设的方式，实施维持农业、林业用地和环境保护用地的有偿政策。德国统一后，首都定在柏林，给柏林造成了土地开发的巨大压力，然而，柏林市从 20 世纪 90 年代以来一直与勃兰登堡州政府一起致力于"合作、整合、景观识别和区域行动"的发展战略，共同以"区域自然公园"的名义投资保留柏林市周边的区域，建设一个面积为 2866 平方公里面积的远郊区，其中 60 万人相对集中在 138 个聚落中居住和工作，以此来保证柏林人清新的空气、清洁的饮用水、绿地和娱乐的空间，保证柏林郊区的自然和文化特征得以维持下来。①

5. 用城区的税收补贴郊区

德国都市区的郊区从财政收入上看，尽管有富有穷，然而都市区按照内部人均分担税收的方式承担 50% 的郊区社区日常市政运行费用。在此政策的作用下，郊区乡村地区不会因为社区的贫穷，在居民身上征收不到足够的房地产税费而导致市政运行水平低于整个区域的基本水平，起码要维持在一个最基本的水平上。

（四）注重城市与水的和谐

德国采用大范围、高角度，更系统的方式来解决城市与水问题，确保城市发展与水的和谐，经常涉及的不是一座城市周边的河流、湖泊、森林和湿地，而是区域、若干城市群甚至多个国家，对城市与水的问题进行城乡统筹和区域统筹的综合思考与应对，从德国对莱茵河流域、博登湖水域、多瑙河流域的治理和管理经验中都被充分地说明和表现出来。

德国的区域发展也有不平衡，有经济实力强的富裕地区和经济实力弱的相

---

① 叶齐茂：《可持续发展的德国城镇化》，《城乡建设》2010 年第 2 期。

对落后的地区。德国联邦政府和地方政府在城市发展与水的问题上重点考虑以下方面，一是公平分担水资源保护经费，用于保护水资源的财政支出在富裕地区与相对落后地区合理公平地分担问题；二是充分调动利益攸关者的私人投资；三是促进水资源保护地区的经济发展；四是建立统一跨区域的水资源保护的法律体系。比如，柏林—勃兰登堡区域公园是一个与城市边缘相关的发展战略，而不是通常意义上公园的概念，不仅要使得柏林郊区的自然和文化特征通过规划保留下来，同时也提供清新的空气、娱乐的空间和绿地给柏林居民。该战略主要致力于郊区建设，面临着区域标志和地方增长之间矛盾的巨大阻力，在柏林—勃兰登堡区域公园内有 16 个县和 138 个地方当局，它们都有经济发展的要求。

在勃兰登堡所属区域内，树林所占面积为 60%，维系该公园区域的自然状态的基础是地表水。同时，在该公园区域内有许多有着悠久历史文化价值的西多会教堂和许多古老的村庄居民点，也是柏林人历史上专门的休闲场所。最近几年，到这个正在恢复的自然区域公园郊游的游客中有 25% 是柏林人，如今开放游览的河流有 135 公里长。

在厄卡纳—斯图堡的社区里就组建了一个由 26 个社区共同参与的污水管理机构。柏林—勃兰登堡区域公园的自然景观特征和历史文化特征从根本上得到保护，正是包括"合作、整合、景观识别和区域行动"四项原则在内的区域公园发展战略得到很好的执行，同时，一个区域要有活力就要保持其中每一个城镇的活力，经济机构必须要健康，财政收入必须要充足，基础设施必须要完备。

第四章　美国：抢占发展低碳经济高地

根据国际能源机构调查，美国二氧化碳排放量占全球总量的 23.7%，居世界第二，年人均二氧化碳排放量约 20 吨，位居世界第一。美国碳减排潜力巨大，其经济规模、产业结构和技术水平及研发能力，为发展低碳经济提供了非常有利的条件，美国政府从抢占未来国际经济竞争制高点的战略高度推动低碳经济的发展。

一、制定向低碳经济转型法案

20 世纪 50 和 60 年代，伴随着经济高速发展，环境破坏达到前所未有的地步，生态主义者向世界提出了严重警告，70 年代的石油危机也迫使人们正视现实，各国开始重视环境保护，大规模的立法由此而起。长期以来，美国陆续出台了一系列保护环境和节约能源的法案，主要是基于自身利益的考虑：刺激本国经济复苏，加强国家能源安全，应对本国人民对于气候变化的呼声，缓解来自其他国家的压力，争夺环境与气候变化领域主导权，巩固美国的世界领导地位等。在进入低碳经济时代后，美国又从战略高度制定了推动经济向低碳转型的法案。

（一）环境保护法案

美国是世界上最早用正式法规来保护环境的国家，其保护对象包括空气、水、生态等内容，最著名的是《国家环境政策法》和《清洁空气法》。

1.《国家环境政策法》

1970 年 1 月 1 日美国《国家环境政策法》生效，这是世界上第一部关于环境影响评价的正式立法。该法案的目的是制定一个国家政策法规，来保护环境质量，尽量减少人类活动对环境产生的损害和不利影响，通过消除引起空气、土地和水资源的不可恢复性损失的政府行为，来改变联邦政府对环境保持的态度。该法案要求联邦政府在作出规划和决策时，应确保环境资源和环境价值也能与经济和技术问题同时考虑，在对环境质量可能产生重大影响的行动决策时，要提供各种可供选择的替代方案[①]。《国家环境政策法》的内容主要有四个方面的体现。

（1）法案宣示了全新的国家环境理念和政策目标[②]。法案明确宣布："本法的目的在于：宣示国家政策，促进人类与环境之间的充分和谐；努力提倡防止或者减少对环境与自然生命物的伤害，增进人类的健康与福利；充分了解生态系统以及自然资源对国家的重要性[③]。"在立法宗旨中法案提出了"促进人类与自然之间的充分和谐"，在国家政策目标中法案提出"创造和保持人类与自然得以充分和谐共存的各种条件，满足当代国民及其子孙后代对于社会、经济以及其他方面的要求"、"履行每一代人都作为子孙后代的环境保管人的责任"、"保证为全体国民创造安全、健康、富有生产力并符合美学和文化价值的优美环境"、"最大限度地合理利用环境，不得使其恶化或者对健康和安全造成危害，或者引起其他不良的和不应有的后果"。这些思想反映了环保的先进理念和发展的可持续精神。

（2）法案明确了联邦政府的环境职责。法案通过立法不仅强调综合性的国家环境政策，而且明确规定环保职责由联邦政府机构履行。法案建起了完整的框架和严密的机制：融合政府不同的职能要求，联邦环境政策的目标要具有全局性、整体性和长远性，融合不同的象征机构以及与此相关的利益主体的诉求。

（3）法案确立了以环境影响评价制度为核心的管理工具。法案提供了一个确保能考虑联邦行政机构的行为对环境影响的管理工具，确保的管理工具以环境影响评价制度为核心。从 1970 年到 1987 年，为了落实《国家环境政策法》关于

---

① 丁玮:《美国环境政策法评介》,《北方环境》2003 年第 3 期。

② 李挚萍:《美国〈国家环境政策法〉的实施效果与历史局限性》,《中国地质大学学报》（社会科学版）2009 年第 5 期。

③ 李挚萍:《美国〈国家环境政策法〉的实施效果与历史局限性》,《中国地质大学学报》（社会科学版）2009 年第 3 期。

环境影响评价的规定，特设立国家环境质量委员会，作为总统咨询和协调机构，制定《国家环境政策法条例》，主要是为了审查并监督《国家环境政策法》的实施，收集环保方面的信息，编制国家环境的质量年度报告，规范环境影响评价程序，为行政机关依法行政提供详细的、可操作的程序。

（4）法案开辟了公众参与的渠道。法案使公众参与制度得以建立，并且联邦政府的决策过程得以足够的公开，与此同时大众也可以提出本人的想法。只要联邦机构不能正确地履行本法，市民就可以通过《行政程序法》来提起公民诉讼。

2.《清洁空气法》

在保护清洁空气方面，芝加哥的辛辛那提市早在1881年就已经开始尝试立法保护空气质量，1955年《空气污染控制法》生效，1963年出台了《清洁空气法》，然后1967年又制定了《空气质量控制法》，后来于1970年通过了内容比较完善的《清洁空气法》，成为大气保护的基本法规。后来经过1977年和1990年对《空气质量控制法》进行了两次重大修正，逐步建立起来一个完善的法律规范体系，规定了排污削减、排放权交易、能源效率提高等具体规范[①]。《清洁空气法》的主要内容有七个方面。

（1）阐述了立法目的和原则。立法目的是保护空气质量，以改善公众健康和公共福利，并且维护国民的生产力。《清洁空气法》第101条b规定法案的立法是为了保护并改善国家的空气环境质量，维护公众的健康水平和公共福利待遇，保证国民的生产力；再通过建立国家的研究与开发机制，预防和控制空气污染；进而联邦政府向各个州政府和不同的地方政府提供资金方面和技术层次上的支持，以确保不同级别政府能够有效地把本辖区内的空气质量改善工作做好；最后就是通过鼓励而且通过协助建立跨区联合空气质量来改善项目。有四个原则为达到立法目的提供保证：首先是1970年在修正案中制定的"国家空气质量标准原则"和"州政府独立实施原则"，最后是在1977年修正案又增加的"新源控制原则"和"视觉可视性原则"。

（2）控制移动空气污染物质排放源的污染排放。《清洁空气法》将移动空气的污染源分成三种：非陆上交通使用发动机管理项目、重型汽车管理项目、轻型汽车管理项目，分门别类地制定了完整的排放标准、严密的检测方法以及一系列

---

① 梁睿：《美国清洁空气法研究》，中国海洋大学博士研究生毕业论文，2010年6月，见 http://dlib.cnki.net/kns50/detail.aspx?dbname=CDFD2011&filename=1011030194.nh。

的技术要求。而且通过以认证、生产线检测、市场检测、减排配件应用的检查制度，从源头和使用的全过程进行科学的管理控制。

（3）对机动车使用的燃料提出要求。一是逐步减少汽油的含铅量直至使用无铅汽油。二是规定了"功效全面一致"制度，要求新的燃料、添加剂等在投放市场之前，燃料生产商必须尽责任去证明新产品和经过认证的其他燃料是一致的，保证不会对机动车减排装置的相关功能造成影响，有效地从源头上控制尾气污染排放。这一制度主要控制了汽油中锰（作为铅的替代物加入汽油中的）的含量。三是规定在"未达标区"，比如高寒地区，必须添加氧化剂促进燃料的高效率燃烧，减少一氧化碳的产生，凡是一氧化碳排放的"未达标区"只配有含氧化剂的汽油，凡是到达一氧化碳"未达标区"的车辆只能使用氧化剂汽油。四是制定了在夏季限制汽油挥发的条款。香欣型氢氧化物和丁烷作为不容许使用的铅和甲基茂基三拨基锰的替代物，大量的被汽油生产商添加在汽油中，而这两种物质都具有极强的挥发性，严重地破坏了空气质量，《清洁空气法》对此作了限制。五是限制了柴油中硫化物的含量，因为硫化物本身就是主要空气污染物质的一种，还会阻碍机动车减排装置的功能。

（4）加强了对形成酸雨的污染物质排放的控制。同时运用强制限制和凭借商业模式两种手段，促进污染物的减排，鼓励可再生能源和替代能源的使用，用以平衡生产的各种需求和控制空气污染物质的产生。措施主要有：一是通过实行"排放配额"控制排放总量。通过运用市场机制的管理策略，联邦环境保护总署有了向有关企业分配"排放配额"的能力，"排放配额"在市场化方式的交易下，污染物的排放也随之减少。二是运用新的技术方法达到降低排放。减少氮氧化物的排放总量，规定燃煤发电厂必须按要求采用"低氮氧化物燃烧技术"，另外对清洁燃煤技术的使用予以鼓励。三是通过认证制度来达到控制二氧化硫和氮氧化物的排放，制作了排放监测制度和惩罚措施，可通过排放抵消的方式来达到对超额排放和标准要求的协调一致。四是建立排放监测定期报告制度。美国火电企业必须安装污染物连续监测装置，每三个月向联邦环境保护总来报告各企业机组的污染物产生、排放情况。联邦环境保护总署在网上公布收集到的报告情况，进而接受社会的监督。五是规定处罚办法，保证措施落实。

（5）实施许可制度。在实施"新建"或者"改建"主要固定空气污染物排放源之前，必须预先申请联邦环境保护总署的"预防重大危害"行政许可。许可制度的建立，标志着防止空气污染的环境保护，由末端治理向重在预防转变。

（6）保护同温臭氧层。实施阶段划分的限制制度，把限制臭氧层的破坏物质排放划分为过渡期阶段和全面禁止期阶段，采用"生产配额"和"消费配额"进行分段调控，达到全面禁止生产臭氧层的破坏物质。同时还规定了与国际条约相接轨的独特制度，就是在新修正《蒙特利尔议定书》的标准高于《清洁空气法》的现有标准时，最终是采用《蒙特利尔议定书》新修正案的高标准。

（7）规定了法律实施的保障措施。用行政执行、民事诉讼和刑事处罚三种措施，从制度上保证《清洁空气法》的实施。联邦环境保护总署集执行权、准立法权、准司法权于一身，是非常强势的空气质量管理机构。民事诉讼时采用公民诉讼制度以鼓励对污染排放提起诉讼，污染空气可能招致刑事惩罚。

（二）能源节约法案

1. 能源立法的发展历程

1975年美国颁布《能源政策和节约法》，核心是能源安全、节能及提高能效。确定了平均的燃油经济性标准，要求在10年内逐渐将轿车的能效提高1倍。该法还指出，美国要建立起10亿桶的石油国家战略储备。

1977年美国通过了《能源部组织法案》，把能源相关职责全部统一到能源部，从政府组织机构上明确了能源的战略地位。

1978年出台了《国家节能政策法案》；1982年针对机动车辆的能效问题制定了《机动车辆信息与成本节约法》；1987年制定了《国家设备能源保护法》，颁布了《国家家用电器节能法案》。

1992年制定了《国家能源政策法》，在开发新能源、提高能源利用效率上提出了新要求，还进一步倡导国民厉行节约，规定了抽水马桶、水龙头和淋浴器的用水量比1980年的大多数设施要节水62%，强制要求1994年以后出售的所有房屋中，必须安装符合节水标准的器具。此法确定的节水器具用水新标准成为世界其他国家主要的参照标准。

1998年公布了《国家能源综合战略》，要求提高能源系统效率，更有效地利用能源。

2003年出台的《能源部能源战略计划》，将"提高能源利用率"提升到"能源安全战略"的高度。

2005年8月8日颁布了《2005年能源政策法案》，是美国当时内容最广泛的综合能源法，涉及能源效率、可再生能源、石油和天然气、核能、车辆和燃料、机动车辆的燃油效率/企业平均燃料经济、氢能源、研究和项目支持、电力、乙醇和汽油等 11 个方面内容，提出了工业领域、运输领域、公共和商业／住宅领域的节能政策和措施，共有 18 个主题，力推能源节约和新型可再生能源的发展。

2007 年 7 月 11 日，美国提出《低碳经济法案》，大力促进零碳和低碳技术开发与应用，并通过制度安排为其提供经济激励机制；法案提出要控制美国的碳排放总量，2020 年的碳排放总量降到 2006 年水平，到 2030 年降到 1990 年水平。法案提出要建立碳排放限额和交易体系，鼓励碳捕获和埋存技术研发，表明低碳经济的发展道路成为美国未来的重要战略选择。

2007 年 12 月，美国布什总统签署了《2007 年能源独立与安全法案》，推动美国减少能源依赖性并提高安全性。

2009 年 1 月，"美国复兴和再投资计划"被奥巴马宣布了，新能源的发展作为投资重点，预算投入 1500 亿美元，大概用 3 年的时间使美国的新能源产量增加 1 倍，希望到 2012 年新能源的发电能够提高到占总能源发电比例的 10%，到 2025 年，这一比例将增至 25%。2009 年 2 月，《美国复苏与再投资法案》正式出台，投资总额达 7870 亿美元。这些投资重点用于新能源的开发利用，其中包括碳储存和碳捕获、智能电网、可再生能源等。

2009 年 6 月 26 日在众议院以 219 比 212 的微弱优势表决通过了《2009 年美国清洁能源与安全法案》，成为现在美国最全面、最权威的节能法案[1]。法案包含了能源效率、农业和林业相关减排抵消、向清洁能源经济转型等 5 个内容。要求提高建筑、电器、交通运输和工业等所有经济部门的能效，设定温室气体减排路径以及相关的市场机制，保护国内企业竞争力并逐渐向低碳能源经济转型，可用农业和林业减排抵消碳排放等[2]。

2.《2009 年美国清洁能源与安全法案》的主要内容

《美国清洁能源与安全法案》是用立法的方式提出了建立碳排放权的限额—交易体系的基本设计。这里可以归纳为九个方面的内容。

（1）控制排放。法案明确提出中期、长期减排目标，对约占温室气体排放量 85% 的排放源设置了法律约束力且对总量加以限制（其余 15% 的碳排放来自农业和林业）。法案对国内年排放量高于 2.5 万吨二氧化碳当量的企业设置了

---

①　李沁璇：《论"碳关税"贸易措施》，湘潭大学硕士论文，2011 年 4 月 10 日。

②　王谋、潘家华、陈迎：《〈美国清洁能源与安全法案〉的影响及意义》，《气候变化研究进展》第 6 卷第 4 期 2010 年 7 月，第 307—312 页。

具有法律约束力且逐年下降的总量限额。法案规定从 2012 年开始，针对电力公司和炼油厂等这些主要的温室气体排放源应该设定碳排放上限，主要排放源在 2012 年、2020 年、2030 年和 2050 年的碳排放量，必须在 2005 年的基础上分别降低 3%、17%、42% 和 83%[①]。同时法案制定了经济激励政策[②]。

（2）利用可再生能源。加大对清洁能源的投入，对可再生能源发电的比例做了规定。电力供应商在法案的要求下需要通过可再生能源发电的开发和节能的检测，到 2020 年，不含水电、核电在内的可再生能源发电量要占到电力需求总量的 15%。

（3）提高能源利用效率。节能与能效提高的重点领域的电力生产、建筑和交通部门。到 2020 年，节能和能效改进项目供应电力总量的 5%～8%；商业建筑和住宅要求达到节能 30%～50% 预期，鼓励对现有商业建筑和住宅进行节能改造，落实建筑能效标识计划，精细家用电器的节能标准，创建最节能的家用电器的应用项目；鼓励发展清洁交通，制定温室气体排放标准和车辆油耗里程标准，促进电动汽车发展，对大型卡车、火车等其他移动污染源的温室气体排放标准进行细化；鼓励智能电网技术的开发和应用，要求改进现有的输电网规划程序。

（4）发放排放配额。排放源要持有相应数量的排放配额对其排放的每一吨温室气体，并可以对配额进行交易、储存和借贷。逐步减少免费排放额度，在 2012 年至 2026 年期间，75% 的排放配额免费发放，在 2012 年至 2050 年期间，60% 的排放配额同样免费发放，但剩下的配额以拍卖方式发放。清洁能源技术的研发应用和电网现代化的资金来源于拍卖的碳排放额度。

（5）允许碳排放交易。降低减排的成本可以通过购买碳排放量控制，碳交易抵消量可以从最初的每年 20 亿吨逐步减少到 8 亿吨。在 20 亿吨抵消量中，10 亿吨来自国外，还有 10 亿吨是来自国内林业和农业项目的。法案还建立了四种连接机制，就是为国际碳抵消量进入美国碳市场。

（6）提供政府补贴。为保证法案的各项目标得以实现，政府的一系列补贴，共分为三类：一是消费者补贴：包括天然气价格补贴、中低收入家庭补贴、电价补贴、退税政策等；二是高耗能的工业补贴：包括造纸在内的高耗能产业将获得

---

① Committee on Energy and Commerce. The American clean energy and security act（H.R.2454）
　［EB/OL］.2009.6.2. 见 http://energycommerce.house.gov/Press_111/20090602/hr2454_report-
　ed_summary.pdf。

② 郭基伟、李琼慧、周原冰：《〈2009 年美国清洁能源与安全法案〉及对我国的启示》，《能源技术经济》2010 年 1 月 20 日。

资金补贴、钢铁、水泥；三是其他的补贴：包括劳动者职业培训补贴、健康和环境补贴、清洁能源与提高能效的投入补贴等。

（7）提出了碳捕获和封存计划。法案要求 2009 年 1 月以后被批准建设的所有燃煤电厂，必须将所排放的二氧化碳的一半以上加以捕获和封存。还规定，进行碳捕集和封存的新建和现有燃煤电厂，对所捕集和封存的二氧化碳最高可享受每吨 90 美元的补贴。

（8）实施碳关税措施。提出边境调节税措施，即碳关税措施。实施碳关税措施的目的是为了保护美国企业，使它们能与未设立碳排放总量管制的国家的企业进行公平竞争，并防止美国企业将排放碳的生产过程向未设立碳排放总量管制的国家转移。该措施的具体设计如下：从符合下列条件的国家进口高碳排放的产品，且进口量超过国内总需求量的 15% 时，进口商需要购买相应的碳排放配额：一是在国际条约中没有明确制定严格减排目标的缔约国；二是没有同美国签订行业减排协议的国家；三是特定行业的制造企业能耗强度和碳排放强度比美国同类企业高的国家。碳关税最早于 2020 年开始征收。[①]

（9）援助发展中国家。在 2012 年到 2021 年期间，就要为发展中国家在适应气候变化和向其转让清洁技术方面提供 2% 的配额，在 2022 年到 2026 年期间，这一比例将逐渐增加到 4%，2027 年后将达到 8%。

二、推行绿色新政计划

气候安全问题、能源危机和金融危机已成为全球性三大危机，同世界其他主要国家一样，美国政府制定和推进短期内刺激经济复苏、中长期以应对气候变化并向低碳经济转型为核心的绿色发展计划，力图通过推行绿色新政，在新一轮经济发展进程中发展新兴技术和产业，促进经济转型，实现可持续发展。

（一）推行绿色新政计划的原因

为了对能源危机、金融危机和气候变化所带来的一系列问题有效应对，奥巴马政府提出以发展绿色经济、促进经济增长、提升国际竞争力为核心的经济刺

---

① 张来春：《西方国家绿色新政及对中国的启示》，《发展》2010 年第 1 期。

激计划①。

1. 顺应气候保护和低碳经济发展的世界潮流

联合国环境规划署 2008 年 10 月首次提出全球"绿色新政"理念，联合国秘书长潘基文在同年 12 月 11 日的联合国气候变化大会上正式发出"绿色新政"的倡议，联合国环境规划署 2009 年 4 月公布了《全球绿色新政政策概要》，正式启动了包括全球环境保护、节能减排、气候变化、经济发展等有关人和自然的可持续发展的重大议题"全球绿色新政及绿色经济计划"②。奥巴马政府从美国的战略利益出发，一改以前美国政府在这些问题上的消极态度，在 2008 年总统竞选中，就支持绿色新政，上任后更是积极推行绿色新政。

2. 消除对中东石油的依赖

美国奥巴马政府的"绿色新政"核心是新能源开发，基本目标之一就是把对中东石油的依存度降低为零，发展可再生资源，利用可替代能源，从战略上解决石油对美国的威胁。奥巴马指出，发展可替代石油的清洁能源关系到国家的竞争力。③

3. 振兴美国经济

奥巴马政府在制订经济刺激计划时，提出了"聪明的支出"计划。实施绿色新政计划，发展以新能源、新技术为核心的新兴产业，重新提升制造业的竞争力，可以产生一石四鸟的效果：一是应对金融危机，使遭受重创的美国经济从衰退走向复苏；二是增加就业，把高达 10% 的失业率降下来；三是通过提高美国经济的国际竞争力，要彻底扭转美国环保政策和低碳绿色技术相对的落后状态，保持美国在清洁能源和环境保护等领域的竞争优势；四是巩固 21 世纪美国在世界经济中的领导地位，兑现奥巴马关于美国在绿色经济中"还必须承担起领导者的角色"的承诺④，提出要力争成为清洁能源出口大国，而且还要确立在新能源竞赛中的主导地位。

---

① 蓝虹：《奥巴马政府绿色经济新政及其启示》，《中国地质大学学报》（社会科学版）2012 年第 2 期。

② 联合国环境规划署：《全球绿色新政政策简报》，2009 年 3 月 8 日，http://www.docin.com/p-50810718.html。

③ 宋国华：《国外"绿色新政"对我国的影响与借鉴意义》，《科技风》2012 年第 4 期。

④ 刘思瑞编译：《美国决心在"绿色竞争"中争当排头兵》，《国际技术经济导报》2009 年 8 月 30 日。

（二）绿色新政计划的主要内容

美国绿色新政计划中，以新能源的开发为核心，重点是发展高效电池，建设智能电网，进而促进节能汽车的开发，倡导绿色建筑，合理利用好可再生能源，碳储存和碳捕获等[①]。

1. 绿色新政计划的基本纲领

（1）绿色经济新政的实质。通过对基础设施的投资来扩大内需，对气候变化所带来的危机进行有效应对，对进口石油降低依赖度。它追求的不仅是眼前的经济复苏，而且重视技术与产业的创新达到中长期的增长。

（2）绿色新政计划的基本目标。绿色新政计划的基本目标有两个：一是重振美国经济，加大对低碳技术和绿色能源领域投资，增加就业机会，刺激美国经济发展。二是控制温室气体排放总量和推行排放权交易制度。明确到 2050 年期间各阶段的温室气体减排目标，把碳排放量的拍卖等收益用于鼓励低碳技术创新。

（3）政府支持的重点。为更好实现其基本目标，政府需要对以下五项工作重点支持：一是投资建设智能化的电网，加强可再生能源接入的基础设施建设。二是可再生能源的融资担保和政府补助对可再生能源发电系统以及燃料电池的开发和利用有重要的作用。投资建筑节能改造工程。三是提高能源利用效率。四是对清洁煤技术和二氧化碳回收储藏技术的研发。五是针对可再生能源和节能减排领域的人才有效培养。

2. 强制减少二氧化碳排放

采取有力措施，应对气候变化。根据相关法案的要求，强制减少二氧化碳排放。

（1）设定不断提高的碳目标。《2009 年美国清洁能源与安全法案》规定了 2012 年至 2050 年的总体目标，重点限制每年二氧化碳排放量超过 2.5 万吨以上的企事业单位，为使这些企事业单位减少温室气体的排放，应严格遵循市场导向的原则，实施排放权交易制度。此外还设计追加的碳减排计划方案，使追加的碳减排量到 2020 年达到 2005 年美国碳排放量的 10%。

（2）确立了碳抵消方式。《2009 年美国清洁能源与安全法案》规定，减排对

---

① 李沁璇：《论"碳关税"贸易措施》，湘潭大学硕士论文，2011 年 4 月 10 日。

象在排放量超过配额时，通过其他渠道可以较低的成本获得抵消减排。但减排抵消总量每年不得超过 20 亿吨，10 亿吨分配给国内的农业和林业抵消，由农业部负责；另外 10 亿吨分配给国际抵消，由环保署负责，从国外购买的每 5 吨的减排量，只能抵消国内 4 吨碳排放量。

（3）强制要求对所排放的二氧化碳采取捕获和封存措施。强制要求新建电厂收集并贮藏一半以上的二氧化碳，对新老电厂封存的二氧化碳给予每吨 90 美元的奖励。

（4）保障碳排放市场的透明度和流动性。《2009 年美国清洁能源与安全法案》制定了明确的规定：加强对碳配额分配和碳抵消交易市场的严格监督与管理，以保障市场的透明度和流动性，对欺诈行为和操纵市场的行为给予严厉的惩罚。

3. 大力发展绿色能源

通过发展清洁能源和提高能源效率的措施来实现：

（1）发展清洁能源。一是发展风能、生物能、太阳能和地热能等可再生能源。二是二氧化碳回收与储藏。政府制定切实可行的鼓励政策，把二氧化碳回收与储藏技术的有效发展作为重要的战略目标，促进其广泛应用以及长远发展。三是大力发展低碳交通项目。低碳交通使绿色能源发展的重要应用，为使其更规范符合社会发展要求，联邦政府通过制定低碳交通运输燃料标准，从而更好地推动先进交通运输燃料的发展。政府可提供拨款或贷款担保，扶持电动汽车的大规模发展，力争 2015 年达 100 万辆。四是建设智能化的电网。智能化电网要求改良家用电器的性能，同时应充分利用其自动控制系统来减少企事业单位的高峰用电状况。五是通过建立州能源与环境发展基金，同联邦政府共同扶持清洁能源和能效项目的开展。

（2）积极提高能源的利用效率。一是要提高建筑物的能源效率。环境保护署制定了建筑物能效评估方法，为积极提高建筑物能源效率的州与进行节能改造的商业建筑和住宅提供一定的援助。二是提高电器的能源效率。制定具有法律强制性的照明能源效率标准的协议与其他电器的附加协议。能源部要加快制定能效标准，使程序公开透明。三是提高交通运输工具的能源效率。环境保护署根据实际情况制定可移动性污染源的减排标准，同时各州通过制定具体目标以及措施来减少温室气体的排放。四是提高公共事业的能源效率。为更好地提高美国能源效率，积极将配电公司和天然气输送分配公司纳入进来。五是提高各行业的能源效率。能源部通过制定能源效率标准，使各行业能源利用与发展得到统一规范。

4. 推动美国经济向低碳转型

金融危机之后，美国把低碳革命作为经济发展的新引擎，推动其经济向低碳转型，借此刺激投资，带动出口，创造就业，拉动经济增长，巩固美国的国际地位。

（1）大力发展低碳能源技术。奥巴马执政之前，美国政府在应对气候变化方面态度消极，使日欧拥有了先行优势。美国在布什执政的8年间对其国内的低碳技术研发仍然投入了大量资金，取得了相当丰硕的成果，特别是在碳收集和储存等方面具有竞争优势，拥有厚实的低碳技术储备。奥巴马政府高度重视低碳能源技术的研发，筹集大量政府资金，投资于低碳能源技术，以提高能效，减少对进口能源的依赖，减少温室气体排放，并促进其市场化和产业化。

（2）发展低碳产业。发展清洁能源产业是向低碳经济转型的核心，此外，大力鼓励节能产品的研发与推广，如，强制降低汽车油耗，发展节油汽车和新能源汽车，大力发展节能建筑。

（3）加强绿色外交。加强绿色外交，推动低碳技术和产品出口。在发展中国家中积极推广和运用低碳技术，发展绿色经济，响应国际环境保护号召，遵守国际气候条约，在国内积极开展应对气候变化的运动，做到实质性减排的国家，只有如此，才有获得美国资助的资格。奥巴马政府非常热衷于绿色外交，四处打清洁能源合作牌，从而发掘世界，特别是发展中国家巨大的清洁能源市场。美国企业也积极参与绿色外交，通用电气在2005年就推出了"绿色畅想"计划，投资数十亿美元，向市场全力推广其新型环保技术，其环保技术销售额已由2005年的100亿美元上升至2009年的250亿美元。

（4）推动绿色就业和劳动者转型。教育部应当大力扶持各高校设置的低碳经济的专业和课程，提高学生的绿色就业能力；劳动部应加大就业人员从事绿色经济能力的培训；通过各方努力，力争创造500万个绿色就业岗位。

（三）发展绿色新政的政策措施

美国政府推动绿色新政的政策措施是全方位的，涉及社会经济各领域和刺激经济的各种手段，主要有扶持绿色经济发展、创造绿色就业机会、用信息技术为绿色经济发展提供支持、提升企业的国际竞争力和加强碳排放管理等[①]。

---

① 蓝虹：《奥巴马政府绿色经济新政及其启示》，《中国地质大学学报》（社会科学版）2012年第1期。

1. 扶持绿色经济发展

除了运用法案条例等手段提出强制要求和倡议引导之外，主要运用财政税收手段，为绿色经济发展提供真金白银的支持。

（1）为低碳经济项目提供财政支持。美国政府提供大量的财政支持，积极参与低碳技术的研发与示范项目，使企业在产品技术的创新上顺利度过最艰难的起始阶段。作为先进能源技术研发的能源部，并且还是政府最大的项目投资者，而推动能源技术创新的直接融资就是能源部的最大责任。商务部、交通运输部和国家科学基金会等部门通过自身所掌握的技术和进一步的产品研发希望能为能源的技术创新做出各自的努力。与此同时在低碳技术的研发与运用中还有部分州政府在积极推动。奥巴马上任之初即为能源部 2010 年申请了 263 亿美元资金的预算，重点开发新一代低温室气体排放的可再生和替代能源。美国参众两院通过了刺激美国经济的《2009 年恢复与再投资法》，预算总额为 7890 亿美元，其中约有 500 亿美元用来提高能效和扩大对可再生能源的生产[①]。美国还为节能建筑、碳捕获与封存等行为提供适当的补贴。

（2）降低低碳企业税收。对低碳企业的税收进行最大幅度的降低，激发广大私营部门在低碳研发投资上的积极性。美国国家研究委员会、信息技术与创新基金会和美国商会都倡议要长远地减免目前的低碳研究与实验项目的税收，并希望通过适当扩大税收的办法来增加减免项目的范围[②]。一方面，用以弥补美国在研发项目免税上的相对不足的缺陷，在 2004 年以前的 20 世纪 80 年代后期，世界上研发项目税率最低的国家就是美国，然而 2004 年以后，它的排名却下降到了世界第 17 名，被其他发达国家远远甩在后面。另一方面，可以降低研发成本和风险，提高私人投资者的预期收益，刺激研发投入的增加。数据表明，短期研发水平要增长 1%，只需要研发成本降低 10% 就可以达到，不仅如此，它的长期研发水平还会增长 10%。到现在为止，美国的这种减免比例已经提高到 40%，因此更多的研发活动将会出现。

2. 大量创造绿色就业的机会

直接就业、间接就业和引致就业这些由绿色投资带来的三者总和就是绿色

---

①　张庆阳:《奥巴马主打低碳牌》，中国天气网，2010 年 6 月 13 日，见 http://www.weather.com.cn/climate/qhbhyw/06/573467.shtml。

②　蓝虹:《奥巴马政府绿色经济新政及其启示》，《中国地质大学学报》（社会科学版）2012 年第 2 期。

就业。美国的数据研究显示，每 1000 亿美元的绿色投资能拉动直接就业 93.52 万人，间接就业 58.6 万人，引致就业 49.6 万人[1]。《投资清洁能源的经济利益》中由美国政治经济研究中心的数据表明，绿色就业的相关法案基本上年年都会有较大的投资，从而产生大量的就业岗位，而这明显降低美国的失业率。2009 年 2 月美国政府推出，7870 亿美元刺激经济计划，其中约有 40% 用于低碳经济项目；在今后的 10 年，美国政府计划对智能电网建设进行投资，到时 500 万个就业岗位随之产生；美国政府计划到 2020 年再对建筑物等方面提高能源效率，估计能够直接和间接创造 100 万个就业岗位。美国政府还计划投入 5 亿美元用于"绿色就业岗位"的上岗培训[2]。

3. 用信息技术支持绿色经济发展

美国政府推动绿色产业与信息产业的有机结合，为发展绿色经济提供强大的技术支持，成为发展绿色经济的一大亮点。信息产业的促进作用总体表现在三个方面。

（1）投资绿色能源的项目来源信息产业资本。大量原主要从事信息产业投资的风险基金转投绿色经济项目，一些地方的信息企业直接投资创办企业。正如英特尔公司创办的太阳能电池企业。

（2）将信息技术应用于绿色经济领域。例如，惠普公司和太阳能电池的生产制造商联手，提高了太阳能电池的利用效率，而这就是半导体三极管技术的运用。

（3）通过信息新技术研发促进节能减排。例如，谷歌与英特尔合作研发信息系统"电力零损耗"技术，对伺服器的电源进行改良，使电源利用效率达到 90%。

4. 提升企业的国际竞争力

发挥美国企业的低碳优势，拓展国际市场，防止不公平的减碳行为影响美国企业的竞争力。

（1）强化美国企业的低碳技术和产品优势。利用低碳经济强化美国企业的技术和产品优势。低碳经济对产品及生产过程提出了节能减排新要求，世界上掀起新一轮技术和设备更新高潮，美国企业可以借机大肆捞取其低碳技术先进和装

---

① 熊焰：《低碳之路——重新定义世界和我们的生活》，中国经济出版社 2010 年版，第 314—315 页。

② 许光：《低碳视角下美国绿色就业新政及中国的策略选择》，《现代经济探讨》2010 年第 9 期。

备制造业强大的好处，大卖技术、产品和设备，这也是奥巴马政府改变以前美国政府消极应对气候变化态度的重要原因之一。

（2）主张公平减排。主张公平减排以维护美国企业利益：一方面，积极推动签订有约束力的限制温室气体排放的国际协议，防止"碳泄露"行为对美国企业产生不利影响。"碳泄露"是指那些为了躲避本国碳排放限制的企业，将生产场地转移到那些限制不算严格的国家或地方，造成了尚未转移的企业与转移企业之间的不平等竞争。另一方面，设置碳关税，降低未实施碳排放限制国家出口商品在美国市场上的竞争力。

（3）推进国际统一行动。促进限制温室气体排放的国际协议的签订，只要该协议能正式签订，就会对碳排放行为形成共同的约束，无论是对美国还是对其他主要碳排放国家。届时所有国家均要遵循此协议，美国的企业与其他国家企业在进行碳减排时将会平等竞争，可以刺激其国际竞争力。关键的是此协议可以最有成效地解决"碳泄露"和遵守 WTO 问题。

（4）实施出口退税政策。如今国际性的温室气体排放协议尚未签订，加上各国温室气体排放的标准并非一致，受美国碳排放限制政策的影响，美国的出口导向型企业会因碳减排产生额外成本，降低国际竞争力。因此，美国政府需要向受碳排放限制影响的企业提供出口退税。

5. 加强对碳排放的管理

加大对碳排放管理的力度，这是政府也是企业的职责。

（1）加强对温室气体排放总量的管制。首先控制其总量，减少排放量；接着就是在市场规则的运行下进行排放许可证的定价和分配；最后的节能减排技术创新资金就来源于拍卖的资金。

（2）提高企业的碳管理水平。在企业的经营管理中碳管理的位置尤为突出，碳管理的高校可以使企业获得很大的中长期收益。碳管理的实质在于：一是零部件供应商在生产过程中碳排放量的降低；二是企业需要将生产与消费全过程的碳排放信息予以标志；三是向社会说明削减碳排放的经营战略、碳排放管制所带来的风险、碳排放量等内容。

三、发展战略性新兴产业

2007 年 7 月，美国参议院通过《低碳经济法案》，明确了低碳经济的发展方向。2008 年全球金融危机爆发以后，美国确定了以发展清洁能源为核心的战略性新兴产业、推动经济向低碳转型，作为应对危机、重振经济基本战略。

（一）战略性新兴产业的构成

美国政府特别注重战略性新兴产业的发展，因为这将代表产业发展的未来。随着产业结构的变化和技术不断创新，汽车、家用电器等产业都曾经作为美国的战略性新兴产业，战略性的新兴产业结构也将发生改变。目前，美国政府希望战略性新兴产业得到快速发展，用以带动经济增长，迎接来自各方面的挑战[①]。

1. 新能源和环保产业

新能源和环保产业由三大部分组成：一是可再生能源，主要有太阳能、风能、生物质能、地热能、水能和海洋能等；二是传统能源的清洁利用，包括化石能源的高效清洁利用、智能电网和油气管道建设等；三是节能产品，主要有节能建筑、家用电器和交通工具等。

新能源产业作为核心，得到奥巴马政府的大力支持，政府主张依靠科学技术促使"能源独立"，通过提高能源效率标准，争取石油消费在 2030 年前降低35%[②]。发展的主要措施有：通过清洁能源技术的开发示范，使可再生能源向商业化发展；清洁技术的投资基金可以提供资金支持；开发下一代生物燃料技术及插电式混合动力汽车，鼓励生产节能汽车，使汽车的平均燃油经济性指标每年提高 4%；发展下一代生物能源和能源基础设施，建设低排放煤电厂，建设智能电网，发展纤维质乙醇，第一批 20 亿加仑纤维质乙醇燃料需要在 2013 年前投放，到 2022 年要扩展到 360 亿[③]；美国清洁能源发展措施取得了明显成效，传统能源消费下降，能源结构得到改善。据 2012 年 3 月 28 日美国能源信息署发布的《能源评论月报》称，2011 年美国煤炭消耗量下滑至 19.9 千万亿英制热量单位（Quadrillion BTU），与 2010 年相比下降 5%，是 20 世纪 90 年代以来的第二低水平。2011 年美国一次能源消费总量为 97.5 千万亿英制热量单位，与 2010 年的水平持平，其中可再生能源消耗量增长 12%，天然气消耗量增长 3%，石油和核能消耗

---

① 赵刚：《美国政府支持新兴产业发展的做法和启示》，《科技促进发展》2010 年第 1 期。

② 列春：《奥巴马政府支持新能源产业发展的措施》，《工程机械》2010 年第 1 期。

③ 罗晖：《充分认识科技创新在协调发展中的关键作用》，《中国软科学》2009 年第 4 期。

量分别下滑 2%。同年美国一次能源生产量为 78 千万亿英制热量单位，同比增长 4%。其中，天然气占 30%，煤炭占 28%，原油和天然气液料占 19%，可再生能源占 12%，核能占 11%[1]。美国石油对外依存度历史性地下降到 45%，能源自给率上升到 78%，时隔 62 年后重新成为成品油出口国[2]。

2. "ICE" 产业

ICE 产业是信息、文化、教育部门的合称（Intellectual 或 Information，Cultural，Educational），有人称之为智能密集型产业，俗称"冰产业"，产生于 20 世纪 90 年代，与 FIRE（Finance、Insurance、Real Estate 的合称，特征是纸张密集型产业，俗称"火产业"）相对应。FIRE 产业成为 2008 年金融危机的温床，ICE 产业则成为美国应对危机的重要工具之一[3]。

目前美国互联网的优势正在降低，奥巴马认为应该加强信息基础设施建设。主要的工作有：为满足商业与通信的需要，应该加快新一代宽带网络的更新；然后对宽带网络施行全面普及；鼓励创新和竞争，开放互联网，鼓励媒体业主多元化，削弱网络运营商的垄断。

3. 生物和医疗产业

美国医疗产业相当发达，近 20 年来，美国的化学制药业进入下降期，市场占有率不断下降，但生物制药发展依然强劲。美国是生物制药的发源地，现在仍占据世界绝对领先地位。目前，全世界生物制药企业前 25 位中有 20 个为美国公司，前 50 位中有 39 个在美国。美国生物制剂年产值约 750 亿美元，占全世界的一半。世界上最大的生物制药公司 Amgen 2010 年的利润率为 31%，高于化学制药一倍。2010 年，美国生物制药在当年新上市药品中已达到 28%[4]。

美国非常重视生物和医疗产业的政府投入。在生物技术与生命科学的研发中，联邦政府的研发预算经费投放巨大，可占到民用研发投入总经费的一半。《美国复兴与再投资法案》中政府投入 190 亿美元用于医疗系统的优先化建设。

---

[1] 张立会译自普氏能源资讯：《美国能源信息署：2011 年美国煤炭消耗量同比下滑 5%》，首聚能源网，2012 年 4 月 19 日，见 http://market.geo-show.com/201204/01/87467.shtml。

[2] 崔楠楠：《奥巴马政府的"能源独立"战略及中国的对策》，《红旗文稿》2012 年第 13 期。

[3] 萧琛、海琳娜：《ICE 产业的崛起及其对美国经济的影响》，《广义虚拟经济研究》2011 年第 2 卷第 4 期。

[4] 张学晨摘编香港《亚洲周刊》：《生物医药产业成美国经济未来增长新希望》，金衡网，2012 年 1 月 6 日，见 http://news.159jh.com/2012/01/409_20120106140234.shtml。

美国众议院前议长金里奇认为医疗、保健产业是美国经济振兴的龙头，生物医药产业是美国未来经济增长的新希望。

4. 空间产业

出于军事和民用两方面的考虑，美国政府认为航天领域的率先地位必须巩固。采取的主要举措在加快研制新的航天器，进行新的远地太空计划；鼓励和吸引商业企业参与，广泛开展全球范围内的合作；加大领域内的资金支持，尤其在研发上面；国际空间站的建设要充分考虑到其使用年限；最后就是要加强在近地太空领域的发现，尤其是月球。

5. 海洋产业

美国的海岸线很长，海洋资源多样，海域面积达 1400 万平方公里。美国的海洋产业很发达，在整个经济中占有很大的比重[①]。

美国发展海洋产业主要有以下措施：一是制定海洋发展战略及政策。早在1966 年，美国国会通过了《海洋资源与工程开发法》，1969 年完成了题为《我们的国家与海洋》的报告；1999 年实施《国家海洋经济计划》；2000 年，通过了《海洋法令》；在 2004 年提交了《21 世纪海洋蓝图》后，公布有详细举措的《美国海洋行动计划》。二是发展海洋科技，确立和维护海洋经济优势。美国发展海洋经济，主要集中在高科技领域，代表是现代海洋渔业、现代船舶制造业和海洋能源及其他资源开发业等。三是通过地域优势发展旅游业来助推海洋经济发展。滨海休闲旅游业是一种多功能的新型产业，可以带来渔业综合的高效益。四是海洋利益的确保需要严格的生态保护原则。对在发展海洋经济中带来的破坏和不良影响，应予以严厉的惩罚，海洋的管理与发展应同经济的良心发展相协调。

2009 年，奥巴马决定成立海洋政策特别工作组，为了美国海洋能产业的国际地位，规划了一套有效的海洋空间规划框架。

（二）战略性新兴产业的支持政策

1. 支持战略性新兴产业的财税政策

第一，财政投入。2009 年通过的《美国复兴与再投资法案》，推出了总额为

---

① 宋炳林：《美国海洋经济发展的经验及对我国的启示》，《吉林工商学院学报》2012 年第 28 卷第 1 期。

7870 亿美元的经济刺激计划 ①。科研投入 1200 亿美元，新能源开发和能源使用效率提升为 468 亿美元，生物医学领域的基础性投入为 100 亿美元，追加 20 亿美元科研投资，主要用于航天、海洋和大气领域。基建和科研、教育、可再生能源及节能项目、医疗信息化以及环境保护战略性新兴产业领域为投资的重点，投入总额达 2793 亿美元 ②。

在《奥巴马—拜登新能源计划》中，每年投资 150 亿美元，连续 10 年共投入 1500 亿美元，新一代生物燃料的技术研发等方面为重点；到 2009 年，美国又通过风能法案，增加了对风能研究的支持力度；美国政府计划在未来的 15～20 年，提供 1720 亿美元，支持海洋能发电项目。

奥巴马政府执政后，将科技领域的研发投入提高到占 GDP3% 的历史最高值；资金投入大幅度增加，而且在制造业联盟伙伴计划的预算上也增加了一倍，到 2015 年要投入 1.8 亿美元，而 2008 年只有 9000 万。2012 财政年度联邦政府预算案，计划开支 3.73 万亿美元，减少了 200 多个项目，但对于美国保持长期竞争力至关重要的教育和研发相关的项目没有削减，同时清洁能源成为重点支持的项目，预算拨款 295 亿美元，比 2011 财年增加 4.2%，其中大约 80 亿美元专用于支持开发风能、太阳能和高性能电池等产业 ③。

第二，税收政策。针对使用新能源，2005 年《能源政策法案》的修正案提出了很多激励举措。在税收投入上也花了很大的力度，主要体现在 2009 年的《美国复兴与再投资法案》中。并且为家庭提供了 43 亿美元税收扣除的节能设施；到 2014 年为止，给新能源厂商共提供 130 亿美元的税收减免。

另外，在美国，高技术研究的仪器设备的折旧期限特别短，而且折旧率是最高的。

第三，政府采购。美国政府一直用采购政策帮助那些战略性的产业发展。20 世纪 50～60 年代，政府采购就产生了巨大的推动作用，集中表现在计算机、航天航空、半导体等产业的起步时期。例如，在 1960 年的集成电路问世时期，集成电路产品的 100% 就是由联邦政府购买的。还有些国际知名的企业，如 IBM、惠普在各自发展的起步阶段就获得了政府很大的支持。

美国还有相关法律法规保障这一政策的实施，明文规定政府必须购买国产

---

① 马岩：《美国支持战略性新兴产业的财税和金融政策及总结》，《时代金融》2012 年第 3 期。
② 赵刚、林源园、程建润：《美国支持以新能源为主导的新兴产业发展》，《创新科技》2010 年第 2 期。
③ 李楠：《美国政府在发展战略性新兴产业中的作用》，《现代商业》2012 年第 7 期。

高能效的和绿色的产品，这些比较集中地体现在《美国清洁能源安全法案》中，具体的实例就是在 2005 年联邦政府被要求购买洁净汽车。

2. 支持战略性新兴产业发展的金融政策

金融危机发生以后，美国政府就提出了通过完善金融市场来支持战略性新兴产业发展的举措[①]。

第一，提供优惠贷款。为支持新能源汽车的发展，2008 年，先进的汽车制造商就获得了大量的低息贷款，而这就是源于"高科技车辆制造激励计划"的执行。2009 年 6 月，福特、日产和特斯拉三家汽车企业获得了发放的第一批低息贷款，分别获得 59 亿美元、16 亿美元和 4.65 亿美元。这些贷款都是混合动力汽车、插电式混合动力汽车和柴油车的研发的专用资金[②]。

提到在美国贷款，就要说到小企业局。它是一个特殊的部门，因为中小企业的融资它可以直接参与，主要就是贷款，这种智能集中表现在直接向中小企业发放全额贷款、与银行共同为企业提供贷款和担保贷款。中小企业局为企业提供 90% 的担保。其利率水平均低于商业利率，相当比例的贷款用于中小企业的研发。

第二，倡建创业投资的引导基金。在技术研发成功之后，为带动社会和经济效益就要推广并且实现产业化，美国政府在这方面对企业的支持程度还是很高的。多年以来，美国政府为使清洁技术的研发逐步走向商业化，年投资达 100 亿美元；为了提供足够的资金给民用产业的研发与运用，政府要求从军事研究预算中拿出资金；为了实现高科技军事成果的民用化，政府还要求军事研发实验室拿出部分资金合资办民用企业。

第三，完善交易机制的融通资金。通过市场，推动碳排放额度的拍卖和交易机制的改善，筹集资金支持节能减排企业的发展。美国在可再生能源使用标准的实施细则中规定了获得绿色证书的标准，合格新能源的厂商要想获取一份绿色证书就要生产 1 千瓦时电量。绿色证书是有其价值的，只要通过市场的交易就可以得到。市场上绿色证书的价值大概是 1.5 美分每张，绿色证书得以实现的价值同时可以放入银行保存。

第四，通过风险投资支持战略性新兴产业的发展。美国的风险投资市场十

---

① 马岩：《美国支持战略性新兴产业的财税和金融政策及总结》，《时代金融》2012 年第 3 期下旬刊。

② 马岩：《美国支持战略性新兴产业的财税和金融政策及总结》，《时代金融》2012 年第 3 期。

分发达，带有"官助民营"的特征，政府提供政策上的支持和鼓励，风险投资完全按市场规则运行。美国的资本市场构成完整的体系，除主板股票市场外，还存在着大量的二板市场和三板市场，这些都是专为新兴企业融资的。最后，就是还存在着已经成熟的风险投资市场。特纳斯达克市场的效率和作用全球闻名，数量为50个左右的创业投资基金融资能力巨大，为新兴企业提供了通畅的融资渠道。美国的风险投资切实为新兴企业融资作出了巨大贡献。2011年，美国风险投资总额达284.3亿美元，投资项目达3673个。

3. 具有浓厚保护色彩的贸易政策

20世纪70年代之后，新贸易保护主义兴起。金融危机爆发之后，以美国借低碳经济名义，实施了一些新的贸易保护措施，主要目的就是保护国内战略性新兴产业[①]。

第一，征收以碳排放为依据的边境调节税。以碳排放为依据的边境调节税就是碳关税，进口产品中的高碳排放产品是要收取特别的二氧化碳排放关税，这些产品形式多样。根据《2009年美国清洁能源与安全法案》，估计从2020年起开始征收进口产品的碳关税。征收碳关税，形式上是将气候变化问题与贸易问题捆绑在一起，实质在于借气候保护推行贸易保护，强化美国新能源技术的国际竞争优势。征收碳关税有两大好处：一是征收碳关税不仅可以促进新能源的发展，而且还会给传统产业施压促使其绿色改造的进行；二是削弱发展中国家的主动权，为气候谈判做好准备。

第二，规定购买美国货条款。2009年1月28日，美国众议院通过的7870亿美元的刺激经济计划中就有这样的附加条款，该条款明确规定必须拿出其中的部分救援资金用来购买国货，每一个想要获得资金支持的基础项目必须使用美国生产的钢铁产品。该条款中唯一的例外就是联邦政府认定的购买国货会损害公众利益。美国运输安全管理局所使用的任何制服和纺织品必须为纯粹美国制造。2009年2月4日，美国参议院以压倒性的票数通过了经济振兴方案中的有关购买美国货条款。这一条款的保护对象主要是美国的化学制品业、煤制品业和家具制品业等会牵涉到保护战略性新兴产业。

第三，实施绿色壁垒措施。所谓绿色壁垒就是为了不让本国的生态环境受到破坏而采取的贸易措施。工业发达的国家凭借自身长期积累的优势，尤其是在经济和技术上的优势，为设置贸易壁垒提供了强大的实力支持。发达国家以保护

① 巫云仙:《美国政府发展新兴产业的历史审视》,《政治经济学评论》2011年第4期。

环境为借口设立了苛刻的环境保护要求还有超高的环境质量评估标准，而这些要求和标准正是发展中国家在经济和技术上很难达到的。国际上目前使用的绿色贸易壁垒主要有：绿色市场准入制度、绿色反倾销、绿色关税制度、环境贸易制裁、绿色反补贴、环保标准等措施[1]。

美国除了使用发达国家普遍使用的这些绿色壁垒措施外，还有许多独有的手段。正如在2009年的法案中，就有专门针对中国禽肉产品的条款。该条款明确指出，所有的拨款均不可以用在进口中国的禽肉产品上。

第四，加强知识产权保护。美国的贸易保护主要以对知识产权的保护为主，并且以此作为限制条件，限制高新技术的传播。一方面，可以强化美国在高新技术领域已有的优势；另一方面，还随时能以侵犯美国知识产权为借口，对其他国家实施贸易制裁。

---

① 巫云仙：《美国政府发展新兴产业的历史审视》，《政治经济学评论》2011年第4期。

第五章 日本：建设"低碳社会"

受地理环境等自然条件的制约，全球气候变化对日本的影响远远大于世界其他发达国家。面对气候变暖可能会给本国农业、渔业、环境和国民健康带来的不良影响，日本政府采取措施，积极应对气候变化，主导创建低碳社会。[①] 作为《京都议定书》的发起者和倡导国，日本政府提出了打造低碳社会的构想，并制订了相应的低碳行动计划。提出了低碳社会应遵循的原则是：减少碳排放，提倡节俭精神，通过更简单的生活方式达到高质量的生活，从高消费社会向高质量社会转变，与大自然和谐生存，保持和维护自然环境成为人类社会的本质追求。

一、重视"节能减碳"宏观引导

在日本，政府主要是通过制订战略规划与行动计划、加强监管、低碳环保示范试点、推进低碳领域的国际合作来进行"节能减碳"的宏观指导。

（一）政府负责制定战略规划与行动计划

（1）日本环境省设立的全球环境研究基金发起"面向2050年的日本低碳社会情景"研究计划（2004年4月）。该研究计划由来自大学、研究机构、公司等部门的约60名研究人员组成，分为发展情景、长期目标、城市结构、信息通信技术、交通运输5个研究团队，同时项目组还与日本国内相关大学、海外研究机构合作，共同研究日本2050年低碳社会发展的情景和路线图，提出在技术创新、

---

① 陈柳钦：《日本的低碳发展路径》，《环境经济》2010年第3期。

制度变革和生活方式转变方面的具体对策。[①]

（2）日本经济产业省编制《新国家能源战略》（2006年5月）。该战略通过强有力的法律手段，旨在全面推动各项节能减排措施的实施：一是实现世界最先进的能源供需结构。二是全面加强资源外交与能源环境合作。三是强化应急能力。四是制定能源技术战略。《新国家能源战略》提出从发展节能技术、降低石油依存度、实施能源消费多样化等6个方面推行新能源战略。制定了包括节能领先计划在内的四大能源计划。[②]

（3）日本环境省全球环境研究基金项目组发表“日本低碳社会情景：2050年的二氧化碳排放在1990年水平上减少70%的可行性研究”（2007年2月）。该研究报告指出在满足到2050年日本社会经济发展所需能源需求的同时，实现比1990年水平减排70%目标是可行的，日本具有相应的技术潜力，即对低碳社会构想的可行性加以肯定。

（4）日本内阁会议制定《21世纪环境立国战略》（2007年6月）。该战略指出：为了克服地球变暖等环境危机，实现“可持续社会”的目标，需要综合推进“低碳社会”、“循环型社会”和“与自然和谐共生的社会”的建设。

（5）东京政府发表《东京气候变化战略——低碳东京十年计划的基本政策》（2007年6月）。政策详细介绍了东京政府对气候变化问题的开发和政策：东京政府不仅要减少温室气体排放，并且要针对日本政府无法带领该国提出应对气候变化的中长期战略，以身作则制定全方位减排政策。低碳东京的基本政策包括：一是协助私人企业采取措施减少二氧化碳排放，推行限额贸易系统（cap and trade system）为企业提供多一种减排工具，成立基金资助中小企业采用节能技术；二是在家庭部门实现二氧化碳减排，以低碳生活方式减少照明及燃料开支；三是减少由城市发展产生的二氧化碳排放，新建政府设施需符合节能规定；四是减少由交通产生的二氧化碳排放，制定有利于推广使用省油汽车的规则。

（6）日本内阁“综合科学技术会议”公布“低碳技术计划”（2008年5月19日）。提出了实现低碳社会的技术战略以及环境和能源技术创新的促进措施，内容涉及超燃烧系统技术、超时空能源利用技术、节能型信息生活空间创生技术、低碳型交通社会构建技术和新一代节能半导体元器件技术等五大重点技术领域的创新。

（7）日本环境省全球环境研究基金项目组完成《面向2050年日本低碳社会

①　陈志恒：《日本构建低碳社会行动及其主要进展》，《现代日本经济》2009年第6期。

②　陈柳钦：《日本如何推进建设低碳社会》（上），《节能与环保》2010年第8期。

情景的 12 大行动》的研究报告（2008 年 5 月）。这 12 项行动涉及住宅部门、工业部门、交通部门、能源转换部门以及相关交叉部门，每一项行动中都包含未来的目标、实现目标的障碍及其战略对策以及实施战略对策的过程与步骤等三部分。新出炉的日本低碳社会行动计划提出要在 3～5 年内，将太阳能发电设备的价格降至目前的一半，同时大力推进将二氧化碳封存到地下的碳捕集及封存技术的开发。

（8）日本首相福田康夫提出"福田蓝图"（2008 年 6 月）。蓝图指出，日本温室气体减排的长期目标是：到 2050 年日本的温室气体排放量比目前减少 60%～80%。低碳社会的建立，依赖于以城市为单位的生活方式的转变以及改善城市功能和交通系统的配套改革。

（9）日本内阁会议通过了《低碳社会行动计划》（2008 年 7 月 26 日）。《低碳社会的行动计划》主要内容包括：一是在 2020 年前实现二氧化碳捕捉及封存技术的实际应用。将目前每吨约 4200 日元的二氧化碳回收成本降低到 2000 日元以下；二是力争在 2020～2030 年间，将燃料电池系统的价格降至目前的约 1/10；三是到 2020 年将太阳能发电量提高到目前的 10 倍，2030 年时提高到 40 倍。利用 3～5 年时间将发电系统的价格降至目前的一半左右；四是探讨减轻可循环能源成本负担的理想方式，研究有效的鼓励政策及新的收费系统；五是到 2020 年为止，实现半数新车转换成电动汽车等新一代汽车的目标；六是 2008 年 10 月开始试行建立国内排放量交易制度；七是研究"地球环境税"等相关课题；八是在 2008 年内制定指导标准，从 2009 年开始对商品从制造到使用过程中的二氧化碳排放总量进行试标注；九是在 2008 年前调查采用夏令时制度的效果及成本。《低碳社会行动计划》，提出重点发展太阳能和核能等低碳能源，使日本早日实现低碳社会。为落实"创设低碳社会行动计划"，2008 年 11 月，日本政府设立了创建低碳社会的战略性研究机构"低碳研究推进中心"，发布了《为扩大利用太阳能发电的行动计划》。

（10）日本环境省公布《绿色经济与社会变革》的政策草案（2009 年 4 月）。政策草案的目的就是通过实行减少温室气体排放等措施，强化日本的低碳经济。这份政策草案除要求采取环境、能源措施刺激经济外，还提出了实现低碳社会、实现与自然和谐共生的社会等中长期方针，其主要内容涉及社会资本、消费、投资、技术革新等方面。

（二）政府负责监督管理

日本建立了多层次的节能监督管理体系。第一层为以首相领导的国家节能领导小组，负责宏观节能政策的制定。第二层为以经济产业省及地方经济产业局为主干的节能领导机关，主要负责节能和新能源开发等工作，并起草和制定涉及节能的详细法规。第三层为节能专业机构，如日本节能中心和新能源产业技术开发机构（NEDO）等，负责组织、管理和推广实施。

（三）政府利用财税政策加以引导

为促进节能减排政策的落实，日本政府出台了特别折旧制度、补助金制度、特别会计制度等多项财税优惠措施加以引导，鼓励企业开发节能技术、使用节能设备。一是特别折旧制度，使用指定节能设备，可选择设备标准进价30%的特别折旧或者7%的税额减免；二是补助金制度，对于企业引进节能设备、实施节能技术改造给予总投资额的1/3～1/2的补助，对于企业和家庭引进高效热水器给予固定金额的补助，对于住宅、建筑物引进高效能源系统给予其总投资1/3的补助；三是特别会计制度，由经产省实施支援企业节能和促进节能的技术研发等活动，该项预算纳入"能源供需结科目"，主要来源于国家征收的石油煤炭税。此外，在2009年3月27日国会通过的总额达88.5万亿日元的2009财年预算案中，涉及很多鼓励低碳产业发展的财税措施：一是对环保车减免税达2100亿日元；二是对节能环保投资减税规模达1900亿日元；三是对中小企业减税2400亿日元，促进其向低碳经济转型。这三项减税金额约占该财年预算减税规模的60%。

为推动低碳经济，日本政府投入巨资开发利用太阳能、核能、风能、光能和氢能等替代能源和可再生能源的技术，积极开展潮汐能、水能和地热能等方面的研究，根据日本内阁府2008年9月公布的数字，在科技预算中，仅单独立项的环境能源技术的开发费用达近100亿日元，其中新型太阳能发电技术的预算为35亿日元。早在2008年1月达沃斯世界经济论坛上，福田首相宣布今后5年日本将投入300亿美元来推进"环境能源革新技术开发计划"，目的就是为了率先开发出减少碳排放的革新技术。

（四）政府重视低碳环保示范试点

日本政府十分重视环保理念的宣传示范工作，在推行"碳足迹"、碳排放权交易等政策措施过程中，都进行了相应的示范试点，以求稳步推进。2008年，为在全国宣传减排理念，改变城市与交通、能源、生活、商务模式等社会结构，日本政府决定在国内挑选10座"环境示范城市"。按照规定，入选城市中的居民主要消费地产食品，并且充分利用了当地的太阳能、风能、生物能、地热能等自然资源。通过推动节能住宅的普及、充分利用生物资源、完善轨道交通网络建立便捷的公共交通体系，尽可能减少人流和物流产生的碳排放。2008 年 7 月，日本政府根据提案内容的先进性和地区性等标准对参选城市进行了评定。7 月 22 日"地区活性化统合总部"宣布 6 个积极采取切实有效措施防止温室效应的地方城市入选首批"环境示范城市"，京都市等 7 个市区町也被同时选为"候补示范城市"。被选中的示范城市有人口超过 70 万的大城市横滨、九州，人口在 10 万人以下的地方中心城市带广市、富山市以及人口不到 10 万的"小规模市町"熊本县水俣、北海道下川町等。这 6 个市町将在本年度内制定今后 5 年的减排行动计划，政府则将在财政方面给予支持。对于执行结果，国家将进行评估，效果突出的城市将作为范例全国推介。

（五）政府推进低碳领域的国际合作

加强与国际社会的密切合作，是日本推进低碳社会计划的又一战略措施。目前，日本政府已采取了一系列具体步骤加以落实。一是充分利用国际能源署、亚太清洁发展与气候新伙伴计划等国际与区域组织平台，通过承办 G8 环境峰会、全球交通运输环境与能源部长级会议以及东京非洲发展国际会议等国际会议，开展多边与双边的磋商与合作，促进与相关国家的技术合作和经验分享。例如，中日两国已于 2007 年和 2008 年分别签订了《中华人民共和国政府与日本国政府关于进一步加强环境保护合作的联合声明》和《中华人民共和国政府与日本国政府关于气候变化的联合声明》，双方约定在防止水污染、建设"循环经济"试验区、抑制大气污染物排放、治理酸雨和黄沙、煤炭发电厂的脱硫与脱硝、节约能源、提高能效、新能源、可再生能源、煤炭发电厂设备改造以及二氧化碳回收和储藏等领域进行技术合作。二是推出"清洁亚洲"、"清凉地球伙伴计划"等环保合作倡议，把合作的地域范围从亚洲国家扩展到非洲等国家。2008 年 5 月，在第四届东京非洲发展国际会议上，日本已与开发署达成了"构建在非洲应对气候变化伙伴关系联合框架"协议，承诺出资支持非洲国家政府应对气候变化。三是加大环境保护资金国际援助力度。一方面增加政府开发援助贷款中用于应对环境与气候变化贷款的比例，通过 ODA 的战略扩展，实现政府开发援助的转型。2008 年 12 月，日本政府宣布将为 21 个非洲国家提供总额为 9210 万美元的资金支持，用于帮助这些国家适应气候变化所带来的影响。另一方面，倡导建立多边基金促进节能减排。2008 年 7 月，在日本、美国等倡导下，世界银行已经批准创立投资额可达 50

亿美元的两个气候投资基金，即清洁技术基金以及气候策略基金，用于为发展中国家推进节能减排、构建低碳社会以及减缓和适应气候变化的努力提供启动资金。

二、鼓励企业加大节能技术开发

在日本政府的引导下，日本企业纷纷将节能视为企业核心竞争力的重要内容，因此十分重视节能技术的开发。目前，日本节能电器产品发展迅速，绝大部分空调的耗电量已降到 10 年前的 30%～50%。日本政府还从税收角度鼓励企业节约能源，大力开发和使用节能新产品。政府规定，如果企业达到节能标准，或采用节能产品，可以享受一定的减免税负的优惠。

（一）确定节能技术的开发利用目标

日本能源政策的基本目标是：能源安全、经济增长和环境保护，简称能源"3E"目标。在这一目标下逐步形成了日本新能源产业发展的子目标：完成《京都议定书》规定的减排温室气体目标；提高能源使用效率，《新国家能源战略》提出，争取到 2030 年前将日本整体能源使用效率提高 30% 以上；能源多样化，开发利用新能源。日本加强了对太阳能、风能、燃料电池等新能源的开发利用，使其对石油的依赖程度明显减小。

（二）通过行政手段提高节油和其他节能技术

1972 年，日本设立了日本热能源技术协会，1978 年成立财团法人节能中心。目前，由日本经济产业省下属的资源能源厅中的节能与新能源部全面协调和指导国民和企业的节能管理以及节能技术的研究开发。

（三）制订推广节能技术的计划和行动方案

日本政府鼓励企业重视节能技术的开发，并且始终是通过计划与法律手段推进的。1978 年，日本出台了"节能技术开发计划"，也称"月光计划"，主要就节能技术的开发作了一系列的规划。1979 年，日本又制定出《节约能源法》（合理使用能源法），用法律的形式约束企业及个人的节能标准，并根据时代发展不断进行修订，2006 年 4 月 1 日，对工厂、作业现场能源管理的各种条例进行了整合；在运输领域引进节能方案；强化对建筑物的节能管理等。节能标准的对象由起初的电冰箱、空调、汽车 3 种已发展到 20 种以上。不断提高此项法律中规定的节能标准，扩大其适用范围。

（四）确立节能技术的重点方向及开发领域

2002 年 6 月 12 日，日本节能技术战略调查会公布了《节能技术战略》，确立了发展节能技术的重点方向。包括：①追求与家庭有关的民生方面的节能技术的提高；②追求与民生业务有关的节能技术的提高；③追求运输部门节能技术的提高；④追求产业部门节能技术的提高，在产业界，优先推广具有广泛节能效果的技术，提高产业机器的节能效率，提高动力系统的节能效率，回收废蒸汽和热能等；⑤需求部门横向地、技术部门纵向地推广节能技术。

2006 年 9 月 25 日，日本经济产业省公布了节能技术的长期开发计划，确定了五个重点领域：①超燃烧系统技术；②超越时空的能源利用技术；③创造节能型生活空间的信息技术；④建立先进交通社会的技术；⑤下一代节能元器件技术。日本政府每年对企业的节能产品进行评估。1998 年，日本在修改《能源使用合理化法》时导入"领先"原则，该原则又被称为"领跑者"原则（top runner），要求新开发的汽车、家电等产品的节能性必须超过现已商品化的同类产品中节能性最好的产品。

（五）推动节能技术的推广应用

一是投入大量资金，支持新能源技术的研发，"新阳光计划"每年拨款 570 多亿日元研究新能源技术、能源输送与储存技术等；二是推动政府、社会团体带头利用新能源。国家机关、公共设施必须依法带头采购太阳光发电系统和利用太阳能的热水器系统，采购低能耗、低公害汽车等，资助企业和地方公共团体发展新能源；三是直接补助使用新能源设备的家庭。除向生产企业发放补贴令其降低设备价格外，还按每千瓦 9 万日元的标准直接补助用户家庭。

（六）注重低碳节能新技术的研究

2008 年 1 月出台的"环境能源革新技术开发计划"，目的就是为了率先开发快中子增殖反应堆循环技术、生物质能应用技术、气温变化监测与影响评估等技术。2008年3月5日，日本政府公布了"凉爽地球能源技术创新计划"。该计划制定了到2050年的日本能源创新技术发展路线图，明确了21项重点发展的创新技术，即：高效天然气火力发电、高效燃煤发电技术、二氧化碳的捕捉和封存技术、新型太阳能发电、先进的核能发电技术、超导高效输送电技术、先进道路交通系统、燃料电池汽车、生物质能替代燃料、革新型材料和生产技术加工技术、革新型制铁工艺、节能型住宅建筑、新一代高效照明、固定式燃料电池、超高效热力泵、电子电力技术、氢的生成和储运技术等。2008年5月19日，日本公布的"低碳技术计划"，提出了实现低碳社会的技术战略以及环境和能源技术创新的促进措施，内容涉及快中子增殖反应堆循环技术、智能运输系统等多项创新技术。与此同时，大力推进开发二氧化碳的碳捕集及封存技术。预计到2020年处理1吨二氧化碳的成本由目前5000多日元，下降到1000多日元。日本还计划制定《能源环境技术革新方案》，加速研发节能技术，推广生物燃料的生产技术以及燃料电池的商业化运用，并且长期探索温室气体零排放的划时代技术。

（七）宣传推广行业内最节能的产品

通过表扬和奖励来鼓励最优秀的节能技术和产品以及主导研发的企业。同时，政府还对通过技术革新落实节能计划的单位进行补贴和奖励。经济产业省决定从2007年起大幅提高对家庭住宅建设的节能补贴，补贴的总金额将从2006年的每年6亿日元增加到12亿日元，每年大约有1600个家庭可以获得这项节能补贴。2006年初，日本水产厅公布了2005年度能源使用合理化支援事业方案，对使用节能设备的渔船和节能水产设备进行补贴。获得该项补贴的共计83件（涉及共同申请的事业者数量约有600个），补助总金额约为1.4亿日元。作为财团法人的日本节能中心每隔半年向社会公布一次节能产品排行榜，以鼓励消费者购买节能产品。在上述政策的引导和鼓励下，日本厂家进行节能技术革新、加大节能技术攻关已蔚然成风，因此，日本的各类节能产品不断翻新，层出不穷。例如，2005年，日本厂家研制出一款开门超过30秒就发出提示音的真空绝缘电冰箱，年耗电量160度，仅为十年前标准冰箱耗能的八分之一。2005年，东京大学生产技术研究所和大金环境空调技术研究所研制出在办公室内只给工作人员降温的节能空调。空调机可以根据传感器提供的信息，自动将冷气像淋浴一样洒向人体，使人体近旁较稳定地保持低温。丰田汽车公司开发的混合燃料公交车，安装两组输出功率为 90 千瓦的燃料电池，刹车时引擎产生的电力可储存在大容量的镍氢电池里，可用二次电池的电来发动引擎。2005 年 12 月 19 日，日本首相小泉纯一郎试乘了由日本庆应大学协助开发的新一代电动汽车"艾利卡"（Eliica）。该车最高时速可达 370 公里，行驶 100 公里只需花费约 100 日元的电力。小泉试乘的目的也在于以首相身份鼓励并推广节能电动车技术。获得日本 2004 年度节能大奖的节能住宅建筑，利用隔热材料作为建材，使用太阳能发电，与 20 世纪 80 年代的住宅相比，平均每年节约能源 62%。通过上述措施，日本大幅提高了单位能耗与产出之比，节能技术获得了长足发展。

三、重点推进新能源和环境技术发展

为了推动新能源和环境技术的发展，日本采取了一系列有力的政策措施。

（一）颁布一系列加强环境保护的配套循环利用法

日本政府从 20 世纪 80 年代前后开始，制定了一系列的法律法规，大力推行循环经济。2000 年，日本政府颁布了《促进循环型社会形成基本法》。同时，日本政府还制定了一系列配套的相关法律法规，如《废弃物处理法》《再生资源利用促进法》《建筑资材循环利用法》《食品循环利用法》《容器和包装材料循环利用法》《家用电器循环利用法》和《汽车循环利用法》等（详见表 5—1）。

表 5—1　日本与节能环保相关的主要法律

法律层次	法律名称	制定／修订时间
基本法	环境基本法	1993 年
	建立循环型社会基本法	2000 年
综合法	废弃物处理法	1970 年制定，2000 年修订
	资源有效利用促进法	1991 年制定，2000 年修订
专项法	容器和包装物的分类收集和循环法	1995 年
	家用电器回收利用法	1998 年
	特种家用电器循环法	1998 年
	建筑材料循环法	2000 年

续表

法律层次法律名称		制定／修订时间
专项法	可循环食品资源循环法	2000 年
	绿色采购法	2000 年
	多氯联苯废弃物妥善处理特别措施法	2001 年
	车辆再生法	2002 年
	绿色购买法	2003 年
	食品再生法	2003 年
	家用电器再生法	2003 年
	建筑再生法	2003 年
	汽车循环使用法	2005 年
	容器包装循环利用法	2007 年修订

（1）从 2005 年 1 月 1 日起，正式实施《汽车循环利用法》。日本是一个汽车大国，日本生产的名牌汽车销往世界各地，国内市场也很大。全国拥有 7000多万辆汽车，每年淘汰超过 500 万辆。因此，报废汽车的回收再利用是日本循环经济的一项重要内容。为了有力推行报废汽车的回收利用，日本制定了这项法律，规定在购买新车的时候，顾客必须预先向"汽车循环利用促进中心"交纳回收处理费。此项于 2003 年 7 月通过的法律规定了汽车生产厂商有义务回收报废车辆，并进行再利用。同时，该法律规定，购车者将在购车的同时支付 2 万日元（约合人民币 1520 元）的回收处理费。这是世界上第一部关于汽车回收的法律。报废汽车拥有大量的金属等资源可重复利用，搞好报废汽车的回收利用不仅能够节约大量资源，保护地球环境，还能产生可观的经济效益。

（2）2001 年 4 月，正式实施《家用电器循环利用法》。在实行循环经济方面，日本的家电行业尤为突出。《家用电器循环利用法》规定，家电生产企业、销售商和消费者必须承担回收废弃家电的义务。该法还规定了电视机、冰箱、空调和洗衣机 4 种家用电器必须回收利用，同时规定了生产企业必须达到的回收利用废弃家电的比例。具体回收利用率为：空调 60% 以上、电视机 55% 以上、冰箱 50% 以上、洗衣机 50% 以上。如果在规定的时间内，生产企业达不到上述回收利用率，它们将会受到相应的处罚。同时，消费者必须为废弃家电承担相关的部分费用。具体的标准为：空调 3500 日元、电视机 2700 日元、冰箱 4600 日元、洗衣机 2400 日元。截至 2002 年年底，日本的家电生产厂家已经在全国建立了40 多家废弃家电回收利用研究中心和处理工厂，负责废弃家电循环利用的研究和处理。一些家电企业还"超额"完成了政府规定的回收利用率。可以说，日本的废弃家电循环利用已经取得了良好的效果。

（3）从2005年起，相继颁布实施《建筑资材循环利用法》、《食品循环利用法》和《容器和包装材料循环利用法》。日本政府提出的建立循环型社会的战略方针已经深入人心。企业和国民都积极响应，主动配合有关方面做好废弃物的循环利用工作。日本理光、松下电器、索尼、夏普等公司都提出了"产业垃圾零排放"措施。所谓的"产业垃圾零排放"是指通过将生产过程中排放出来的废弃物进行循环使用，将所有的废弃物都加工成各种有用的产品，最后达到消除垃圾的目的。为了争取做到产业垃圾零排放，日本政府颁布实施了一系列相关的法律法规：一是2005年实施的《建筑资材循环利用法》规定，建筑工地的废弃物必须实行循环利用，否则有关单位将要受到处罚。还规定改建房屋时有义务循环利用所有建筑材料，使得日本由此发明了世界先进的混凝土再利用技术。二是2003年出台的《食品循环利用法》规定，消费者和食品相关企业必须努力控制食品废弃物的产生。如果产生了食品废弃物，必须首先将之转化成动物的饲料或者农作物的肥料。政府将为利用食品废弃物生产饲料和肥料的企业提供各种优惠政策。日本主管大臣可以对产生一定数量食品废弃物的企业、团体和个人提出警告、公布名单和责令改正等。三是2007年修订的《容器和包装材料循环利用法》规定，要改进运输过程中物品的包装材料和方式，减少一次性使用的木材等包装物，尽量使用能够多次使用的外包装。

（二）采取积极推进新能源和环境技术的政策措施

日本在推进新能源和环境技术方面，一向坚持法律先行的原则，同时也出台了一系列的政策和远景构想（计划），在为新能源和环境技术的发展提供政策保障的同时，也对整个社会的发展制定了明确的目标，对新能源和环境技术的利用标准也做出了明确的规定。

（1）1989年，出台了"环境保护技术开发计划"。主要是开展地球环境技术研究，研究的重点领域包括使用人工光合作用固定二氧化碳、二氧化碳的分离和利用化学物质的生物分解技术等。

（2）2001年4月，实施了《促进资源有效利用法》，也称《再利用法》。该法的主要内容是从过去主要促进废物再生利用扩大为通过清洁生产以促进减废和尽可能对废旧产品和零部件进行再利用，即由主要强调Recycfe（原材料的循环）改为3R：即废弃物的减少（Reduce）、部件的再使用（Reuse）和循环（Recycle）

的强化。总之，要在制品的设计、制造、加工、销售、修理、报废各阶段综合实施 3R，达到资源的有效利用。充分体现了循环经济的特点。

（3）2003 年 4 月，开始实施《电力设施利用新能源特别措施法》。该法也称 RPS 法令（Renewable Portfolio Standard），即可再生能源配额制政策。以法律的形式对电力销售业者每年必须利用的新能源发电量、具体配额做了明确要求，政府利用专门的电子账户对电力经营企业使用新能源的情况进行记录和管理，对于未达标的企业，经济产业省大臣有权处以 100 万日元以下的罚款。该法令中所说的新能源发电包括风力发电、太阳能发电、地热发电、水力发电（仅限于输出功率 1000 千瓦以下的水路式水力发电）、生物能发电以及其他代替石油发电的能源。

（4）2008 年 3 月 5 日，日本经济产业省制定并公布了"凉爽地球能源技术创新计划"。该计划制定了到 2050 年的日本能源创新技术发展路线图，明确了 21 项重点发展的创新技术，即：高效天然气火力发电、高效燃煤发电技术、二氧化碳的捕捉和封存技术、新型太阳能发电、先进的核能发电技术、超导高效输送电技术、先进道路交通系统、燃料电池汽车、插电式混合动力电动汽车、生物质能替代燃料、革新型材料和生产技术加工技术、革新型制铁工艺、节能型住宅建筑、新一代高效照明、固定式燃料电池、超高效热力泵、节能式信息设备系统、电子电力技术、氢的生成和储运技术等。

（5）2008 年 8 月 20 日，日本经济产业省决定在 2009 年度试行"碳足迹"制度。食品、饮料和洗涤剂等商品标示着从原料调配、制造、流通（销售）、使用、废弃（回收）五个阶段排出的碳总量。旨在通过使消费者更加直观地了解消费行为的碳排放量，从而鼓励企业和消费者减少制造温室气体。

（6）2009 年 4 月，日本环境省公布了名为《绿色经济与社会变革》的政策草案。目的就是通过实行减少温室气体排放等措施。这份政策草案除要求采取环境、能源措施刺激经济外，还提议实施温室气体排放权交易制和征收环境税等。

四、努力实现建筑与交通低碳化

日本在实现建筑、交通的低碳化方面，采取了很多行之有效的措施，做出了很多努力，如对存量建筑的节能改造和太阳能推广应用、设计和建设能源利用效率高的智能型建筑、研发和推广低碳建筑技术、发展城市公共交通系统、研发并推广使用新一代混合动力和纯电动汽车等。

（一）努力实现建筑低碳化

1. 对存量建筑的节能改造及其太阳能推广应用

为了减少建筑物的拆除重建带来大量的资源和能源消耗，适应低碳时代发展的现实要求，日本对现有的存量建筑进行节能改造，采用了"被动型设计手法"和"主动型设计手法"相结合的改造方式。

其中，"被动型设计手法"是指，尽量不依靠化石燃料创造舒适的室内环境。通过这种改造方式，可以获得以下效果：一是有效设定适宜的室内环境；二是彻底降低空调的冷热负荷；三是提高对自然采光及自然通风等自然能源的利用率。而"主动型设计手法"则是指使用二氧化碳排放量较少的能源，包括利用以太阳能为代表的可再生能源和提高设备的使用效率。设备在运营过程中往往会发生很多能源浪费的情况，并且在以后的运营过程中，还需对机器进行较为合理的能源管理。代表性的技术有 BEMS（建筑物能耗一体化管理系统）。这套技术手段的确能有效地促进能源管理。

同时，在对现有存量建筑的改造上，日本也有诸多的经验。比如在第一次石油危机以后，日本学习借鉴了美国的 ESCO 经验，建立以节能为目的，包括技术、设备、人才、资金等在内服务的公司，仅 2007 年一年，日本因 ESCO 减少的二氧化碳排放至少有 109.5 万吨。

2. 设计和建设能源利用效率高的智能型建筑

日本住房的平均寿命大约只有 35 年，因此，到 2050 年，有许多现存的住房将会面临重新建设的问题，取而代之的新建筑将是能源利用效率高的低碳智能型建筑。

为了切实有效地推进全社会的节能发展进程，日本在设计和建设的新建筑方面，积极倡导并且贯彻执行从规划阶段—设计阶段—施工阶段—运营阶段—翻新、改造阶段的涵盖建筑物整个生命周期的能源管理（LCEM-Life Cycle Energy Management）模式。往往在建筑的规划设计阶段，就已经将节能目标提前设定好。然后，从规划到运营阶段，对它的达标情况进行进一步的跟踪确认。建设新的建筑，将不可避免地产生一些能源消耗，排放一些温室气体。因此，日本提出了"长寿建筑"的理念，就是延长建筑寿命。因此，日本建筑界提出了建设百年建筑，甚至是 200 年建筑。日本低碳建筑不仅需要考虑建筑的结构强度、抗震等，更需考虑设备的更新和性能的灵活性等方面的因素。

在住宅方面，日本环境省通过专门的研究，测算了单栋住宅墙壁断热性改造、屋顶及墙面绿化后的效果，同时还测算了住宅街区外部空间集约设计绿地、避免使用蓄热性高的混凝土、减少街区的空调使用后的效果。研究结果表明，利用2010年的技术大约可减少使用能源64%，预测利用2030年的技术可减少使用能源79%（按设定区域面积8000平方米，人口为60户180人测算）。政府通过支持资金和减税等方式鼓励房地产开发商尽量开发低碳化住宅、鼓励住房购买者多选择低碳化住宅、建立确保住宅低碳性能的强制性基准等。

3. 研发和推广低碳建筑技术

日本的低碳建筑技术包括太阳能，风能等自然能源技术、建设高隔热住房等（详见表5—2）。日本低碳建筑的主要特点，就是注重对风能和太阳能的充分利用，即根据本国各个地区的天气来确定当地的建筑物应该充分利用阳光和自然风的情况。随着绝缘材料技术、屏蔽技术和通风技术的大幅度改进，加热泵（应用于空气调节器和电热水器）、烹饪炉、照明设备和备用电源等能效的逐步提高均能够减少建筑对于能源的需求。根据2000年的技术水平测算，建筑物每住户的能源需求会降低40%左右。同时，非居住楼层每平方面积上的能源需求也会相应减少40%左右。因此，日本决定在2020年至2030年，实现所有新建住宅"零排放"计划目标。

日本是一个较为注重实效的国家，同样非常注重建筑节能技术的应用实效。日本制定了一个发展建筑技术的长远目标，即2050建筑技术路线图。此技术目标的制定，旨在促进国内节能建筑相关技术的进一步创新和推广。

（二）实施低碳交通发展战略

国际上发展低碳交通，有三种主要途径：避免、转换和改善。避免主要是指：避免出行、减少出行距离或避免使用机动车方式出行；转换则是指：提倡采用环境友好、低碳的交通方式；改善是指：尽可能地提高交通方式和机动车的使用能效。

日本根据自身的情况，发展低碳交通的战略包括两个方面：一是将减少需求的措施和提高能效的交通工具相结合。通过发展紧凑安全城市交通减少平均路程，从而减少需求。同时，充分利用混合动力或电动交通工具的突破、空气阻力的改进、混合动力引擎装置等交通工具的技术革新，实现低碳交通。二是通过有效的运输管理系统（包含高效的产品物流管理以及通过信息通信技术实现最优路径选择的功能），提高交通运输负载效率，尽可能地减少货物运输。

1. 大力发展城市公共交通系统

为缓解交通压力，日本东京建成了世界罕见的网状辐射立体交通体系。市内分布了12条地铁线，此外还有日本铁路（以下简称"JR"）及众多私营铁路，每天运输旅客达到1.47亿人次。日本还有18条网状的首都高速公路，由市中心向外辐射，迅速通往日本各地。虽然，日本的公共交通数量众多，却仍能保证其运行十分准时，不仅地铁、城市铁路、城际铁路完全按照列车时刻表运行，就连受道路交通状况影响较大的公共汽车也能做到基本准时。新干线可以说是日本人的骄傲，这种自1964年10月开始营运的高速列车最高时速可以达到300多公里，且其出色的管理系统确保了新干线的准时安全，不仅近40年没出过一起交通事故，而且发车、到站时间更是精确到秒。

2. 研发并推广使用新一代混合动力和纯电动汽车

为保持汽车产业的国际竞争力，日本将提升传统燃油汽车性能和开发低油耗汽车作为首要策略。2020～2030年日本汽车类型的普及目标，体现了日本分"两步走"发展电动汽车的特点：第一步，发展混合动力汽车等低油耗汽车，旨在抢占新能源汽车国际市场；第二步，发展纯电动汽车，意在解决其能源及环保问题。

（1）日本电动汽车的发展现状。电动汽车通常包括混合动力汽车、纯电动汽车和燃料电池电动汽车。目前，日本的混合动力汽车已经实现了规模化生产，插电式混合动力汽车受到了高度重视，纯电动汽车已经进入市场导入期，燃料电池电动汽车正在研发中。日本已投入使用的电动汽车近8000辆，约占全球数量的18.5%，主要应用于公共交通、大型会展的场内运输、景点观光、公共事业单位应用及残障人士辅助车等方面，拥有丰田、本田、日产及三菱等主要电动汽车厂商。

（2）日本混合动力汽车的发展现状。混合动力电动汽车（HEV）将内燃机、电动机与一定容量的蓄电池通过控制系统相组合，电动机可补充提供车辆起步、加速时所需转矩，又能存储吸收内燃机富余功率和车辆制动能量，保障发动机处于最佳状态工作，从而大大降低油耗，减少污染物的排放。混合动力汽车虽然没能实现零排放，但其动力性、经济性和排放等综合指标已经达到最低排放要求，可以有效缓解汽车需求与环境污染及石油短缺的矛盾。所以，从20世纪90年代以来，全球刮起了一股研究混合动力汽车的风暴。日本丰田汽车公司率先实现了混合动力车的商品化，在1997年推出了Prius系列混合动力车。多家日本汽车公司紧随其后，实现了多款混合动力车的商品化。

五、日本全民参与低碳行动

日本创建的低碳社会体制是由政府主导、全民参与的体制。日本政府要求创建低碳社会首先应从政府自身做起，呼吁全社会共同参与。同时，要求中央政府、地方政府、企业和全体国民都要积极参与低碳社会创建的全过程。日本政府重视发挥每一位国民的作用，让全体国民深刻理解减排的意义、重要性和基本做法。因此，从根本上改变了国民的生活方式。这种低碳生活方式涉及到了国民日常生活的方方面面，在观念、衣、食、住、行、教育等方面，处处体现了低碳生活的创新理念。

（一）观念意识方面

日本非常注重培养民众的环保、节约和节能意识，一贯倡导全民参与环境保护。

一方面，通过政策和法律明确规定政府和企业都有开发和利用新能源的义务，向国民大力宣传利用新能源的重要性和必要性，使国民树立自觉利用新能源的牢固意识。政府对社会公开新能源的相关政策信息，通过各种媒体的公益广告普及新能源知识。日本国会于 1993 年 11 月 19 日通过了《环境基本法》第 25 条，对保护环境的教育、学习做了专门规定。日本还制定了《增进环境保护意识和推进环境教育法》，这是推进环境教育的专门法。该法规定：在环境教育实施过程中，应高度重视实施方法，要在学校、地方、单位等各种场所广泛开展环境教育和宣传。

另一方面，十分重视从小培养全民的环保意识和节能意识，日本政府注重从环保教育入手加强节能意识的培养。日本政府 1965 年出台了在学校推进环保教育的《学习指导要领》，此《要领》分年级、分阶段详细规定了环境教育的方法和内容，并根据时代和实际情况的不断变化进行了多次修改。日本学生从小学起，就要开始接受如何节水、节电、节油的基础节约教育。全国按地区划分，以当地的学校、商店街、居民区等为单位成立了 80 多个"节能共和国"，通过"共和国"的节能实践活动，向市民推广新型的节能生活方式。

（二）服装穿着方面

日本环境省从 2005 年起，掀起了夏季"COOL BIZ"和冬季"WARM BIZ"

的运动，大力倡导国民夏天穿便装，秋、冬季加穿毛衣；同时，要求男士在夏天尽量不打领带，空调控制温度由原先的 26 摄氏度调高到 28 摄氏度。据有关部门统计，仅因空调温度调高两摄氏度，就能节约全社会 17% 的电能。如果换算成石油，全国每年可节约 155 万桶原油。

（三）饮食习惯方面

一是政府提出了"支持当地时令农业食品"。提倡国民优先购买当地的应季蔬菜和水果，可以有效减少生产反季节蔬果所耗费的能源，以及降低食物运输所带来的能源消耗。

二是倡议拒绝使用一次性用品。日本航空飞机餐早已不再提供一次性的木筷，所使用的刀、叉等均为已消毒并可重复使用的不锈钢制品，而非一次性塑料制品。而且，酒店一般也不会提供一次性的洗发水、护发素、沐浴液、塑料梳子等不利于环保的用品。

（四）废品回收方面

一是垃圾回收分类非常精细。日本的地铁站等公共场所的垃圾箱一般都会按照普通垃圾、资源（可回收）垃圾、塑料包装容器类垃圾、易焚烧垃圾、粗大垃圾等进行十分精细的分类。日本人平时也会把垃圾分类做得非常到位，实现了垃圾的高效回收，大大提升了回收效率，降低了回收成本。

二是将废旧家电变废为宝。鉴于废旧家电对环境的严重污染，日本政府于 2001 年开始实施《家电回收利用法》，对电视、冰箱、洗衣机、空调和电脑等废旧家电的回收利用进行了严格规定。虽然，日本的绿色回收工厂不能享受国家补贴，但能照样赢利。因为，他们从一台空调中可拆解出 55% 的钢、17% 的铜、11% 的塑料和 7% 的铝，从一台电视上可拆解出 57% 的玻璃、23% 的塑料和 10% 的钢，索尼等日本企业的绿色回收工厂就是将废旧家电变废为宝的典范。

（五）日常出行方面

作为一个富裕的国家，日本的人均汽车保有量不低。但是多数家庭只在外出游玩时使用私家车，并且在开车时，不急起步、不猛加速，通常保持最节能的

"经济速度"。

正因为日本的公司不给职员提供私家车停车场，而且付费停车场的价格通常很高昂，所以，日本人一般不会选择开昂贵的私家车上下班，大多数日本国民均会选择搭乘公共交通工具上下班。遍布全国的新干线、火车、地铁、轻轨、电车、公交车等为国民提供了方便快捷的立体式交通，对于一般收入的日本人而言，公共交通是既节俭、更节能，非常便利、舒适、便宜。

（六）低碳教育方面

一是环境教育在小学、中学和大学的教育体系中，均是必修课程。一般会根据不同年龄阶段的学习者制定相应的教学材料和学习课程，教育材料也会根据最新的研究成果进行不断更新。同时，为了确保环境教育的质量，也会通过对教师开展环境课程培训，提高其关于环境知识的水平。

二是通过在大学开设环境课程，在公司举办培训等方法，促使国民了解更多关于全球气候变暖的基础知识和应对气候变化的相关对策。同时，充分利用电视、网络、广播和报纸等各种媒介，及时报道节能减排的相关最新研究结果，以确保国民对环境问题的持续关注。

三是培育"低碳顾问"。"低碳顾问"属于非常专业的低碳咨询服务人员，能够为企业和家庭提供在日常活动中应对气候变暖和减少温室气体排放量的多方面建议。日本政府的远期目标是：通过大学、研究生院和研究机构培养一大批具备"低碳顾问"资格的专业人员。并且，规定企业必须雇用一定数量的"低碳顾问"。通过"低碳顾问"，对企业所有的员工进行节能减排方面的专业指导。

第六章 澳大利亚:建立低碳生产生活方式

在澳大利亚,政府鼓励人们实行绿色、环保的低碳生产生活方式。多年来,政府制定了一系列低碳宏观政策、建立碳排放贸易机制、推广碳捕集与储存技术、加强碳税立法、推进农业可持续发展等,从而使澳大利亚在生态文明建设方面走在世界的前列。

一、制定低碳宏观政策措施

在温室气体排放过多的情况下,越来越多的国家面对各种压力担负起了国际责任,提出了低碳经济发展战略或保护气候变化的方案。澳大利亚在2007年新政府成立之后,批准了《京都议定书》。

(一)实施低碳战略或者保护气候变化策略措施

1. 发布政策绿皮书

澳大利亚于2008年发布《减少碳排放计划》绿皮书,提出三大减碳计划目标:尽量减少温室气体排放,采取相应措施应对不可避免的气候变化,加快推动全球减排措施的实施。澳大利亚政府的长期减排目标是:2050年的气体排放仅为2000年的40%左右,计划于2009年研究出台具体法规,并于2010年正式实施。

2. 出台法律法规

澳大利亚在相关法律法规的跟进上也非常高效。2007年澳大利亚相继出台了一系列有关应对气候变化的法案，包括《2007 年澳大利亚温室气体和能源数据报告法案》《2008 年国家温室和能源报告实施条例》和《碳请求和交易法案》等。为进一步构建自己的碳交易市场，2009 年澳大利亚政府提出了一个总量限制交易计划——《澳大利亚碳污染减排计划》。但是，该法在最后一刻，遭到国会的否决，大大打击了澳大利亚政府将其建设成为国际碳信用市场重要需求中心的雄心，也给澳大利亚长期以来致力于应对气候变化的努力蒙上了一层阴影。

3. 重视低碳示范

低碳城市建设，是澳大利亚低碳战略的主要亮点。澳大利亚对于低碳城市的建设始终保持着高度的热情，其样板城市囊括了悉尼、墨尔本等大城市，而典型的低碳实行模范州是新南威尔士州。在新南威尔士，先进的低碳理念与技术进入日常生产生活，市政当局将低碳经济建设与市政规划结合，发展出独具自己特色的绿色低碳模式。此外，该州还与世界上进行低碳建设的主要城市联合组建低碳城市联盟，建立信息共享机制。

4. 提供补助基金

2012 年 8 月，澳大利亚清洁技术投资计划首批出台了 13 项津贴补助基金，其中有 2 项涉及食品加工行业，以帮助该行业使用氨制冷剂替代现有的冷冻／冷藏系统，以减少能源消耗和碳排放。据悉，在接下来的几年里，该基金将用于支持超过 3000 个项目，帮助制造商减少能源消耗和碳排放。第一笔价值 650 万欧元的津贴将涉及 13 个项目，帮助行业安装超过 1850 万欧元的高能效设备。作为澳大利亚政府未来清洁能源计划的一部分，清洁技术投资计划以及清洁食品和加工投资计划将提供 8.05 亿欧元，通过投资高效设备、低碳技术、加工和产品，支持本国企业在当今低碳经济环境下保持较高的竞争力。

5. 倡导公共交通

市内火车是澳大利亚的第二大城市墨尔本的主要交通工具，它与地铁不同，多数行走在地面以上。墨尔本公共交通的票价多以地区和时间划分，而车票则是火车、电车和巴士通用。每个车站的自动售票机处均能购得车票，车票通常可以分为 2 小时票（即两小时内可以任意乘坐区域内的火车、电车、巴士）、全天票、周票、月票、年票，买的时间越长，价格则相对越优惠。而且，票价除与时间有关以外，还与地区划分有关。如墨尔本的主要市内地区被划分为两个区域：

Zone1 和 Zone2，如果跨区域乘车，票价则会相对增加。墨尔本的交通特色之一，是有轨电车（Tram）。墨尔本则是澳大利亚唯一一个拥有有轨电车的城市，它的电车网络几乎四通八达，属重要的公共交通工具。墨尔本的最新款电车每辆可以承载 140 名乘客，当地政府通常通过宣传广告呼吁市民们多乘坐电车，尽量减少使用私家车。墨尔本市中心的繁华地带，马路上几乎看不到随便乱停车的现象。仅在墨尔本闹市区有 70000 多个停车空间，司机在任何一个地方离大型停车场的平均距离只有 200 米左右。

6. 提倡节水意识

澳大利亚在节约用水上想尽办法，能省则省。一是推行节水标识。澳大利亚的节水标志项目开始于 2005 年 7 月 1 日，其法律依据是《2005 水效率标志和标准法案》，技术依据是澳大利亚 / 新西兰联合国家标准"用水产品—等级和标志"。最初是采用自愿的形式。从 2006 年 7 月 1 日起，澳大利亚政府就对用水效率标识与标准方案覆盖的所有产品实行强制性的注册与标识制度，并收取一定的注册费用。节水标识项目主要涉及进口商和销售商。一般情况下，除了流体控制装置外，所有的洗衣机、洗碗机、淋浴器、抽水马桶、小便池以及某些类型的水龙头都将粘贴强制性节水标志，违规行为将会受到处罚。"用水效率标准与标志项目"通常只适用于新产品，并不适用二手产品。但进口到澳大利亚的二手产品则必须符合此要求。二是全国各地方政府实施严厉的措施控制用水。在极度缺水的墨尔本，市政部门则规定居民不得使用洗碗机，浪费水的住户会被抓并立刻受罚，屡犯者则会受到断水处理。在五级限水的昆士兰州的东南部，凡是超过 800 升的住户均被划为"用水大户"，他们要向议会提交相关用水评估表。如在干旱城市首都堪培拉，当地政府不允许居民自己洗车，须花钱到那些使用了循环用水技术的洗车铺洗车。悉尼市民被规定只能在每周三和周日浇灌花园，其他时间一律不许使用水资源，否则将会受到约合 1300 多元人民币的处罚。居民的洗澡水也能变废为"宝"，可用洗完澡的水浇花，或用洗完澡的水打扫卫生、擦地洗车。三是推行阶梯式水价，加强节水意识。澳大利亚的水费并非按照一吨多少钱这么简单地收取，而是将用水量和水费分各个层次来收取。用水量属第一层次的收费最便宜，即为满足人们基本生活需求的用水量。达到第二层次的用水量，收费会多一些。用水量达到第三层次时，就要付出很高的费用。与此同时，澳大利亚的电和煤气均实施这种阶梯式收费的公共服务资源方式。总而言之，澳大利亚政府会时刻提醒人们节约一点一滴的水资源，这已成为很多澳大利亚人的习惯性生活方式。

（二）鼓励发展可再生能源与新型清洁能源降碳

1. 整合部门资源

澳大利亚政府建立了气候变化政策部，通过整合相关部门的管理资源，促进了政府与产业的互动，全方位建设了一个低碳经济发展环境。政府同时着力于支持新能源的普及和相关技术的发展，通过采取一些强制性的可再生能源指标，以期实现 2020 年澳大利亚可再生能源的比重为整个电力的 20% 的计划目标，同时以不断完善的清洁能源技术作为支撑。

2. 设立专项资金

为了进一步促进可再生能源技术的相关研究、开发及商业化，澳大利亚政府设立了可再生能源专项资助基金，并计划 7 年投资 5 个亿，将重点用于热能技术升级和太阳能的开发利用。对于家庭购买太阳能系统，澳大利亚政府均会给予资金奖励，帮助其实现家庭节能减碳。

（三）推广普及城市 CBD 绿色建筑

1. 成立"绿建委"

2002 年，澳大利亚的绿色建筑委员会（以下简称"绿建委"）正式成立。绿建委作为连接政府和企业的行业机构，旗下共有 850 个会员，包括了政府、发展商、建材生产制造商和建筑商等多个领域。

2. 推行绿色建筑星级评级

围绕当地环境、气候及大众的接受程度，绿建委为绿星绿色建筑的评级设立了 9 个方面的不同考量，除能源、材料、管理、水、创新、辐射等因素外，还包括了室内环境质量、周边交通状况以及土地使用和生态等其他一些通常不为人们重视的因素。绿建委目前只对 4 星以上的级别进行评估，而不评测 1、2、3 星级。1 星级为最低表现，2 星级则为行业平均水平，3 星级是指优秀做法，4 星级则代表了典范做法，5 星级代表了澳大利亚卓越表现，而 6 星级则为世界领先水平，相当于得到了美国 LEED 绿色建筑的铂金级别认证。在以往的十年间，绿星评级标准一直都在不断变化。在早期，通常参与标准设立的人员并不完全来自于建筑行业，而随着不断的实践，评级标准涉及的相关学术因素在逐渐减少，已经转变为一个实用性的规范。

3. 政府办公需考虑选择绿色建筑

澳大利亚自 2003 年推出绿色建筑星级评级后,不仅成功地找到了一种能够解决环境气候难题的有效方法,更重要的是发掘到了绿色建筑背后的商业溢价。那就是,星级越高的绿色建筑则意味着租金回报更高和运营成本更低。从建筑商、地产商、物管公司、设计师乃至最终的用户,均可看出绿色建筑正在逐渐颠覆传统的地产价值链条。澳大利亚的绿建委会行政总监 Robin Mellon 曾表示,澳大利亚目前有 16% 的办公楼已经获得了绿星评级,而在城市 CBD 地区,星级绿色建筑的普及率更是高达 18%,以澳大利亚目前地产行业约 6000 亿澳元的产值来计算,在短短的十年间,绿色建筑的产值已经接近千亿澳元。高能效绿色建筑或可持续建筑的建造费用并不会比非可持续建筑的建造费用高。两者的造价基本相等,但可持续建筑的花费将会比现在更低。而今,澳大利亚政府并没有强制新建项目必须符合绿星绿色建筑评级,但是各个政府部门办公地点的选择会将绿色建筑作为其中一项重点考虑因素。特别值得一提的是,无论是用户还是业主,均会将绿色建筑与开支的节省联系起来,还会认为此举是提升企业形象的重要环节之一。

二、建立碳排放贸易机制

澳大利亚政府正在建立一种世界上最全面、最具影响力的温室气体排放贸易机制,这种机制将覆盖其温室气体排放量的 75% 左右,并将于实施之初拍卖大部分许可。这种贸易机制也将成为澳大利亚经济创造温室气体排放降低的不懈动力,同时进一步刺激可持续、低排放增长,为澳大利亚的未来繁荣奠定坚实基础。

(一)新南威尔士的温室气体减排计划(NGAS)

新南威尔士温室气体减排计划(NGAS)是全球最早强制实施的减排计划之一,于 2003 年 1 月正式启动。它对该州的电力零售商和其他部门规定排放份额,对于额外的排放,则通过该碳交易市场购买减排认证(NGAC)来补偿。该项计划设定了每年州内减排的目标,为电力零售商以及其他一些电力机构（参考其市场份额）设定标准，对不遵守标准的组织进行惩罚。所有的活动由新南威尔士独立价格与管理法庭（IPART）监督。作为监督机构，IPART评估减排计划，对可行的计划进行授权，颁发证书，并监督在执行过程中是否存在违规的现象。IPART同时管理温室气体注册、记录减排计划的注册及证书的颁发。

澳大利亚新南威尔士气体减排计划的交易量有明显的增长，但由于短期的排放指标过度供应，导致了交易价格的下降。2007年，新南威尔士市场以26%的增幅实现平稳增长，完成2500万新南威尔士温室气体减排认证指标（NGAC）的交易量，交易额达到了2.24亿美元。然而，自2007年9月开始，NGAC交易市场价格由原来现货交易的10~12澳元下跌至4.75澳元（约4美元）。交易价格的下降，导致2008年新南威尔士市场NGAC的交易量有所增长，达到3100万，但交易额却下降至1.83亿美元。

（二）各类交易机构

1. 澳大利亚气候交易所（ACX）

它是澳大利亚第一家电子化排放交易平台，于2007年7月正式投入运行。ACX的交易过程对官方减排委员会是公开的，迄今已得到NSW-GGAS和"温室友好行动"的认可，自2007年7月以来已完成了6300吨二氧化碳当量的交易，平均交易价格为742美元（约53欧元）。此外ACX在2008年5月已开始实施自愿市场减排额度（VERS）交易。

2. 澳大利亚金融与能源交易所（FEX）

它是一家专注于清洁技术（Clean Technology Sector）的国际交易所。FEX定位于"亚太地区的能源、商品、环境及金融衍生产品的交易平台"，它由可持续发展清洁技术股票交易所（SIM）、"麦卡锐"OTC交易系统、衍生产品市场以及Envex环境产品研发四个领域组成。

FEX旗下的SIM于2007年9月开业。SIM是全球第一个针对并专注于快速发展的可持续和清洁技术业务公司股票交易的资本市场，首家在SIM上市的是一家清洁煤技术公司，此外也有一些地热、太阳能、清洁煤技术等在内的公司表示要在SIM挂牌上市。

2008年11月，澳大利亚引进第一个电子化交易的环境产品REC（可持续发展指标）后，"麦卡锐"OTC交易系统开始与环境产品发生联系，"麦卡锐"是澳大利亚唯一可提供批发柜台交易利率和外汇衍生品交易的市场。

而 FEX 旗下的衍生产品交易所是为新型大宗商品、能源产品、环境与金融衍生产品提供交易、清算和结算服务,预计会在 6 个月内开业。

对于 FEXF 的 Envex 而言,它主要专注碳产品、再生能源、水和气候的期货和现货合同的衍生产品等环境产品的开发。

(三)碳排放贸易机制

澳大利亚政府于 2011 年 7 月 10 日在民众一片反对声中正式公布了碳排放税方案,成为继欧盟和新西兰之后的又一个在全国范围内引入碳交易机制的发达经济体。该方案决定自 2012 年 7 月 1 日起开征碳排放税,2015 年开始逐步建立完善的碳排放交易机制,并与国际碳交易市场挂钩。为碳排放定价是澳大利亚应对气候变化整体方案的核心部分,也是澳大利亚转变经济发展模式的开始。这一方案的通过将使澳大利亚成为碳交易机制的领跑国。该方案对矿业、交通、能源等行业的 500 家大型企业开征碳排放税的征税标准是:2012~2013 年度为每吨 23 澳元(1 澳元约合 6.6 元人民币);2013~2014 年度为每吨 24.15 澳元;2014~2015 年度为每吨 24.50 澳元。基本上是,加上通货膨胀因素,每年递增 2.5%。政府的目标是,到 2020 年,澳大利亚的碳排放减少 5%,到 2050 年减少 80%。这意味着碳税将给电力、矿业等支柱经济产业增加成本,加重负担,以至于影响其国际竞争力。为避免碳税对产业带来过大的打击和影响国家经济发展,在碳税案中承诺对产业界进行数十亿澳元的补助。尽管如此,产业界仍然无法接受碳税,阻止政府实施碳税。

碳税对民生的影响是实实在在的。实施碳税会使消费者物价指数上涨 0.7%,每个家庭每周生活费用只会上涨 9.90 澳元,而政府的减税和补贴加起来平均将达到 10.10 澳元。具体办法是,政府从碳税收入中拿出资金,对全国 880 万个家庭中约 570 万家庭实行减税或补贴。收入在 1.6 万~2.5 万澳元之间的个人将获得 500 澳元收入所得税减免;有 5 岁以下子女的父母,在一人有全职工作、一人打小时工的情况下,每年可获得 378 澳元补贴;政府将为经济上最困难的家庭设立 20% 的安全保险,以抵消碳税带来的压力;全国 300 多万退休、残疾人和老人护理人员每年将得到约 210 澳元的补贴。但在物价高涨失控的情况下,民众很难相信政府的解释和承诺。他们只相信生活的压力一天比一天重。他们认为,生活的压力将随着碳税的开征越发加重。因此,民众坚决反对碳税。

（四）与欧盟联合建立世界最大的碳交易市场

目前欧盟的碳税价格每吨仅 10 元，而澳洲则是 23 元。从 2015 年起，澳洲碳排放企业将能购买欧盟国家的碳排放额度，但须经过 3 年试验后，欧盟国家将在 2018 年才能购买澳洲的排碳额度。2012 年 8 月 28 日欧委会发表声明，欧盟与澳大利亚将于 2018 年 7 月 1 日之前完成双方排放交易体系充分对接，相互承认双方限额与贸易机制的碳单位，企业将允许使用兼容体系下的碳单位。为此，澳大利亚政府需在两方面改变澳方碳价格设计：一是不设价格下限，二是使用京都单位时采用新类别。但澳方责任实体仍可通过购买国际单位完成 50% 的责任，仅有 12.5% 的责任以京都单位完成。为顺利对接，欧盟与澳方还将于 2013 年年中之前建立过渡机制。与欧盟达成碳排放交易市场计划，将为澳洲与亚太地区达成类似交易铺平道路。

三、推广碳捕集与储存技术

当今世界的进一步发展需要更多的能源，这意味着需要更多的化石燃料如煤炭等，也要求有一个解决气候变化问题（如温室效应）的方案。但如果找不到安全和成本效益好的方式来捕集来自煤、油和天然气的二氧化碳，就不可能达到二者求全。

（一）碳捕集与储存技术的简介

碳捕获，全称"二氧化碳捕获和封存"（CCS），是指将二氧化碳从工业或相关排放源中分离出来，压缩并输送到封存地点，从而长期与大气隔绝，避免造成温室效应的一个过程。CCS 技术被认为是当前短期之内应对全球气候变化最重要的技术之一，不仅可对气候变化产生作用，还可实现一定的商业价值。被捕获的碳可用于石油开采、冶炼厂、汽车业等，将石油的采收率提高至 40%～45%。

碳捕获主要由三个环节构成，即二氧化碳的捕获、运输和封存。二氧化碳捕获有三条主流技术路径：燃烧后捕获、燃烧前捕获和富氧燃烧捕获，均已在一定范围内得到推广和使用；在运输环节上，由于二氧化碳为非爆炸气体，且无毒无味，适合铁路、公路、船运、管道等各种方式的大量运输；在多种封存技术当中，"注入地下岩层"方式最具潜力，尤其是向接近衰竭的油气层注入二氧化碳，可以提高油气采收率。

（二）发起成立全球碳捕集和封存研究院

2008年9月澳大利亚政府倡议发起并成立全球碳捕集和封存研究院，总部设在澳大利亚。目前共有澳大利亚、美国、英国、日本、印度、沙特等近40个国家的政府机构、全球80多家研究咨询机构和130余家企业为该研究院的成员。

（三）实施"全球碳捕集与储存计划"

2008年9月，澳大利亚政府实施了"全球碳捕集与储存计划"，使其对清洁煤技术的投资处于世界领先水平。此项计划里面包括了建立全球碳捕集与储存中心的重点任务，它将进一步推动碳捕集与储存技术及知识的全球性推广。

1. ZeroGen 项目

ZeroGen 项目是由澳大利亚昆士兰州政府管理的 Stanwell Corp 电力公司牵头的，荷兰的皇家壳牌有限公司（Royal Dutch Shell Plc）和美国通用电气公司（General Electric Co.）提供相关技术支持。ZeroGen 项目旨在把煤转化成高压二氧化碳和富氢气体，并且通过燃烧此气体驱动一台高效涡轮机发电，而二氧化碳则可通过管道被输送到大约220公里以外，并被埋存在地下含水层。此项目可以捕集、埋存其二氧化碳总排量的70%左右（即每年可达到42万吨左右），它将会成为世界上首个利用煤气化和二氧化碳捕集与储存技术结合生产低排放电力的燃煤发电示范厂。

2. "Kwinana" 计划

2007年5月，英国—澳大利亚矿业集团 Rio Tinto 和英国石油公司（BP PLC）联合公布了在澳大利亚西部投资约20亿澳元（约合15亿美元）兴建煤炭发电厂的"Kwinana"计划。该计划将充分利用碳捕获与埋存技术减少二氧化碳的排放，每年将会有400万吨左右的二氧化碳被安全存放到海底岩层中。这将是首个将二氧化碳埋存到盐水层的氢燃料电力项目，此项目将柯林斯（Collie）地区的煤炭进行了气化处理，产生出氢气和二氧化碳。其中，氢气将成为发电厂的燃料气体，而 90% 的二氧化碳也将被捕获并永久地埋存在地下的岩层中。此项目的气化设备和电厂都将坐落在珀斯市以南 45 公里的 Kwinana 地区，毗邻 BPPLC 的炼厂和力拓公司的 HIsmelt（即指直接熔融还原炼铁）工厂，该电厂的低碳电力生产能力估计将达到 500 兆瓦特，完全可以满足当地 50 万居民用户的用电需求。力拓公司和英国石油还在海上进行了相关地震研究，以便更深入了解用于掩埋二氧化碳的岩层结构，该项目的规模是 Zero Gen 的 5 倍左右。

（四）设立碳捕获及封存基金

2009 年 7 月，亚洲开发银行和澳大利亚政府签订信托基金协议，以支持对亚洲日益增加的碳排放进行捕获和封存。向亚行"碳捕获和封存基金"提供 2150 万美元赠款。该基金将支持针对潜在二氧化碳封存地进行的地质调查和环境研究、能力建设和提高社区认识计划，这将有利于加速在亚洲各地部署碳捕获和封存示范项目。这项新设立的基金旨在支持亚行的发展中成员体，初步优先支持对象包括中国、印度、印度尼西亚和越南。中央与地方政府、私营部门以及其他符合亚行援助资格的实体都可以获得资助。接受资助项目将按照澳大利亚和亚行共同制定的标准进行挑选。

（五）进行二氧化碳捕集及封存研究试验

澳大利亚温室气体技术合作研究中心研究开发一种从电厂捕集二氧化碳的创新系统，同时还对二氧化碳地质封存进行了一系列研究试验工作。

一是 CO_2CRC 测试新的二氧化碳捕集技术。2011 年 6 月 21 日自澳大利亚褐煤创新委员会（BCIA）拨款后，温室气体技术合作研究中心（CO_2CRC）开始开发一种从电厂捕集二氧化碳的创新系统以进行现场规模测试。

二是澳大利亚 Otway 项目开始新的研究试验工作。2011 年 6 月 21 日澳大利亚维多利亚的温室气体技术合作研究中心（CO_2CRC）Otway 项目中对二氧化碳地质封存开始了一系列研究试验工作。由温室气体技术合作研究中心（CO_2CRC）领导的试验是该项目 1000 万美元的第二阶段工程的一部分。这些试验集中对有潜力将二氧化碳排放封存在地底数百年的含盐层地质构造进行研究。

四、加强碳税立法

（一）澳大利亚的碳税立法背景

澳大利亚作为一个发达国家，2010 年的国内生产总值位居全球第 13 位（以即期购买力平价计算，为 9166 亿美元），2008 年的人均收入在全球排名第 10（36897 美元），根据联合国的相关统计数据，澳大利亚的人类发展指数（HDI）仅次于挪威，列全球第二。同时，它也是一个碳排放大国，根据国际能源署公布的相关数据显示，澳大利亚 2008 年因燃料而产生的二氧化碳排放总量约为 3.98 亿吨，占到全球碳排放的 1.35%，位居全球第 12 位。和一些碳排放大国相比较，澳大利亚的碳排放总量不是太大，但人均碳排量强度较高，2006 年的人均年碳排量约为 26.7 吨，位居全球第一。

表 6—1　各国人均二氧化碳年排放量

国家	2005 年	2006 年
澳大利亚	30.3	26.0
美国	24.5	23.5
卢森堡	24.0	26.6
新西兰	22.6	19.0
加拿大	22.5	22.1
爱尔兰	15.6	16.6
捷克共和国	14.3	14.4

注：以上数据是依据 IEA、UNFCCC 和 Population Reference Bureau 公布的相关数据计算所得的 OECD 中人均碳排量强度最高的几国 2005 年和 2006 年的碳排放情况。

从图 6—1 中，我们可以清晰地看出澳大利亚温室气体来源分布情况，图中显示约 2 / 3 的温室气体是来自电力、工业加工和交通运输部门以及其他常规能源生产，其中，煤炭的燃烧占了 90%。澳大利亚的煤炭资源极为丰富，除本国使用以外还能大量出口，仅 2010 年一年的出口额就高达 495 亿美元。在煤炭开采过程中产生出来的温室气体排放是不容忽视的，同时，澳大利亚的钢铁业和铝业等相关支柱产业的碳排放指标也比较高。

澳大利亚联邦财政部对连续几年的碳排放进行分析发现，常规商业模式下的温室气体排放量呈现继续增加趋势，通过沿用以往的政策减少经济对化石能源的依赖性有很大困难，而采用碳税的方法应是碳减排的有效手段之一，但是碳税的征收可能会直接制约经济的发展。

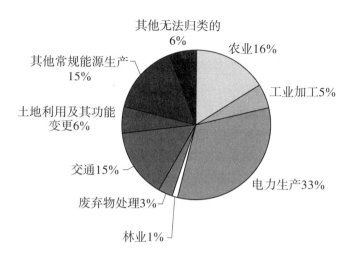

图 6—1　澳大利亚温室气体排放分布

澳大利亚劳工党对解决气候问题表现得十分积极主动，陆克文总理于 2007 年 12 月任职当日签署了《京都议定书》，并于次年 12 月发布了应对气候变化的政府白皮书，进一步确定到 2020 年，澳大利亚温室气体排放要实现比 2000 年减少 5%～15% 的目标，2009 年 5 月又将此项减排目标提高到了 25%。同时，陆克文政府积极推动排放交易法案（ETS）、减少碳污染法案（CPRS）等，但因这些法案的调控力度比较大，遭到了自由党的强烈反对。它们尤其反对和抵制其中的资源超额利润税，导致这两个法案的实施一直被延迟。

劳工党让·吉拉德于 2010 年 6 月接任了陆克文，成为澳大利亚新总理。她上任后就立刻采用了较为温和的碳税改革，并且还推出了矿业资源租赁税方案，取而代之了曾遭抵制的资源超额利润税方案，并且计划于 2012 年起开征碳税，同时准备把 1000 家企业列到第一批缴税名单中。与原法案相比，实行新税法案后，一些相关企业可在今后的 10 年里减少将近 600 亿澳元的税额。新税法案不仅得到了一贯倡导环保的绿党议员们的大力支持，还得到了包括必和必拓公司在内的部分大企业的认可。尽管两院议员对新税法案争议很大，但清洁能源法案最终仍以微弱优势通过了两院的审议并在 2011 年 7 月公布实施。此法案要求，澳大利亚在 2020 年前，每年必须减少碳排放 1.59 亿吨。

（二）立法的相关内容和措施

在澳大利亚的清洁能源法案中，主要包括了碳定价（碳税）机制、相关配套措施、清洁能源发展规划等内容。

1. 碳税和碳定价机制

清洁能源法案中最核心和最基础的内容是碳税和碳定价机制，该法案进一步明确了碳税征收的对象、碳排放指标的定价方法等。

碳税征收对象主要是约 500 家澳大利亚最大的碳排放企业，其中大约有 135 家位于新南威尔士州和澳大利亚首都领地（ACT），昆士兰州有 110 家，维多利亚州有 85 家，西澳大利亚州有 75 家。在这些企业中，大约有 60 家主营电力生产业务，有 100 家主营煤炭及其他矿产品开采业务，还有 60 家企业属于水泥、金属加工和化工等高耗能工业。伴随着清洁能源法案的进一步实施和推进，碳税征收对象也逐步深入更多领域，包括交通运输和工业生产部门、各种常规能源的生产加工、一些非再生性废弃物处理部门等，同时，二氧化碳直接排放量在 2.5 万吨以上的垃圾填埋机构也成为了碳税征收的对象。

碳排放指标的定价，一般采取分阶段确定。2012 年 7 月至 2013 年 6 月（即方案生效后的前 3 年），碳排放指标主要采用政府指定价格定价，按照每排放 1 吨二氧化碳征税 23.00 澳元。在 2014～2015 年，则是按照 2.5% 的年增长率在逐步提高征收的税额。在 2015 年 7 月 1 日之前，二氧化碳的税额增加到了 25.40 澳元。在 2015 年以后，碳排放指标的价格主要由碳市场决定并与国际碳市场接轨。在进入市场定价后的前 3 年里，政府一般将根据国际碳市场的价格设定国内碳价格波动的上下限指标。

2. 相关配套措施及影响

为了进一步落实碳税和碳定价机制，尽量减少碳税立法案的实施对国内经济和生活的冲击力度，使澳大利亚能够平稳地向低碳社会过渡，澳大利亚政府还确定了相关的配套措施，其中包括：设立能源安全基金、制订产业援助计划、实行家庭援助计划等。

（1）制订产业援助计划。在法案实施后，高排放产业企业的负担会立刻增加，甚至会严重影响到企业的生存和竞争力。为进一步确保这些企业的平稳过渡，还推行了就业与竞争力计划，政府投入了 92 亿澳元的资金用于支持这些产业开展减碳改革。

（2）设立能源安全基金。碳税和碳定价机制的实施，对澳大利亚的常规能源煤炭、火电等生产和市场都会带来严重的影响，如处理不当还将危及能源供应的安全。因此，政府设立了能源安全基金，通过提供免费的碳指标相关配额和部分现金补偿等调控常规能源的生产，以确保电力和其他常规能源生产部门在完成碳减排目标的同时，实现安全供应。同时，能源安全基金还为将于2020年前关闭的高污染燃煤发电机组提供相关资金补助。

（3）推行家庭援助计划。推行碳税和碳价格机制，将会增加家庭生活的成本，但可能会对部分贫困家庭的生活带来一定的冲击。为此，政府将实行家庭援助计划，通过为贫困家庭的消费提供特别经济补助，来弥补法案实施后可能由经济负担增加带来的相关损失。

（4）构建碳机制的治理结构。为确保碳机制的有效实施，该法案中要求政府通过建立专门的监管机构，构建完善的碳机制治理结构，主要包括应对气候变化的管理机构、生产力委员会、清洁能源监管机构、能源安全委员会和土地部门碳及生物多样性咨询委员会等。其中，清洁能源监管机构主要对碳定价机制、再生能源目标及低碳农业动议、国家温室效应和能源报告计划等重点项目进行管理；应对气候变化管理机构主要负责指导制定排放限额、跟踪并监测澳大利亚的污染水平、评价碳定价机制的收效等；生产力委员会的主要职能是对相关产业提供援助、对其他减碳成果进行评估；土地部门碳及生物多样性咨询委员会主要负责评估和监督土地利用部门的一些活动，旨在确保政府援助的高效率；能源安全委员会则主要负责防范能源安全领域新出现的一些风险，并对政府提出相关建议。

3. 推行清洁能源发展计划

清洁能源的发展，可以说是清洁能源法案中的重要组成部分，该法案主要站在法律的高度对澳大利亚的清洁能源发展进行指导。

（1）助推制造企业转型升级，鼓励节能技术的广泛应用。在制订就业与竞争力计划的基础之上，政府进一步加强了节能工作的管理，并进一步推出了一系列相关专项措施，由此鼓励全社会参与并积极开展节能减排工作。如推行了12亿澳元资金规模的清洁技术计划，有效帮助了制造业进一步做好增效减排工作；同时，还推出了3亿澳元资金规模的钢铁行业改革计划，进一步支持澳大利亚的钢铁工业开展清洁化生产；并且设立了13亿澳元资金规模的针对煤炭部门的"一揽子"就业计划，主要是对受碳税机制实施影响最大的煤矿企业开展适当援助。

（2）投资可再生能源，进一步提升国际竞争力。在实行碳税机制的同时，澳大利亚政府还通过清洁能源金融公司等各种渠道进行融资，投资130多亿澳元用于清洁能源领域，实现了可再生能源的发展目标。要求清洁能源金融公司负责清洁能源和可再生能源相关项目的商业化应用和项目推广。澳大利亚的可再生能源局还通过采取相关激励措施，进一步鼓励可再生能源领域的技术创新，重在提升澳大利亚可再生能源产业的国际竞争力水平。

（3）减少农林和土地利用部门的碳排放。在澳大利亚，全国农林和土地利用部门的碳排放量占到碳排放总量的1／4左右。为了实现减排目标，政府鼓励发展低碳农业，并通过一系列的相关有效措施，促进农业部门进一步减少碳排放，提供资金援助低碳农业技术进步项目，鼓励农民和土地管理者积极应用先进低碳农业技术。

（三）碳税立法对澳大利亚的影响

碳税立法，给澳大利亚的社会和经济发展、国际减排合作及世界碳市场发展都带来了直接和巨大的影响。

1. 对国民经济发展和企业经营的相关影响

碳税立法的推行，既为澳大利亚政府开辟了新税源，又解决了减少碳排放的资金难题，可谓一举两得。在碳税实施后的前3年，政府可以从500多家最大的碳排放企业中获取约245亿澳元的收入。但是，许多企业的营运成本将进一步增加。尽管该法案提出相关企业可得到一定的经济补贴，但这些企业的经济效益还是会受到较大影响，导致一些相关产业的发展更加困难，全国的经济增长也会变慢。根据有关政府部门估算，到2020年，碳税将会导致澳大利亚的国内生产总值减少320亿澳元左右。另外，由于澳大利亚是全球重要的煤炭和铁矿石出口国，碳税立法还将影响到这些产业相关产品的出口规模。

2. 对居民生活的相关影响

该法案虽不向家庭消费收取一定的碳税，但企业会将缴纳碳税导致的额外成本转移给消费者。根据澳大利亚的财政部门估算，碳税法实施后的消费价格指数将上涨到0.7%，一部分居民的生活也会因此受到一定的影响。因此，该法案要求对家庭消费进行一定的补偿。据政府有关部门估算，年收入为85000澳元的4口之家的年支出，可能会在碳税实施后增加570澳元，但可得到948澳元的政府补贴。不过也有相关专家认为，政府对消费者价格指数涨幅的估算较为保守，对普通家庭可以从碳税中获益的估计又显得夸大，该法案对民生的影响可能会比估算更大一些，影响多大还有待观察。

3. 对清洁技术领域发展的相关影响

随着碳税立法的实施，传统能源的使用成本将会进一步提高，清洁能源和可再生能源的竞争力也将进一步提升并获得更多的投资。预计到 2050 年，澳大利亚政府在可再生能源领域的总投资规模将达到 1000 亿澳元左右。为此，碳税立法将会有力推动澳大利亚清洁能源、可再生能源和节能技术的进步和相关产业的发展，根据政府相关规划，预计到 2020 年，澳大利亚将有 20% 的电力来自可再生能源。

4. 对国际减排合作的相关影响

对于应对全球气候变化问题上的国际社会合作，各个发达国家一直都对温室气体减排责任的分配及其机制的安排等问题存在较大分歧。其中，欧盟各国的减排态度和减排行动都比较积极，而包括美国、澳大利亚在内的部分国家的态度则比较消极，各发达国家在减排责任的分担上很难达成一致。可以说在一定程度上，澳大利亚的碳税立法打破了发达国家之间的碳减排合作僵局，特别是作为目前碳排放量最大的国家之一的美国，一直在国际合作减排的态度表现消极，当澳大利亚的碳税立法实施后，美国在减排合作上的保守态度也因此有了一定的触动。

5. 对全球碳市场发展的相关影响

近些年来，全球碳市场日趋发展成熟，市场的参与者呈现多元化趋势，市场结构也向多层次深化发展，涉及碳交易的相关碳金融工具的创新也在层出不穷，各国政府为了推进碳交易的进一步发展，都在积极采取措施。但是，目前碳市场的参与者尚缺少相关长期激励的支持，尤其是在因金融危机导致的全球经济不景气时期，全球碳市场的发展动力有一定的削弱，全球碳市场交易也不够活跃。在澳大利亚新南威尔士温室气体减排计划主导下的碳市场，可以说是一个规模巨大的国际碳交易市场，在全球排名第四位。澳大利亚的碳税立法，进一步壮大了新南威尔士的碳市场交易量，也进一步激活了全球的碳交易。

碳税立法倡导了低碳发展理念，并促使温室气体排放的成本显性化。虽然澳大利亚碳税立法的实施效果尚待检验，甚至立法的持续性还存在着一些不确定因素。但在当今世界应对气候变化尚缺乏硬约束机制的情形下，澳大利亚推行的碳税立法在促进全球经济低碳转型方面，具有积极的示范意义。中国作为一个发展中国家，尚处于工业化进程的关键时期，按照公平、公正的基本原则，国际社会碳排放的合作应给中国留有充分的发展权，但也应看到，中国已成为世界上最大的碳排放国家，必须要为世界的减排工作作出自己的贡献。中国政府也是一个负责任的政府，愿意在责权对等的条件下实现其最大限度的减排。多年来，我国已经在节能减排工作上做出一定的努力和取得了一些成就，这也是世界各国有目共睹的，中国今后还将一如既往地做好节能减排工作。促进社会经济发展向低碳化转型发展，也是中国坚持可持续发展的必然选择。为进一步加快经济向低碳化转型，我们还有许多工作要做，包括要结合国情抓紧构建合理的政策环境和市场环境。澳大利亚的碳税立法实施经验，非常值得我国借鉴。澳大利亚的碳税立法实施进程和进展动向，也非常值得我国关注。

五、推进农业可持续发展

（一）合理利用自然资源

澳大利亚非常重视农业资源的利用和保护，无论是农业布局还是具体的技术措施，都是围绕如何合理利用农业资源和如何保护好农业环境来进行的。

1. 不断提高耕地质量

近 10 多年来，澳大利亚政府每年都会投入 5000 万澳元，用于支持耕地质量提升方面的技术研发。如在保护性耕作技术方面，政府会给予购买免耕播种机的农民 10% 的购机费补助，对于那些将传统播种机改为免耕播种机的农民给予 50% 的技术改造费用补贴。经过 10 多年的发展，在澳大利亚，已经实施了保护性耕作技术的相关耕地面积已经占了 80% 左右。根据澳大利亚农业部相关协调员的介绍，如果实施保护性耕作技术，可在改善耕地土壤结构和提升有机质含量的同时，实现节水 30%～40%，并且能够促进粮食增产 20%～30%。

2. 有效节约水资源

在农业用水方面，澳大利亚则规定将灌区内农户的灌溉和畜牧用水的使用权与其土地拥有面积相挂钩。并且，还在灌区内建设和完善能够及时反映相关用水信息的计量监测系统。如位于新南威尔士州部分重点监控内的农业灌区的地表水用水计量相关设施普及率达到了94%，地下水用水计量相关设施普及率达到34%。

3. 推行适宜的耕作方法

许多农场都在麦茬地里放羊，并用羊粪肥田，利用豆科植物实行麦豆轮作，加快耕地资源的合理利用。

4. 平衡土壤营养成分

澳大利亚的土壤缺乏含活性成分的锌、锰等微量元素，影响了农作物的生长、羊毛的产量与质量。如果增施微量元素肥料，就可有效提高耕地的产出率，而且效果会十分显著。

（二）建立农业可持续发展基金

澳大利亚建立公共基金，主要是用于保护生态环境，各级政府可从中获取相应的资金支持。如为了恢复和保护生态环境，减少地方政府在事权和财权上的互相推诿，澳大利亚环境部和农牧业部于1997年共同成立了15亿澳元预算总额的自然遗产保护信托基金会。该基金会旨在通过提供项目资金帮助来带动其他资金的投入，从而促进联邦和州两级政府在环境保护和农业可持续发展、自然资源管理等相关政策的协调和统一。比如在农业方面，该基金最重要的贡献是改善了澳大利亚农业主产区（墨累·达令盆地）主要河流的生态系统及水体质量。在此区域，信托基金会提供了1.63亿澳元，以此鼓励农民使用天然农药、生物防治、低氮低磷化肥等环境友好型的技术，同时，也可为农民恢复生态的投工投劳提供支付报酬。经过10多年的努力，墨累·达令盆地内的土地盐碱化趋势得到了一定遏制，河流内局部蓝藻暴发事件也大大减少了，墨累·达令流域河岸的生态系统基本得到了恢复。

（三）开展农业生态补偿

澳大利亚政府通过对潜在排放污染或者破坏生态的一些农业生产者征收一定的税收，来补偿其对生态环境的相关破坏。如针对畜牧业的温室气体排放，澳大利亚政府向畜牧业生产者征收了一定的税收。近些年来，政府还在探索推行

"押金—返还"制度，以实现对生态的补偿。比如，在规模化畜禽养殖企业生产之前，要求其必须缴纳一定的押金，用于保证其能将畜禽粪便转化为有机肥，并且合理施用到田间去。这样一来，企业如要在某一个地区生产，就必须要通过租用一定面积的耕地消纳粪肥。并且，押金是否返还给企业还必须通过验收决定。通常情况下，要将土壤质量与邻近未遭破坏的相似区域相比较。如企业未能通过验收，保证金就会被罚没并充到农业可持续发展基金里。为避免加重企业的负担，澳大利亚政府不会要求企业用现金支付保证金，而需通过银行或其他经过认可的财政机构用全额担保的方式来实现保证金的财务担保。

（四）建立农业生态产权交易市场

基于长期大面积的垦荒和过度放牧，澳大利亚的森林草原覆盖面积呈现萎缩之势。为了解决这一问题，澳大利亚政府探索开展了市场化的生态产权交易。比如新南威尔士州在碳汇产权交易方面取得了明显成效。他们建立了世界上最早的碳汇市场，通过这个市场，二氧化碳排放较多的钢铁、造纸等企业既可以花钱购买到其他企业的指标，也能够购买草原、森林等农业资源所有者的碳汇产权。该州为了配合碳汇市场，还通过立法的形式赋予了碳汇产权的法律地位，他们对超标碳排放者加重了处罚力度。澳大利亚联邦政府把新南威尔士州的经验向全国广泛推广，国会还于2011年通过了农业碳汇首次授信法案，该法案规定了农民与其他土地经营者可通过保护森林、草原及合理耕种农作物获取碳汇信用额度，其他的碳排放者可通过市场从农民手中购买到碳排放额度，农业的生态价值通过市场化产权交易方式得到了实现。

（五）发展生物质能源产业加快减排

澳大利亚政府为了应对气候变化，尽可能地减少温室气体排放，通过制定税收减免、生物燃料配额制消费等相关政策，大力推进生物质能源的发展。澳大利亚生物质能源主要是以林产品及废弃木材、非粮农作物和畜禽废弃物，以及水黄皮、藻类、短期轮作的灌木桉树等一些新型能源作物为原料，主要包括燃气、生物燃料、生物发电等生物质能源种类。澳大利亚政府还明确规定，消费者如果使用含有燃料乙醇的汽油，将享受每升免税36澳分的优惠。新南威尔士州还要求所有的交通燃料里必须要加入约6%的生物乙醇燃料。如今，生物质燃料已经占了澳大利亚全部交通运输燃料的0.5%，而通过废弃木材等发生生物质热化学转化产生出来的生物电也已接近了澳大利亚年电力消费的 1%。虽然这一比例并不是很高，但是澳大利亚各级农业管理部门却对生物质能尤其是新型能源作物的规模化持有乐观态度。比如，藻类每年可以生产出 3.96 亿升生物柴油，而水黄皮每年可以生产出 0.9 亿升生物柴油，二者总共可以替代 4.2 亿升的化学柴油，大约占了当前澳大利亚化学柴油使用总量的 23% 左右。生长周期较短的灌木桉树则每年可生产出 4.3 亿升乙醇（折合 2.9 亿升汽油），占了目前澳大利亚汽油年使用总量的 15% 左右，或是可以用于生产 20.2 亿千瓦的电能，大约占目前该国年发电总量的 9% 左右。新型能源作物与甘蔗、玉米等传统的生物质能源原料不相同，它们可以种植在比较贫瘠的土地上，甚至是污水里，而且在带来可观经济效益的同时，还可以稳定生态系统。比如，水黄皮可种植在沿海的盐碱地上，藻类可以直接生长在污水中，二者均可清洁土壤和水质，并提高土壤的质量。灌木桉树可种植在沙漠的邻近地带，既可防风固沙，又能改造局部的小气候，甚至可以改造沙漠。

（六）加强农业可持续发展的科技创新

第一，澳大利亚政府不断加大资金投入，进一步鼓励节水农业和循环农业等方面的科技创新。近些年来，澳大利亚政府每年均会投入 3000 万澳元用于研发滴灌、地面灌溉技术和微喷技术，提高农业的用水效率。还大力研发生活废水的处理及再利用技术，进一步促进水资源的循环利用和环境保护。

第二，澳大利亚积极选育并栽培非粮能源作物。在澳大利亚农业部门支持下，目前已成功培育出了一种叫作"能源甘蔗"的非粮能源作物，它的乙醇转化效率大大超过了普通甘蔗，但水土保持的生态效益远远高于普通甘蔗。

第三，为防止能源作物与粮食作物相互争地，澳大利亚政府提出对畜禽养殖粪便的能源化利用给予重点支持。通常是通过收集畜禽养殖产生的粪便等废弃物生产沼气，将偏远地区生产的沼气集中后进行再分配，送到各大中城市，能源利用率提高到近 80%。

（七）完善政府治理机制

澳大利亚在促进农业可持续发展方面取得了一定的成就，这不仅仅取决于其丰富的农业资源优势，更重要的是与进一步完善的政府治理机制密不可分。澳大利亚曾在 1996 年，将初级产业与能源部调整为农渔林业部，并赋予其资源管理相关职能，这在很大程度上为保护和改进农业可持续发展提供了自然资源基础。改革以后的农业管理体制有两大主要特点：一是比较注意农业生产加工和销售一体化管理，避免了出现管理职能相互交叉、部分职能分散或重叠的现象，从体制上确保了农业的产业竞争力；二是注重强化农产品的质量管理，加快建立可追溯性体系和相关法规，进一步加强过程监控，从制度上确保了农业安全。近些年来，澳大利亚农业部门把关注的焦点转向了加强对农民的生产、经营、销售提供服务，减少了政府对农业的过度干预，有效地保护了生态环境和生物安全，实现了农业的可持续发展。

（八）发动社会广泛参与

澳大利亚农业的可持续发展，离不开公众的广泛参与。当前，澳大利亚全国共有"土地保护小组"4000多个，"海岸保护小组"2000多个，他们最重要的职能之一是促进本国农业资源的节约利用，积极采纳环境友好型农业技术。如果想为环境资源保护贡献自己的一份力量，社区中的任何人都能成为资源保护小组的一分子。社会力量的广泛参与，有力地推动了农业可持续发展的进程，提供了一股"自下而上"的前进动力。

第七章　中国：向低碳经济转型

多年来，中国政府高度重视节能减排、积极应对全球气候变化、探索低碳经济发展路径，在向低碳经济转型方面采取了许多有力的措施，积累了一些宝贵的经验，向低碳转型取得了长足的进展。

一、重视节能减排

节能减排既是中国经济发展自身的需要，也是中国为保护全球环境应尽的职责。为此，中国在节能减排方面采取了一些行之有效的措施和探索。

（一）中国面临的节能减排形势

1.节能减排的重要意义

改革开放以来，中国经济增长取得了举世瞩目的成绩。2010年，中国超过日本成为全世界第二大经济体。然而，同时中国正在走一条赶超型或压缩型的工业化道路，发达国家上百年工业化过程中分阶段出现的种种能源和环境问题正在中国集中显现。中国经济快速增长，各项建设取得巨大成就，但也付出了巨大的资源和环境代价，耕地、淡水、能源和重要矿产资源相对不足，能源资源消耗过大，环境污染加剧。

节能减排既是中国调整经济结构、转变增长方式的突破口，也是应对气候变化挑战，向低碳经济转型的重要行动。在经济发展的结构性压力之下，我国对能源的需求持续增加，但是随着大自然给中国经济粗放型发展亮起的红灯，中国也开始面临日益严重的资源环境压力。中国在节能减排上取得了一定的成绩，然而从整体上来看，面临的困难和压力更加明显。如果不能化解当前中国所面临的经济发展与环境污染的结构性矛盾，对中国未来的产业转型和经济社会进步都会有较大的负面影响。

2. 节能减排的工作重点

"十二五"期间节能减排的主要目标是到 2015 年，全国万元国内生产总值能耗下降到 0.869 吨标准煤（按 2005 年价格计算），比 2010 年的 1.034 吨标准煤下降 16%，比 2005 年的 1.276 吨标准煤下降 32%；"十二五"期间，实现节约能源 6.7 亿吨标准煤。2015 年，全国化学需氧量和二氧化硫排放总量分别控制在 2347.6 万吨、2086.4 万吨，比 2010 年的 2551.7 万吨、2267.8 万吨分别下降 8%；全国氨氮和氮氧化物排放总量分别控制在 238.0 万吨、2046.2 万吨，比 2010 年的 264.4 万吨、2273.6 万吨分别下降 10%。

2008 年 4 月 1 起施行的《中华人民共和国节约能源法》明确指出："节约资源是我国的基本国策。国家实施节约与开发并举、把节约放在首位的能源发展战略。"工作重点包括以下几个方面。

一要加强政府有效治理。必须要在对地方政府和地方官员的政绩考核中加大环境治理考量的力度，将对环境的治理纳入政府绩效管理中，针对治理的实效，实行严格的问责制。

二要调整产业和能源结构。要减少重工业等高耗能高污染项目的比重，依靠行政、经济、法律手段全面强化对环境保护的约束，推动我国的产业结构和能源结构向良性发展。

三要发展循环经济。循环经济是未来的发展趋势，要在各个领域和各个环节实施加大对循环经济基础设施投入的战略。通过试点、梳理典型，通过典型示范来带动循环经济的发展。

四要加强节能减排，减少能源消费总量。要加强宣传和管理，依靠经济鼓励措施和行政干预措施，减少工业和交通运输中的碳排放，同时加大宣传教育的力度，减少民间的碳排放。

五要加强综合治理。加强顶层设计，科学规划，合理布局，逐步在全国推广高效合理的消费方式和生产方式，示范推广节能减排的生产结构，全面推行清洁生产，加强资源综合利用。

六要加强科技攻关。要依靠科学技术来解决环境污染问题。加大对治理环境污染的科技投入力度，与此同时，加快产学研之间的融合配合，使得科研成果能够很快转换为现实的生产力。

七要善用市场调节。要坚持发挥市场在资源配置中起决定性作用的总基调，在治理环境污染中，也要依靠和发挥市场的积极调节作用。与此同时，要积极学习借鉴国外先进经验，用中国办法解决世界难题。

（二）中国节能减排的举措

1. 法律法规政策安排

中国政府历来对节能减排的问题十分重视，早在 1978 年颁布的宪法中就对环境问题作出了规定："国家保护环境和自然资源，防治污染和其他公害"。以根本大法的形式，对环境保护做出规定，这在我国尚属首次，为以后的环境保护立法提供了法律依据。1997 年 11 月 1 日，第八届全国人民代表大会常务委员第二十八次会议通过了《中华人民共和国节约能源法》（2007 年 10 月 28 日进行修订），该法的颁布让我国的节能减排有法可依，从而保障了节能减排工作得到顺利进行。2007 年 8 月 31 日，国家发展和改革委员会颁布了《可再生能源中长期发展规划》，目的在于促进可再生能源发展，优化能源结构，增加能源供应，保护环境，控制温室气体的排放量。近些年国家出台相关一系列政策法规：

表 7—1　相关政策法规

年份	政策名称	发文单位
2010	《能源计量监督管理办法》	国家质监总局
	《关于加快推行合同能源管理促进节能服务产业发展的意见》	发改委、财政部、央行、国税总局
	《私人购买新能源汽车试点财政补助资金管理暂行办法》	发改委、财政部、科技部、工信部
	《关于进一步加强中小企业节能减排工作的指导意见》	工信部
	《轻型汽车燃料消耗量标识管理规定》	
	《家电以旧换新实施办法（修订稿）》	商务部、财政部
2009	《中华人民共和国循环经济促进法》	全国人大常委会
	《关于开展"节能产品惠民工程"的通知》	财政部、国家发改委
	《关于中国清洁发展机制基金及清洁发展机制项目实施企业有关企业所得税政策问题的通知》	财政部、国家税务总局
	《关于〈太阳能光电建筑应用财政补助资金管理暂行办法〉的通知》	财政部
	《废弃电器电子产品回收处理管理条例》	国务院
	《国务院办公厅关于治理商品过度包装工作的通知》	
	《关于加强外商投资节能环保统计工作的通知》	商务部环保部
	《关于开展节能与新能源汽车示范推广试点工作的通知》	财政部科技部

续表

年份	政策名称	发文单位
2008	《关于实施成品油价格和税费改革的通知》	国务院
	《关于进一步加强节油节电工作的通知》	
	《北方采暖地区既有居住建筑供热计量改造工程验收办法》	住房和城乡建设部
	《关于印发公路水路交通节能中长期规划纲要的通知》	交通部
	《关于进一步加强生物质发电项目环境影响评价管理工作的通知》	环保部、国家发改委
	《公共机构节能条例》	国家发改委
	《可再生能源发展"十一五"规划》	
	《民用建筑节能条例》	
2007	《建设部关于落实〈国务院关于印发节能减排综合性工作方案的通知〉的实施方案》	国家建设部
	《国务院关于印发节能减排综合性工作方案的通知》	国务院
	《能源发展"十一五"规划》	国家发改委

2. 成效巨大

节约能源，是中国缓解资源约束的现实选择。中国坚持政府为主导、市场为基础、企业为主体，在全社会共同参与下，全面推进节能。

近年来，中国采取一系列重大举措，组合出台和切实施行节能减排政策。实质上在推动发展低碳经济。除了全国统一行动拆毁所有燃煤小电厂和积极推动有效开发利用煤层气（瓦斯）外，取消了多项高污染、高耗能和资源性产品的出口退税；先后出台了天然气、煤炭产业政策，以推动能源产业结构优化升级，优化能源使用结构。实施新修订的《外商投资产业指导目录》，对我国稀缺或不可再生的重要矿产资源不再鼓励外商投资，同时进一步鼓励外资进入循环经济、可再生能源等产业；一些不可再生的重要矿产资源不再允许外商投资勘查开采，限制或禁止高物耗、高能耗、高污染外资项目准入。中央财政安排资金用于支持节能减排，力度之大，前所未有。同时，建筑物强制节能、家用电器节能标准等也正在逐步进入实施阶段。近年来，中国先后出台了《中国应对气候变化国家方案》、《节能减排综合性工作方案》、《中国应对气候变化科技专项行动》等多个法律文件和行动计划，表明中国推进节能减排和发展低碳经济的决心和勇气。由于重视资源节约和环境保护，节能减排取得了积极进展。中国依法淘汰了一大批落后产能，如关停了一大批小火电、小煤矿，淘汰了大量落后炼铁产能、水泥产能8700万吨。全国环保投入达5500多亿元，占同期GDP的1.24%。启动十大重点节能工程，燃煤电厂脱硫工程取得突破性进展。中央政府投资支持重点流域水污染防治项目 691 个。

"十一五"期间，中国政府采取了一系列重大行动，包括：大力实施节能减排，淘汰高能耗、高污染的落后产能；不断完善相关法律法规和标准体系，先后修订了《中华人民共和国节约能源法》、《中华人民共和国水污染防治法》，颁布了《中华人民共和国循环经济促进法》、《中华人民共和国可再生能源法》，发布了 22 项高耗能限额强制性国家标准、28 项主要终端用能产品强制性国家能效标准、24 项污染物排放标准；还制定并公布了中国政府《节能减排综合性工作方案》和《应对气候变化国家方案》。在应对全球金融危机过程中，中国出台了促进经济平稳较快发展的"一揽子"计划，积极发展绿色经济。在拉动内需的 4 万亿人民币投资中，有 2100 亿元用于节能减排和环境保护。在十大产业振兴计划中，也将节能减排作为各产业振兴的重点内容之一。在节能环保、电力技术发展、新能源开发利用、装备制造方面也取得了巨大的成绩。目前，水电装机容量、核电在建规模和太阳能热水利用均居世界第一位。

另外，主要的节能减排指标在"十一五"期间的五年也获得重大突破，据国家发展和改革委员会提供的信息，"十一五"以来，我国大幅增加对节能减排的投入，共安排中央预算内投资 894 亿元、中央财政节能减排专项资金 1338 亿元，共计 2232 亿元，用于支持"燃煤工业锅炉（窑炉）改造工程"等十大重点节能工程、节能产品惠民工程、淘汰落后产能、建筑节能改造、国家机关办公建筑和大型公共建筑节能、合同能源管理推广、城镇污水处理设施配套管网建设、三河三湖及松花江流域水污染防治、支持节能技术研发和产业化、节能减排监管能力建设。各省区市也设立节能专项资金，重点支持节能重点工程建设、高效节能产品推广、节能能力建设等。为推进十大重点节能工程，中央预算内投资采取投资补贴方式，按总投资额的 6%～8% 支持十大重点节能工程建设。据发展改革委提供的信息，"十一五"以来，我国大幅增加对节能减排的投入，共安排中央预算内投资 894 亿元、中央财政节能减排专项资金 1338 亿元，共计 2232 亿元，用于支持"燃煤工业锅炉（窑炉）改造工程"等十大重点节能工程、节能产品惠民工程、淘汰落后产能、建筑节能改造、国家机关办公建筑和大型公共建筑节能、合同能源管理推广、城镇污水处理设施配套管网建设、三河三湖及松花江流域水污染防治、支持节能技术研发和产业化、节能减排监管能力建设。各省区市也设立节能专项资金，重点支持节能重点工程建设、高效节能产品推广、节能能力建设等。为推进十大重点节能工程，中央预算内投资采取投资补贴方式，按总投资额的 6%～8% 支持十大重点节能工程建设。此外通过绿色税收、价格政策和财政政策上为节能减排提供强力支持。

　　3. 挑战与机遇

　　一是节能减排机制尚处于转型过程中，亟待形成节能减排的长效机制。由于节能减排目标实施难度大、时间短，节能目标实施之前缺乏完整的实施方案和政策设计，只能边走边看，政策协调性有待加强。因此政府部门更强调了短期内可能发挥作用的行政性政策，主要是依靠节能减排指标的层层分解来约束地方政府和企业实施。基于市场机制的政策虽然有不少出台，但总体来看还不够。节能目标的制定和实施还缺乏充分的科学依据。"自上而下"确定的节能目标，进行年度分解和各地区目标分解的随意性较强。加之一些地方政府认识、政策、措施还不到位，重视经济发展，忽视环境保护的现象仍普遍存在。面对当前形势，我们必须高度重视节能减排工作，采取强有力的措施推进，实现节能减排的目标，能源价格改革、有利于节能减排的财税政策等方面亟待进一步推进。

　　二是基础薄弱、技术创新能力明显不足。节能减排基础工作薄弱，计量、统计、监测手段落后，科技支撑作用不突出，淘汰落后生产力进展相对缓慢。"十一五"期间，中国的高耗能产品能耗与国际先进水平的差距显著缩小。进一步降低产品能耗越来越需要高端节能减排技术。然而，一方面中国企业的自主创新能力弱，不掌握高端核心节能减排技术；另一方面国外高端核心节能减排技术的引进、转让，也面临着各种各样的障碍。

　　三是结构性问题仍十分突出。中国能源效率不高、环境污染严重的根源，在于经济发展方式粗放且长期未能显著改善。作为处在工业化中期阶段的发展中大国，如何以节能减排为抓手，转变经济发展方式和实现结构升级，还有许多深层次的体制机制问题需要加以解决。最近，中国政府公布《关于加快培育和发展战略性新兴产业的决定》，提出了发展节能环保、新能源、新能源汽车等七大产业，重要目的之一就是将节能减排、应对气候变化与调整经济结构和发展战略性新兴产业结合起来，实现经济社会的可持续发展。同时，我们也面临着技术、体制机制等必须克服的障碍。钢铁、建材等"两高"行业增长过快，产业结构重型化的格局没有得到根本改变，仍是我国资源、能源消耗和工业废弃物产生的主体；循环经济水平低，缺乏在区域之内不同行业、不同过程之间的资源循环利用、能源梯级利用。

　　可见，节能减排的任务非常艰巨，但是挑战也是机遇，节能减排事业的前景非常广阔，尤其是节能环保这个产业，"十二五"有约束指标，但这种政策约束一定会创造一个持续增长，充满活力和市场前景的节能环保产业。可以带动节能环保产业的发展。

4. 新举措显示决心

节能减排工作是党中央、国务院站在经济社会发展全局的高度，从全国人民的根本利益出发作出的重大战略决策，是落实科学发展观、构建社会主义和谐社会的重大举措。采取有效措施转变经济增长方式，实现经济又好又快发展，既是我国社会经济自身可持续发展的需求，也是在国际社会树立我国负责任大国形象的重要表现。我们应该采取多项措施，依靠科技创新，深入推动节能减排工作的开展。中国"十二五"期间采取的主要措施包括：加快调整产业结构，大力发展服务业和战略性新兴产业；大力推进节能降耗，到 2015 年形成 3 亿吨标准煤的节能能力，单位国内生产总值能耗比 2010 年下降 16%；积极发展低碳能源，到 2015 年非化石能源占一次能源消费比例达到 11.4%；努力增加碳汇，新增森林面积 1250 万公顷，森林覆盖率提高到 21.66%，森林蓄积量增加 6 亿立方米；控制非能源活动温室气体排放；加强高排放产品节约与替代。

此外，中国政府还将扎实推进低碳省区和城市试点，开展低碳产业试验园、低碳社区、低碳商业和低碳产品的试点。这一方案的最大亮点在于，中国将通过建立自愿减排交易机制、加强碳排放交易支撑体系建设等措施，探索碳排放交易试点。"十二五"期间，中国将有望拥有自己的区域性"碳排放交易系统"（ETS）。"十二五"期间中国将建立温室气体排放基础统计制度，加强温室气体排放核算工作。另一大亮点在于，各省、自治区和直辖市要将大幅度降低二氧化碳排放强度纳入本地区经济社会发展规划和年度计划，明确任务，落实责任，确保完成本地区目标任务；为了完善工作机制，还要将二氧化碳排放强度下降指标完成情况纳入各地区、行业经济社会发展综合评价体系和干部政绩考核体系。同时，中国将探索建立碳排放交易市场，建立自愿减排交易机制，开展碳排放权交易试点，加强碳排放交易支撑体系建设。中国还要大力推动全社会低碳行动发挥公共机构示范作用，推进低碳理念进机关、进校园、进场馆和进军营。推动行业开展减碳行动，提高公众参与意识。中国还会广泛开展国际合作，加强履约工作。按照《联合国气候变化框架公约》及其《京都议定书》的要求，及时编制和提交国家履约信息通报，继续推动清洁发展机制项目实施；强化务实合作。方案对目标任务作了分解，明确了各地区单位生产总值二氧化碳排放下降指标。

（三）低碳经济与节能减排

1. 发展低碳经济的核心是节能减排

中国当前还处于工业化中期的现阶段，发展低碳经济的核心是节能减排。要提高能源利用效率，发展可再生能源，提高环境质量，为经济转型和结构调整打好基础。节能减排可以被看作中国在近期发展低碳经济的一项具体行动。发达国家由于早已完成工业化，碳排放量呈下降趋势，在节能减排技术上拥有绝对领先优势，可能借低碳经济再次拉开与发展中国家的差距。低碳经济本质上就是可持续发展经济，核心是低碳产业、低碳能源、低碳技术和低碳消费。低碳经济是相对于人为碳通量而言的，是一种为解决人为碳通量增加引发的地球生态圈碳失衡而实施的人类自救行为。因此，发展低碳经济的关键在于改变人们的高碳消费倾向和碳偏好，减少化石能源的消费量，减缓碳足迹，实现低碳生存。可以认为，低碳经济是一种由高碳能源向低碳能源过渡的经济发展模式，是一种旨在修复地球生态圈碳失衡的人类自救行为。其意义从更广更高的程度上讲，依然是要协调经济系统与自然系统的关系。低碳经济不反对经济增长，也不反对追求高消费，因为这是人类社会发展的基本逻辑。但是低碳经济强调经济增长和消费水平的提高，都要在自然系统最大可排放二氧化碳的刚性约束下展开。

2. "低碳经济"是全方位的节能减排经济

低碳经济就是创新的"新能源开发经济"，也就是全人类"生态文明经济"，归根到底是全人类可持续发展和生存的经济。低碳经济将催生新一轮科技革命，以低碳经济、生物经济等为主导的新能源、新技术将改变未来的世界经济版图；低碳经济将创造一个新的金融市场，基于美元和高碳企业的国际金融市场元气大伤之后，基于能源量和低碳企业的新的金融市场正蓬勃欲出；低碳经济将创造新的龙头产业，蕴藏着巨大的商业机遇。这是一个转型契机，可以帮助企业实现向低碳高增长模式的转变；低碳经济将催生新的经济增长点，成为国际金融危机后，新一轮经济增长的主要带动力量，首先突破的国家可能成为领跑者。

二、积极应对全球气候变化

积极应对全球气候变化是中国应尽的职责。中国通过制定法律法规、经济政策等途径，努力承担自己在应对全球气候变化方面的职责。

（一）中国面临的挑战

1. 面临气候变暖的影响

根据《中华人民共和国气候变化初始国家信息通报》，1994 年至 2004 年，中国温室气体排放总量较大。而且随着中国经济社会的发展，中国在经济生产和居民消费中会增加越来越多的碳排放。这给世界造成了一定的环境压力，也使中国在国际上面临着不利的舆论地位。为了解决这一严峻的问题，中国政府采取了许多严格的措施来实施节能减排战略，但是令人遗憾的是，并没有取得根本性的转变。之所以会这样，主要是因为中国人口多，发展需求大，经济发展和环境污染的矛盾突出。中国由于能源结构和科技水平的双重限制，导致能源投入巨大，环境污染严重。从当前来看，中国重工业能耗是西方发达国家的 2 倍，效率较低。[①]

全球性的环境问题对于中国也会有巨大的影响。中国是一个传统的农业大国，全球变暖对于中国会有较大的负面影响：加大农业生产的脆弱性，改变农业生产的基础条件，加大农业生产成本，降低农业的综合生产能力；森林和林业的分布结构和资源提供状况也会发生变化，淡水资源将会显著减少，经济生产和居民生活的用水将受到较大影响，各项自然灾害的发生频率将会显著增加，会给经济社会带来较大负面影响。

气候变化对于我国的负面影响是直接而具体的：洪涝和旱灾将会明显增加，农作物会减产，旱灾也会增加，许多农作物的生长周期也会发生变化。我国六大河流也有可能会发生断流。另一方面河流也有可能发生泛滥。各种极端天气可能频繁出现，甚至影响人民群众的身体健康。面对这种严峻的形势，为了中国经济社会的可持续发展，必须采取措施遏制环境状况的持续恶化。[②]

2. 面对国际社会的压力

我国作为《京都议定书》的缔约方，必须承担相应的义务。2007 年 12 月 12 日，在印度尼西亚巴厘岛，联合国气候变化大会召开。虽然存在一定的分歧，但是为了各方都应当遵守自己的义务还是形成了一个基本的共识。

---

① 王彬：《发达国家低碳经济转型的实践及其对中国的启示》，吉林大学 2010 年硕士论文，第 19—22 页。

① 刘灿伟：《我国低碳能源发展战略研究》，山东大学 2010 年硕士论文，第 5—9 页。

中国是世界二氧化碳第一大排放国。因此未来我国控制二氧化碳排放的任务将是十分繁重的。对于这一点必须要有清醒的意识，要提前做出具有前瞻性的制度安排。

3. 气候变化事关国家安全

国家安全也包括国家的气候安全和环境安全。2005 年 7 月 7 日，8 个发达国家和 5 个发展中国家首脑在苏格兰举行对话。这次会晤聚焦于气候问题，指出气候变化既是环境问题，也是发展问题，本质上是发展问题；对于气候问题的应对，应坚持可持续发展，同时要重视科学技术的作用。这一方面表现出了各国对这一问题的重视，另一方面也凸显了这一问题的复杂性。长期来看，为了向世界彰显负责任的大国形象，我国实行低碳政策是必然的选择。这种选择对于中国的长远经济社会发展具有战略性意义。

（二）中国在发展低碳经济方面所做的努力

1. 政策层面

中国政府参与出台并制定了大量的政策。比如中国第一部《气候变化国家评估报告》、《应对气候变化国家方案》、《中国的能源状况与政策》、《应对气候变化的政策与行动》白皮书等。这些文件全面介绍了中国应对气候变化的政策与行动和中国的相关体制机制建设，成为中国应对气候变化的纲领性文件。

2. 法律层面

中国制定了一系列的法律，如《环境保护法》、《电力法》、《煤炭法》、《可再生能源法》、《节约能源法》、《清洁生产促进法》、《环境影响评价法》、《循环经济促进法》，这些法规对促进减缓气候变化意义重大。

（三）中国的碳排放现状

要想降低中国的碳排放总量，必须要调整中国的工业结构和能源结构。中国正处于工业化的中期，能效水平极低，能源技术落后，平均能耗非常高。人均碳排放水平居高不下。[①] 表 7—2 和表 7—3 分别为世界主要国家人均二氧化碳排

---

① 周毅：《低碳：从技术、经济到国际政治》，《城市问题》2010 年第 8 期。

放历史值与预测值。①

表7—2 世界主要国家人均二氧化碳年排放量（吨／人）

年份	美国	加拿大	日本	中国	印度
1960	16.07	10.64	2.39	1.17	0.29
1965	17.73	12.66	3.82	0.66	0.33
1970	20.74	15.41	6.86	0.95	0.37
1975	20.11	16.77	7.41	1.25	0.40
1980	20.19	17.73	7.63	1.54	0.51
1985	18.61	15.74	7.19	1.87	0.62
1990	19.63	15.56	7.19	2.13	0.77
1995	19.41	15.67	9.06	2.68	0.99
2000	20.59	17.14	9.10	2.39	0.92
2001	20.1	18.1	9.3	2.39	0.95
2002	20.1	18.5	9.3	2.61	0.93
2003	20.1	19.3	9.7	3.07	0.93
2004	20.2	19.5	9.7	3.64	1.01
2005	20.1	19.5	9.6	4.05	1.03
2006	19.6	19.5	9.5	4.29	1.04
2007	19.7	19.9	9.3	4.50	1.06
2008	19.6	19.8	9.3	4.69	1.07

资料来源：http//www.eia.doe.gov/oiaf/ieo/emissions.html。

表7—3 世界主要国家人均二氧化碳年排放量预测（吨／人）

年份	美国	加拿大	日本	中国	印度
2009	19.4	19.8	9.4	4.90	1.08
2010	19.3	19.8	9.4	5.10	1.11
2011	19.4	19.8	9.4	5.26	1.13
2012	19.4	19.8	9.4	5.42	1.16
2013	19.3	19.8	9.4	5.59	1.18
2014	19.2	19.8	9.5	5.76	1.21
2015	19.2	19.8	9.5	5.92	1.23
2016	19.2	19.9	9.5	6.07	1.25
2017	19.1	19.8	9.5	6.23	1.27

② 刘灿伟：《我国低碳能源发展战略研究》，山东大学2010年硕士论文，第2—3页。

续表

年份	美国	加拿大	日本	中国	印度
2018	19.1	19.8	9.6	6.35	1.28
2019	19.0	19.9	9.6	6.51	1.30
2020	18.9	19.9	9.6	6.67	1.32
2030	18.7	20.1	9.9	8.23	1.49

资料来源：http://www.eia.doe.gov/oiaf/ieo/emissions.html。

但是另外一个方面，发达国家则认为应该强调效率原则，即以单位 GDP 的二氧化碳排放强度作为碳排放分配的另一基准。这种标准对于我国是不利的。因为我国的能源结构和技术水平，决定了我国的碳排放强度非常之大。

我们必须承认，发展中国家要注意碳排放，但发达国家更应承担排放的历史责任。当代世界环境污染的主要责任承担者应该是发展中国家。赋予的发达国家理应为世界的减排做出更大的贡献。发达国家仅仅担心发展中国家，却看不到自己应该承担的责任，是一种剥削的行为。[1]

三、探索低碳经济发展路径

中国主要通过发展低碳能源、应用低碳技术、加快产业结构升级等促进低碳经济的发展。

（一）低碳能源是探索低碳经济的有效路径

低碳经济不同于传统的石化能源支撑的经济。在这种模式之下，可以实现经济增长的碳脱钩，这也是以后全球各个国家竞争的必然。发达国家现在都在关注这种战略，如果中国在这场竞争中落后，对于未来的发展是不利的。同时低碳经济还可以有效降低经济发展的成本。[2]

在能源的发展战略中，要降低煤炭、石油、天然气等不可再生能源在能源结构中的比重，而且要求大大提高风能、太阳能、生物质能等可再生能源的比重，改变过去单一的碳基能源结构，形成多元化的能源结构，从而减少二氧化碳

---

① 张坤民：《低碳世界中的中国》，《中国人口》2008 年第 3 期。

① 周毅：《低碳：从技术、经济到国际政治》，《城市问题》2010 年第 8 期。

排放和减缓温室效应。

人们要转变能源消费习惯，因为从发展趋势看，能源的载体地位不会改变，改变的只是能源来源。因此，要依靠科技来探索能源结构的优化问题，探索能源利用渠道的多元化。①

通过煤电转化提供清洁的二次能源是未来煤炭的主要用途，煤耗向电耗转化，也就是过去以煤为终端消费的能源现在更多地转化为用电，将使"减排"的压力传递到电力企业，使得碳排放问题集中化，使得燃煤电厂成为中国的主要碳源，发展绿色煤电的要义在于构建一个既满足电力需求、又保障大气碳平衡的煤电发展体制与机制。就能源服务而言，碳减排的关键在于降低经济发展的化石能源依赖，使经济发展由"高碳经济"向"低碳经济"转轨，以不排放实现减排，这是解决排放问题的根本办法。问题是，经济发展由高碳能源经济向低碳能源经济转轨是一个过程，转轨的程度和规模不仅取决于主观愿望，还取决于能源赋存、人口规模、现代化水平等客观条件。正像碳失衡不是一天形成的一样，受资产专用性的限制，高碳经济时代形成的投资同样需要时间来折旧。对于中国而言，关键在于有效化解煤炭消费与烟气排放空间的矛盾，发展绿色煤电、实现二氧化碳零排放，发展绿色电力、促进煤电替代。②

（二）低碳技术是发展低碳经济的核心动力

广义上来讲，低碳技术就是为了发展低碳经济而采用的技术。它是随着低碳经济的兴起而兴起的；主要是为了减少二氧化碳等温室气体的排放而采用的技术。低碳技术存在于三个阶段上，第一是源头上，即为了社会发展利用什么样的能源以及怎样利用能源；这就涉及如何开发利用新能源以及合理有效地利用现有的常规能源；第二是过程中，即在利用能源的过程中怎样改进技术设备和转变能源利用方式来尽量减少温室气体的排放；第三是要关注"碳捕获"、"碳封存"和"碳转变"等技术。这些技术可能在很大程度上关系着低碳经济的未来。③

1. 低碳技术挑战着原有的能源应用体制机制模式

中国正处在工业化、城市化、现代化进程之中，为了改善和提高 13 亿人民

---

② 朱四海：《低碳经济发展模式与中国选择》，《发展研究》2009 年第 5 期。
③ 朱四海：《低碳经济发展模式与中国选择》，《发展研究》2009 年第 5 期。
① 邢俐：《低碳经济范式下能源利用方式转变研究》，中央党校 2009 年硕士论文，第 5—7 页。

的生活水平和生活质量，中国正在开展大规模的基础设施建设，"发展排放"肯定会有所增加；总体技术水平落后是中国发展低碳经济的严重阻碍。中国目前能源生产和利用、工业生产等领域技术水平落后，技术开发能力和关键设备制造能力差，产业体系薄弱，与发达国家有较大差距。中国的自然资源是高碳，以煤为主，与别的国家以石油、天然气、核能等为主不同，世界上没有任何一个国家在一次能源消费中，像中国这样煤所占的比例如此之高。所以中国能源利用的模式历来是高碳形式的，如果推广应用低碳技术，那么原有的体制、机制模式都要改变。从基础设施到利用方式，再到管理体制等都需要从根本上改变，要实现这一改变，最基本的是需要大量的资金。

2. 用理论创新与制度创新引领"低碳技术"的研发和推广

需要理论上的引导，低碳技术的研发、推广应用首先就需要理论上的创新，一方面需要国家建立"低碳技术"理论创新的激励机制。例如，加大资金投入力度、进行相关论文评奖等等；另一方面需要鼓励相关研究所和相关企业合作研发，研究所发挥理论上的优势，相关企业提供具体的实际需求，两相合作，理论和实践相结合，这样才会有助于"低碳技术"理论上的创新进而引导"低碳技术"领域更快、更好地发展，使"低碳技术"能够快捷有效地应用于实践；同时还需要加强相关企业低碳技术的自主创新力度，因为外国日益强化技术壁垒和知识产权屏障，所以，要把力量放在自身研发的基点上。

（三）低碳经济发展与我国的产业结构升级

1. 低碳经济与国家战略选择

2009 年 9 月 22 日，胡锦涛主席在联合国气候变化峰会上表示，争取到 2020 年，中国单位国内生产总值二氧化碳排放（碳排放强度）比 2005 年显著下降。这是中国官方首次正式使用碳排放强度指标的概念。在随后不久的 11 月 25 日，国务院召开常务会议决定，通过大力发展可再生能源、积极推进核电建设等行动，到 2020 年中国非化石能源占一次能源消费的比重达到 15% 左右。许多专家认为，从首次提出碳排放强度指标概念到提高非化石能源比重，标志着中国已进入低碳经济时代，低碳经济将对国内的能源结构带来很大影响，成为经济发展和产业结构调整的新主题。[①] 尽管在 2006 年至 2010 年期间

---

① 迟福林：《低碳经济——新的增长点》，中国经济出版社 2010 年版。

节能减排成效显著，基本完成了"十一五"规划要求，但中国仍面临资源环境约束日趋强化的现实。在随后的五年里中国必须努力改变以增加投资和扩大出口为主要驱动力的增长方式，从而促进产业结构调整，较大幅度地降低 GDP 能源强度和碳强度。同时要适当控制 GDP 增长速度，实现合理控制能源需求总量的设想。统筹国内可持续发展与应对全球气候变化，走有中国特色的绿色、低碳发展之路。"十二五"国民经济和社会发展规划提出了"以科学发展为主题，以加快转变经济发展方式为主线"的指导思想，面对日趋强化的资源环境约束，强调"增强危机意识，树立绿色、低碳发展的理念"。因此，"十二五"期间，尽快实现向绿色、低碳的发展方式转变，是实施可持续发展战略的核心和关键。

必须加强传统产业的技术升级，加快利用高新技术改造传统产业的步伐，进一步提高能效，加强技术节能；同时要促进产品向价值链高端发展，提高产品增加值率，实现传统产业的低碳化发展。而对于城市来说，是否低碳化也将成为评价企业发展、城市经济增长的重要标准。

2. 改变传统的能源消费结构

要改变以投资和出口为主要驱动力的经济增长模式，降低投资的增长规模，提高最终消费对经济增长的拉动作用，有利于降低对钢铁、水泥等高耗能投资品需求的增长，促使产业结构的调整和 GDP 能源强度下降。[1]

发展低碳经济是一项系统工程，需要技术创新、制度创新、产业转型和新能源开发等互相联系的手段来支撑，系统性综合推进才能达到经济社会发展与生态环境保护双赢的目标。[2] 国外的成功经验则显示，应该采用综合驱动的模式，即把低碳经济作为一种新的经济发展模式来实践，通过技术创新、制度创新、产业转型、新能源开发和消费需求转变等综合系统措施发展低碳经济。

通过发展方式的转变和产业结构的调整，钢铁、水泥等高耗能产品的增长应当趋缓。随着技术创新以及战略性新兴产业和现代服务业的快速发展，我国已形成了优化产业结构、降低高耗能产业比例的基础和条件，"十二五"期间以产业结构调整和产品升级所体现的结构节能将发挥更大的作用。[3]

---

① 何建坤：《我国"十二五"低碳发展的形势与措施》，《开放导报》2011 年第 4 期。

② 孙伟祖：《资源型城市如何走低碳经济之路》，《学习时报》2011 年第 4 期。

③ 何建坤：《我国"十二五"低碳发展的形势与措施》，《开放导报》2011 年第 4 期。

3. 将传统产业改造为低碳产业

任何社会都必须要有一些相对高能耗、高排放的产业和产品来保障社会的运行和生活水平的提高，否则社会就无法运转。如果没有钢铁、水泥、建筑材料，就不能建设高速公路，就不能建设高楼大厦。所以，低碳经济并不完全排斥高能耗、高排放的产业和产品，而是通过技术手段大幅度降低这些产业的碳排放量。①

从中国国内产业发展的现实看，传统农业和工业都需要进行低碳改造，使其发展能够体现低碳经济的要求，包括发展低碳农业，还必须发展低碳工业。发展低碳工业已是刻不容缓。在注重开发新能源的同时，应该把能源结构的调整与提高能源效率的方法相结合，采用低碳技术、节能技术和减排技术，逐步减少传统工业对化石能源的过度依赖，努力提高现有能源体系的整体效率，遏制化石能源总消耗的增加，限制和淘汰高碳产业和产品，发展低碳产业和产品。同时，政府要制定高碳能源、高碳工业、高碳产品的税收政策，制定鼓励发展低碳工业的优惠政策，使低碳工业成为企业家有利可图的新兴工业领域。

4. 积极发展战略性新兴产业

低碳经济的发展是一种产业集群，中国需要形成符合低碳经济发展要求，引领低碳经济发展的尖端产业，加快低碳产业链条的形成。

（1）科学选择战略性新兴产业。目前，中国已制定了国家中长期科学和技术发展规划纲要，把建设创新型国家作为战略目标，把可持续发展作为战略方向，把争夺经济科技制高点作为战略重点，逐步使战略性新兴产业成为经济社会发展的主导力量。现在的关键是如何科学选择战略性新兴产业，其最重要的科学依据有三条：一是产品要有稳定并有发展前景的市场需求；二是要有良好的经济技术效益；三是要能带动一批产业的兴起。

（2）高度重视战略性新兴产业基础研究。原始创新是一个国家竞争力的源泉。中国要抢占未来经济科技发展的制高点，要占据战略性新兴产业发展的制高点，就不能仅仅依靠技术引进和简单模仿，必须依靠自己的力量拿出原创成果，形成有重大突破的原始创新。原始创新源于基础研究，而基础研究没有十到几十年的积累不可能出重大成果。为此，要高度重视战略性新兴产业的基础研究，加大支持力度，创造良好的环境和条件。

（3）深化科技管理体制改革。进一步促进经济和科技的结合，充分发挥市

---

④　周毅：《低碳：从技术、经济到国际政治》，《城市问题》2010 年第 8 期。

场在科技资源配置中的基础性作用，加大自主创新的投入，引导企业成为技术创新的主体；把显著提高全社会的研发投入（R&D）占 GDP 的比重作为一项重要的任务，促进产学研结合，促进科技成果向现实生产力转化；大幅度提升知识产权的创造、运用、保护和管理能力。

5. 将低碳经济纳入政绩考核体系

中国已向世界承诺二氧化碳的排放控制标准，但从本国实际情况看，还需要将低碳经济进一步量化，并纳入地方政府政绩考核体系。由于现行财政体制和政绩考核体制的双重约束，地方政府往往倾向于发展最能够增加 GDP 总量的重化工业，这与发展低碳经济的要求不相适应。为此，中国需要将低碳经济发展的相关指标分解到各个省份，再由各个省份逐级分解到各个辖区，把控制温室气体排放和适应气候变化目标作为地方各级政府制定中长期发展战略和规划的重要依据。应鼓励一些地区先行探索建立"低碳化"生产的标准和制度，试行绿色国民经济核算体系和政绩考核体系。①

（四）低碳经济与消费模式改变

1981 年，美国农业学家莱斯特·R. 布郎在《建设一个可持续发展的社会》中明确提出了要通过转变人类的消费方式，建立人与自然和谐共处的生态消费方式来实现人类社会的"可持续发展"。1987 年世界环境与发展委员会指出，低碳消费是为适应低碳经济发展的要求在满足基本需求的同时，注重消费品自身的低碳化、消费品使用过程的低碳化以及消费品使用过后，对废弃物后续处理的低碳消费具有高度理性、可持续性以及共生性的特征。1992 年在里约热内卢召开的联合国环境与发展大会上通过的《21 世纪议程》明确指出，全球环境退化的主要原因是不可持续的生产方式和消费方式，并号召所有国家"促进减少环境压力和符合人类基本需要的生产和消费方式，加强了解消费的作用并探讨如何形成更可持续的消费方式"。联合国环境规划署 1994 年的报告《可持续消费的政策因素》，正式提出了可持续消费的定义，要求人们在进行消费满足需求的同时要注意环境的保护，减少污染物的排放，要不危及后代的需求。至此，可持续消费的概念日渐成熟，可持续消费的观念也深入人心，这是全球范围内倡导可持续发展的一个可喜成就。

---

① 迟福林:《低碳经济——新的增长点》，中国经济出版社 2010 年版。

1988年，英国人约翰·艾尔金顿和朱莉娅·黑尔斯在《绿色消费者指南》一书中第一次提出绿色消费的观点。他们提出消费者要用自己的购买行为去影响和鼓励厂商和零售商在环保方面做出努力，同时，还提出了消费者在选择和购买产品时的绿色准则。其中一条：避免消费在制造、使用或处理上会消耗过多能源的产品就是涉及低碳消费内容的。

国际指导委员会在《关于可持续发展低碳社会的英日联合研究项目》中认为"低碳消费方式的创新，以及消费者低碳消费意识的加强，能够改变消费者消费行为，从而过渡到一个低碳社会"。

1. 对低碳消费方式的界定

陈晓春、谭娟等在《论低碳消费方式》一文中认为，"低碳消费方式是一种基于文明、科学、健康的生态化消费方式……低碳消费着力于解决人类生存环境危机，其实质是以'低碳'为导向的一种共生型消费方式，使人类社会这一系统工程的各单元能够和谐共生、共同发展，实现代际公平与代内公平，均衡物质消费、精神消费和生态消费，使人类消费行为与消费结构更加科学化；使社会总产品生产过程中两大类的生产更加趋向于合理化"。陈晓春、李胜等认为，低碳经济的内涵体系包括生产的低碳化、流通的低碳化、分配的低碳化以及消费的低碳化，"消费的低碳化就是要在消费的过程中形成文明消费、适度消费、绿色消费。"

2. 反对铺张浪费的消费观念

在消费的结构上更加注重精神性消费，保证对资源和能源的消耗量最小、最经济，同时注意消费结果对消费主体和人类生存环境的健康危害最小，保证对人类的可持续发展危害最小。同时转向消费新能源，鼓励开发新低碳技术、研发低碳产品，拓展新的消费领域，更重要的是推动经济转型，形成生产力发展新趋势，将扩大生产者的就业渠道、提高生产工具的能源效益、增加生产对象的新价值标准。这种处理方式有利于全球碳的良性循环，缓解国家的能源压力。

消费环节是低碳经济的重中之重。要注重消费品生产的低碳化以及后续处理的低碳化。要从经济学的角度来保证低碳经济的可持续性，要从全部的生产和消费环境中保证低碳化。因此，低碳消费应包括消费品生产的低碳化、消费品使用过程中的低碳化以及废弃物后续处理的低碳化，三者缺一不可。

第一，降低人为碳通量。根据物质不灭定律，地球生物圈的碳储量是恒定的，大气中二氧化碳含量增加意味着非气态碳"过多地"转化为气态碳，使得单位时间内通过大气的二氧化碳量（即碳通量）超过了地球生态系统的碳平衡阀值，导致大气中的碳过剩。解决碳过剩问题的根本方法是降低大气的碳通量。由于自然碳通量是地球生物圈存在和发展的基础，因此，我们只能通过降低人为碳通量来实现，减少人为碳源、增加自然碳汇。增加碳汇，通过植树造林、草原修复、湿地保护、农田改造和海洋管理等措施保护自然碳库，利用植物和土壤吸纳大气中的二氧化碳，清除大气中的温室气体。

第二，低碳经济是以消费水平和消费质量的持续稳定提高为目标函数，以消费过程中的最小二氧化碳排放量为约束条件的新型消费模式。与以消费效用最大化为目标函数，以个人或家庭的可支配收入为约束条件的高碳消费模式相区别。[1] 让每个公民自觉为减缓和适应气候变化做出努力，按照低碳经济的约束条件提高消费效率、优化消费结构、创建全新的消费模式，强化先进消费文化的培育，全面提升消费者的消费能力，开展政府主导下的消费能力建设，为低碳经济奠定坚实的群众基础。[2] 培育新的消费模式与观念。发展节能建筑，完善节能建筑政策法规和标准，大力推广节能建材和设计，减少建筑物建造、装修和使用过程中的能耗。倡导低碳化生活，通过宣传教育和经济激励，引导低碳消费行为，建立低碳的生活方式和节约能源资源的消费习惯。

3. 碳消费偏好问题

目前，中国的能源消费水平尚处在生存消费阶段，在全面建设小康社会的进程中能源消费还将继续增长。因此，引导能源消费成为规避碳锁定的第三个重点。由于住宅、汽车将成为未来城乡居民的主要能源消费载体，而它们本身又包含大量内涵能源，通过税收等经济杠杆引导住宅、汽车消费是解决碳消费偏好的核心手段。

4. 鼓励"低碳技术"科普知识的大众普及、营造"低碳"的社会氛围

大力倡导构建"低碳经济社会"，倡导居民使用纸袋或环保布袋，城市高楼尽量采用自动光源和"水空调"等温控设备。面向公众，建立新能源公园。新能源公园不但具有示范作用，而且其本身也是新能源开发综合试验基地。建立公共住宅，在居住区附近设置办公区、车间和健身房能够减少出行带来的排放。公共住宅中的居民直接参与社区的管理，这会进一步提高能效和可再生能源的使用。

---

① 程恩富、王朝科：《低碳经济的政治经济学逻辑分析》，《学术月刊》2010 年第 7 期。
② 程恩富、王朝科：《低碳经济的政治经济学逻辑分析》，《学术月刊》2010 年第 7 期。

（五）碳排放交易与碳金融

1. 碳排放交易

碳交易是为促进全球温室气体减排，减少全球二氧化碳排放所采用的市场机制。2005年《京都议定书》正式生效后，全球碳交易市场出现了爆炸式的增长。2007年碳交易量从2006年的16亿吨跃升到27亿吨，上升68.75%。成交额的增长更为迅速。2007年全球碳交易市场价值达400亿欧元，比2006年的220亿欧元上升了81.8%，2008年上半年全球碳交易市场总值甚至与2007年全年持平。排污权交易是目前受到各国关注的环境经济政策之一。它由美国经济学家戴尔斯（Dales）于20世纪70年代提出，在美国、德国、澳大利亚等国家取得了明显的效果。我国也进行了相关的实践。

排污权交易一般遵循下列程序：首先对污染区域的环境进行评估，从而推算出该区域所能允许的最大污染物排放量，对其进行区分，如开竞价拍卖、定价出售或无偿分配等。与此同时要建立统一的排污权交易市场，实现这种产权能合法的自由买卖。在排污权交易市场上，依据市场的原则安排资源的配置。最后政府决定在一定的时期内，如半年或一年，检查排污企业排污数量是否与所拥有的排污许可证数量一致，并惩罚无证排污行为。

目前，我国的相关政策存在漏洞，处罚标准严重偏低，环保部门其他手段缺乏，而且力度微弱，客观上造成"付费即可排污"的不合理状况，污染物排放总量难以得到有效控制。碳排放权交易制度不仅能体现总量控制的污染物控制策略，而且能依靠市场手段使企业主动实现总量控制目标。政府核定区域内二氧化碳的排放总量后，碳排放权进入市场进行交易，减少二氧化碳排放节约的碳排放权可以在二级市场上买卖获利。这样，二氧化碳排放企业就有减少碳排放的积极性。可以设想，如果区域内二氧化碳的排放总量一旦确定，碳排放权就获得了类似垄断资源的身份，有限的碳排放权必然带来价格不菲的交易，二氧化碳排放企业在利益驱动下，自然会珍惜有限的碳排放权，减少二氧化碳的排放。中国发展森林的空间很大。在当前中国的造林活动之中，中国目前实施的六大林业工程生态活动主要是人工造林、封山育林和飞播造林，这3种活动对大气碳储量的贡献最大。第三，中国正处于经济发展的高速增长期，对林木的需求量非常之大，这也客观上造成了固碳活动和工程的难度。最近20年来，中国的森林植被净吸收二氧化碳的功能明显增强，共吸收4.5亿吨二氧化碳，占中国二氧化碳年均排放量的3%~4%，表明中国森林为改善生态环境做出了巨大的贡献。但是中国面临的严重困难使得我们不能低估了下一步的工作难度。

——启动环境产权改革。建立完善的现代环境产权制度，有效保护环境投资者的合法利益，做大做强环保产业。促进环境产权的公平交易。凡享受环境保护外部经济正效应的地区、企业或个人，需要向环境产权所有者支付相应的费用。开征环境税，逐步使环境污染企业合理负担其开发过程中实际发生的各种成本，形成"完全成本价格"，实施环境产权严格保护。凡对环境造成损害的地区、企业或个人，特别是高污染、高耗能产业，除督促整改外，还应加大经济赔偿额度或行政处罚力度。加大对环保投资的政策扶持力度，鼓励社会资本进入。努力把环保产业打造成为新的国民经济支柱产业。

——加快"碳交易"体制机制建设，扶持低碳经济发展。把碳排放作为衡量经济社会发展的"硬指标"，建立完善的"碳源（向大气中排放二氧化碳）—碳汇（从大气中清除二氧化碳）"监测及调控机制。建立碳基金和生态补偿机制。在全国 31 个省（自治区、直辖市）建立"碳源—碳汇"的平衡账户，收取、支付碳基金和生态补偿金。若某地区碳源总量高于碳汇总量，须按照超出部分的比例支付现金，用于补偿碳汇贡献大的地区和国家推行清洁能源计划、节能减排技术等；而若某省碳源总量低于碳汇总量，可获得生态补偿金。

——尽快建立全国范围的碳交易市场体制及交易所。尽快设立实体性的交易市场，为各会员和参与者提供交易场所；扩大交易范围，将二氧化碳、甲烷、氧化亚氮、氢氟碳化物、全氟化物、六氟化硫六种温室气体都纳入减排对象；从环境保护的中长期目标出发，在碳现货交易的基础上，可以考虑把碳交易逐步列入期货交易品种中，建立并完善市场在碳交易中的价格发现机制。[①]

2008 年 8 月 29 日，中华人民共和国第十一届全国人民代表大会常务委员会第四次会议通过了《中华人民共和国循环经济促进法》的实施还有市场的需求催生出了三家环境交易所，首先是 2008 年 8 月 5 日，北京环境交易所和上海环境能源交易所同时挂牌，2008 年 8 月 6 日，环境保护部和财政部在北京召开了关于《天津滨海新区开展排放权交易综合试点的总体方案》的专家论证会，天津排放权交易所总体方案通过专家论证；2008 年 9 月 25 日，天津排放权交易所在天津滨海新区正式揭牌；这几家环境交易所的成立为"低碳技术"产权的转让和推广应用提供了一个市场化的平台，因为有竞争，所以"低碳技术"的价格会在市场的自动调节下趋于合理化，当然同时也需要政府宏观上进行调控。"低碳技术"跨国公司的成立有助于低碳技术的产权转让和低碳技术的推广和应用，所以，要

---

① 迟福林:《低碳经济——新的增长点》，中国经济出版社 2010 年版。

尽快出台相关政策鼓励低碳技术跨国公司的成立。国际上早在 2003 年，就已经成立了全球第一家气候交易所——芝加哥气候交易所（CCX），这是全球第一个也是北美唯一一个自愿性参与温室气体减排量交易并对减排量承担法律约束力的组织和市场交易平台。接着又连续有欧盟的 EU ETS、澳大利亚的 New South Wales、美国的 Chicago Climate Exchange 和英国的 UK ETS 等碳金融机构成立。另外还有其他很多知名的金融机构活跃在这些市场上，包括荷兰银行（ABNAM-RO）、巴克利（Barclays Capital）、高盛（Goldman Sachs）、MorganStanley、UBS 等等。这些碳金融机构的成立和运转，为低碳技术的研发、推广、应用提供了一个有力的平台，为全球的环保事业做出了贡献。[①]

后京都时代即第三个承诺期到来时，鉴于中国碳贸易不加约束造成国际产业转移而带来温室气体排放数量的快速增长，发达国家要求中国参与温室气体减排或限排承诺的压力将与日俱增。利用《京都议定书》1~2 承诺期对发展中国家无减排义务的有利安排，中国应慎重参与国际碳贸易，在合理有效利用碳贸易带来的技术与资金转移的前提下，重点加快后期谈判中碳贸易与本国环境保护协调机制的建设。环境保护通过影响成本对国际碳贸易产生影响，对于经济的可持续发展是有效的。而我国循环经济的发展要求必须处理好国际产业转移与国家能源结构调整的关系，并合理利用市场机制与政府作为的双效作用，为《京都议定书》第三轮承诺期谈判做好准备。

2. 碳金融

现在存在一种观点，认为低碳只是欧美发达国家借环保之名约束发展中国家发展的武器，还有学者认为三种碳交易机制实际是帮助发达国家实现减排目标的灵活机制。然而，发达国家主导的这场"低碳秀"给作为发展中国家的中国以压力，发展碳金融是国际气候谈判压力下的必然选择。因此，中国必须大力发展碳金融市场，并力争逐渐成为全球碳金融中心，为中国发展低碳经济和企业应对气候变化下的碳风险而服务。碳金融应该包括三部分：基于碳减排的融资活动（包括直接融资和以绿色信贷为代表的间接融资）、基于碳交易的投资增值活动（主要为碳排放权衍生品交易，如碳期权、碳期货、碳远期合约等）、相关中介服务活动（低碳项目咨询服务、碳排放权交付保证等）。[②] 碳金融要求金融机构在追求利润的同时，应以为低碳经济服务和增强我国国际竞争力为长远定位，只

---

② 邢俐:《低碳经济范式下能源利用方式转变研究》，中央党校 2009 年硕士论文，第 10—15 页。

① 乔海曙、谭烨、刘小丽:《中国碳金融理论研究的最新进展》，《金融论坛》2011 年第 2 期。

有如此，碳金融的发展才能长久。

碳金融业务对金融机构不论是"义"还是"利"，都是一次全新的挑战，金融机构应寓义于利，加快金融创新。学者们在此方面均达成了一致的看法，认为金融机构在低碳的大环境下有动力去实践碳金融业务。然而现实情况是商业银行在低碳金融方面的创新动力仍然不足。究其原因，主要有：首先，经验不足，低碳经济和"碳金融"兴起时间较短，商业银行对其操作模式、利润空间和风险控制等认识不深，且在化工、会计、法律等方面缺乏综合性储备及业务培训；其次，风险较大，商业银行所支持的项目审批程序复杂，资金技术要求高，甚至短期内效益不好；再次，保障缺位，缺乏相关法律法规及配套设施；最后，资源流失，绿色信贷的实施可能挤出部分优质客源。

支持低碳经济发展的政府财税政策作用的充分发挥，需要相应的、健全的服务机构起媒介和辅助作用。为此，制定对培育和建立减少碳排放服务市场有利的政策，为低碳服务公司提供融资渠道，激发节能减排服务机构的低碳技术创新和服务动因，发挥低碳财政税收激励机制配套服务机构的政府与市场的桥梁和纽带作用，发挥低碳财政税收激励机制的放大效应，成为当前的重点之一。①

——成立专门的环保基金。要动员国家的力量，专门建立一个国家级的"环保专项基金"，专门用于环境保护事业以及对环境污染重大事件的受害人进行赔偿。各级地方政府也应同样设立类似的绿色专项基金。

——建立"绿色信贷体系"。近年来，发达国家的一些银行已经将环境因素纳入其贷款、投资和风险评估程序之中，环境报告已经从会计报表的可有可无的边缘内容变为必不可少的主流内容，绿色会计报表得到推广应用。不仅环保产品生产企业、节能减排服务公司可以从银行得到优惠贷款，而且拥有良好环保记录的普通企业也可以从银行得到优惠贷款。对于那些造成环境污染而又因种种原因暂时无法关闭的企业，在贷款时征收惩罚性高利率或贷款后提前收回贷款。近年来，国家环保总局和银监会已经推出"绿色信贷"计划，对环境违法企业实行限制贷款。但进一步落实尚须尽快建立一套切实可行的环境风险评估标准和"绿色信贷"指导目录，并建立长效的信息共享机制。

——发行"绿色证券"产品。可以在政府的支持和鼓励下，推行鼓励企业发行"绿色企业债券"或"绿色金融债券"，对于节能减排企业、环保项目和生态工程在发行债券方面提供"绿色通道"，简化审批手续，缩短审批时间。②

---

① 迟福林：《低碳经济——新的增长点》，中国经济出版社2010年版。

② 迟福林：《低碳经济——新的增长点》，中国经济出版社2010年版。

（六）我国低碳经济发展与国际间的博弈与合作

1.低碳经济的国际间博弈

（1）定价权之争。我国作为碳减排资源的主要供应方，在实际交易中却没有话语权和主导权，实际定价权掌握在国际金融机构手中，从某种程度上讲，我国尚未真正参与到国际碳金融市场游戏规则的制定过程中。究其原因主要在于我国碳金融建设发展滞后，难以同国际金融机构抗衡。碳交易中我国很多企业只是进行"游击作战"，分散谈判，缺乏统一市场、统一规划，这给我国碳交易企业带来了一定的损失。我国应该通过构建碳交易一级市场中初始碳排放权拍卖的定价机制、碳交易二级市场的供求定价机制、碳金融市场的衍生品定价机制，从而构建与国际接轨的多层次一体化碳交易定价机制，以争夺碳排放权市场的定价权。

（2）碳货币之争。碳货币涉及世界货币发行的主权体系建设问题，其本质在于重铸新世界秩序。由于越来越多的国家都意图在这场低碳热潮中提升本币国际地位，力争以本国货币作为国家碳交易的计价、结算货币，碳金融或将成为重建国际货币体系和国际金融秩序的基础性因素。中国必须抓紧这一机遇，推进碳交易人民币计价的国际化进程。要以积极态度参与新规则的协商与制定，争取获得主动权。

（3）碳预算之争。对于2012年后如何减排的问题，国际上已经提出了许多方案，主要依据包括排放量（年度量和历史累计量）、GDP与人口，但多数是发达国家学者提出的。各发展中国家在人口、经济水平等方面存在很大差异，它们对不同分配方案会有不同反应。大多发展中国家倾向于以排放量总量、GDP总量为依据的分配方案；而发达国家则倾向于以人口为依据的分配方案。"碳预算"概念首先由中国专家提出，是指以气候安全的允许排放量为刚性约束，并将有限的全球碳预算总额以人均方式初始分配到每个地球村民，满足其基本需求。

2.低碳经济的发展需要加强各国合作

"共同但有区别的责任"是国际社会合作、共同应对气候变化的基本原则。由于每个国家的生产活动和消费活动都排放数量不等的碳，又同时分享气候改善的收益，因而，应对全球气候变化是国际社会的共同责任；但是，即使不算历史旧账，各国之间的经济规模、经济结构、消费水平、消费结构存在巨大的差异，各自贡献的碳排放是不同的，所以在应对气候变化这个全球性问题上，应该有区别地承担不同的责任。[①] 要打通国际通道，借助已经形成的国际机制——国际排放贸易机制、清洁发展机制和联合履行机制发展新能源，特别是要借助发达国家与发展中国家的低碳发展合作机制以及碳金融等的外部力量助推新能源开发。[②]

　　发达国家拥有先进的低碳技术，而一些发展中国家因资金和技术的缺乏而无法转变原有高碳的能源利用方式，而降低温室气体排放量、保护环境是全球的任务，这就需要尽快打破国家、区域的壁垒，全球联合起来为拯救人类共有的家园而努力。以中国为例，中国希望发达国家无条件转让低碳技术，但是发达国家强调知识产权问题。而实际上通过市场途径的技术转让并不理想，所以技术转让仍是个难点。尽管中国也在不断引进一些先进的能源技术，包括风能、太阳能和先进的核能技术，但基本上是在商业化条件下的转让，而且关于知识产权转让条件非常苛刻。而依靠中国自己的研发，完全形成产业化和大规模发展需要一定的时间。因此未来国际气候制度的发展，非常有必要寻求通过制度化手段，解决好知识产权保护和技术转让的关系问题。中国的低碳经济发展必须在后京都国际制度统筹范围内考虑，国际社会必须为发展中国家的低碳经济给予足够的经济激励。

---

① 程恩富、王朝科：《低碳经济的政治经济学逻辑分析》，《学术月刊》2010 年第 7 期。

② 孙伟祖：《资源型城市如何走低碳经济之路》，《学习时报》2011 年第 4 期。

第八章 韩国：转向"低碳绿色增长"

根据联合国能源项目的推算，韩国的绿色新政资金投放比例，不管是绿色投资额比重还是人均投资额在世界各国中都是最高的。同时，韩国也是第一个在绿色增长方面进行立法的国家，致力于把自身转变为低碳的社会，促进绿色的生活方式。

一、韩国施行低碳转型的原因及确定目标

（一）韩国施行低碳转型的原因

1. 国内能源资源十分短缺，海外能源依存度高

韩国位于朝鲜半岛南部，山地占朝鲜半岛面积的 2/3 左右，地形具多样性，低山、丘陵和平原交错分布。然而矿产资源较少，有开采利用价值的矿物有铁、无烟煤、铅、锌、钨等，但储量不大。由于自然资源匮乏，主要工业原料均依赖进口。韩国的经济发展战略长期以来一直以外向型经济为主导，利用全球市场的能源贸易来获取廉价而丰富的能源需求。尽管韩国国内能源资源匮乏、市场狭小但韩国仍然在国际贸易的协助下，实现了国家经济腾飞，跻身于新兴工业国行列。这将韩国国内的能源结构问题暂时性的掩盖住了。但是随着工业化进程的加速，韩国国内工业生产对能源的需求增速日益增长，而且能源消耗仍然是以传统能源为主，尤其是对石油的消耗非常巨大，几乎占到韩国国内能源消耗总量的一半以上。

然而，现在全球都出现了能源危机、严重的环境问题和气候问题，能源是经济发展的基本动力，如果过度依赖能源进口势必影响韩国在国际经济舞台上的

竞争力。韩国意识到如果再继续走这种高耗能的工业发展模式仅凭其国内的能源储备以及对世界能源市场的依赖将难以为继，而且在依赖别国的能源进口中也会对别国的能源产生更强的能源依赖，在国际形势日益复杂化的今天，这种能源消耗方式和经济发展模式已经不可持续。韩国过度对海外能源市场的依赖使得韩国政府产生了强烈的危机感。韩国只能选一种追求资源利用效率最大化和环境污染最小化并且以生态效率（Eco-efficiency）为基盘的增长方式，在保护环境与可持续发展的前提下，改造韩国的经济结构，走低碳绿色增长道路对其来说是唯一的路。

2. 全球性的气候变化以及国际公约的强制性约束

全球性的气候变化主要来源于温室气体排放，来源于各个工业国家的工业生产和能源消耗的排放。由于太阳光照射地球表面后反射过程中，因受到越来越多温室气体的阻挡而产生地球气候变化。温室气体的组成主要包括化石燃料燃烧产生二氧化碳，森林破坏产生的二氧化碳以及工业、交通、农业产生甲烷等。气候变化不仅带来干旱、大量生物灭绝、粮食减产、洪水泛滥、疾病增加等问题。

韩国经济的快速发展源于对化石燃料和数量型增长的严重依赖，即所谓的"褐色发展"。这类不可持续的发展方式将导致环境随着经济不断发展而出现灾难性的后果，在这种发展模式之下，经济越发展反而越不利于人类的持续生活和生存。有数据统计，2005 年韩国产生温室气体最多来自发电（接近 30%），其次是产业生产（25%）、汽车交通（17%）。这些年全球极端天气在世界范围内肆虐，创新经济发展方式对全人类已经迫在眉睫。

3. 绿色增长是创造就业机会的新国家发展范式

绿色增长的理念应当是获得经济增长与经济优化的双赢发展。但是以往的韩国和世界上很多发展中国家一样，将国家经济发展建立在牺牲环境的代价上。其实可再生资源和新能源产业将是未来许多国家产业发展的重点，这将增加相关产业的就业机会。根据韩国制订的规划至 2030 年，可再生能源比率占到 11%；核能从 30% 增长到 60%；发展新的煤炭发电技术、能源管理技术和交通管理技术，意味着相关领域的产业发展速度将前所未有地获得增长，绿色增长为企业发展提供新的机遇。绿色经济在韩国政府的巨大投入下将创造更多的就业岗位。另外，随着韩国绿色、环保、清洁等观念的宣传和强化，许多韩国消费者的环保和绿色观念愈来愈强，对于许多拥有"绿色"品牌价值的商品更加关注，更愿意为"绿色"品牌埋单。这为绿色产品的生产者提供了许多"商机"，以绿色价值作为生产理念的商品和服务将具有更高的市场竞争力，增强韩国企业的生态竞争力，最终实现消费者、企业和国家的三赢。

4. 通过抢占绿色技术的先机提升韩国未来国家地位

韩国一度作为全球最贫困的国家之一，通过几十年的高耗能的工业化发展模式获得了全球较大经济体的地位，韩国将绿色发展作为国家战略可以说意义重大。在环境问题上，西方发达国家与发展中国家的经济发展需求与环境保护利益之间似乎有着永远不可调和的矛盾，在这种国际现实环境中，韩国将绿色发展的议题提升到世界领域为两大集团的争议提供了一个可共同对话的模式，这也为韩国在未来世界经济板块中获得更高的国际地位奠定了基础。

另外，绿色发展的技术已经无可争议地成为未来技术发展的方向，在这一领域及早的布局也会在今后获取更多国际市场份额打好基底。韩国的绿色增长中就将智能电网、绿色汽车、燃料电池、未来核电等 10 大关键技术，其中很多技术已经实现了关键性突破，未来将通过这些拥有知识产权的绿色核心技术作为绿色能源产业出口和增长动力。2010 年，在韩国首都首尔举行的 G20 峰会上，现代汽车推出数十辆名为 BlueOn 的电动汽车，时任韩国总统李明博还亲自体验这款一次充电可行驶 140 公里，而最高时速可达 130 公里的电动汽车，来为本国汽车企业做广告。韩国精心布局的绿色增长革命将为韩国树立起良好的国家形象，增强其国际地位。

（二）韩国施行低碳转型的目标

韩国的绿色发展转型作为一个国家层面的战略最先可以追溯到 2008 年，时任总统李明博在大韩民国 60 周年的光复讲话中将"绿色增长作为国家发展新方式"，从而正式宣布将低碳绿色发展作为韩国的远景规划，实施这一计划的目的是使韩国在 2020 年前，在能有效遏制环境变化方面，成为世界第七大绿色经济体。随后在 2009 年，就出台各种政策来推动这个远景规划。其中一个主要政策就是"绿色新政"。该项政策兼顾了长短期利益，长期通过绿色战略加强增长潜力。长期目标确立在实现低碳绿色增长的平衡，这其中包括能源安全、能源效率和实现环境友好型社会这三者的均衡。短期则通过财政刺激手段创造就业并振兴经济。

韩国将"低碳绿色增长"模式界定为以绿色技术和清洁能源创造新的增长动力和就业机会的国家发展新模式，试图利用绿色经济这一理念来引领韩国未来几十年的经济发展方向，并寻找到新的一轮经济增长动力。在低碳绿色增长战略中提到要从能源数量的使用上，要提升能源利用效率从而减少能源消耗量，从能源结构上来看要减少能源消耗较大的产业而增加低能耗的产业结构占比，比如说由制造业更多向服务业转型。具体而言，在绿色新政中提出了几个关键性指标作为政策落实的依据。从经济对能源消耗的依赖方面来看，到2030年总体而言能源强度比将降低至46%。从能源消耗的结构性改善来看，韩国将进一步增加绿色清洁能源比率而降低高碳能源的使用比率，从而石化燃料的使用会进一步受到制约。最终从数量和质量上改善能源结构夯实绿色增长基础。另外，从一些细分指标上，韩国也做了长远细致的规划。在电力产业上进行巨额投资，尤其是提升可再生能源在这一领域的应用。对于清洁能源的使用并不是要降低能源使用，而是在能源使用效益和能源供给数量上共同实现提升，从而既满足韩国经济发展日益增加的电力需求同时也要加强能源结构改善。到2030年，韩国将化石燃料占能源消耗总量降低到占61%，而可再生能源的占比将从2.4%增加到11%，核能的用量将提高到27.8%。就可再生能源产业而言，韩国政府预计到2030年，以2007年为基准的话，太阳能光伏发电量要达到44倍，风能利用量增长36倍，生物燃料增长18倍，地热能增长50倍。预计到2022年，新能源提供的发电量将达到3237万千瓦，为此，韩国将建设12个核电站、7个煤电厂和11个天然气发电厂。根据韩国国家能源基本规划中的要求，到那时能源技术发展水平也要达到世界领先；油气自主开发率由2009年的4.2%达到40%，最终达到使用最少的能源，完成低碳能源的最大化目标。通过以绿色能源技术创新作为突破并在其带动下创造新的发展动力。温室气体减排也制定了中长期目标，在《低碳绿色增长基本法》中就专门提到到2020年以前，温室气体排放预计量（BAU）降低30%。并同时实行气候变化和能源目标管理制、构筑温室气体综合信息管理体制以及建立低碳交通体系等有关内容。联合国环境规划署（UNEP）和世界银行等机构对韩国积极推行绿色增长计划均给予了高度评价。

二、韩国实施低碳转型手段

韩国实施低碳转型的最终目标是要实现国家经济体制的整体性转变，在绿色能源的产业、绿色技术和绿色人才方面均走在世界前列，因此这种体制性转型已经不仅仅是单独依赖资金投入以及绿色环保低碳概念的增加，而是一种综合性全方位彻底的变革。为此，韩国从法律政策的顶层设计到依赖市场机制调节再到绿色技术的扶持，形成了一整套全新的发展理念和发展举措。这将最终帮助韩国摆脱能源依赖进而获取绿色技术和产业世界地位并同时改善国内就业的多重目的。

（一）法律政策护航

在 20 世纪作为亚洲四小龙之一的韩国，经济结构是以外向型经济为导向，曾经走过高耗能高污染，以重工业发展为主的经济发展道路。尽管 1996 年成为经合组织（OECD）成员，1997 年人均收入超过 1 万美元，经济规模跻身世界第 11 位，但韩国的水泥生产量曾经为日本的两倍，耗能量为日本的三倍以上。在 2005 年的瑞士达沃斯发布的"环境可持续指数"（ESI）国别排名显示，韩国在 146 个国家中名列第 122 位，排在经济合作与发展组织成员国最末位。

从 20 世纪开始，韩国就已经开始探寻绿色发展之路。1987 年韩国国会制定了《新能源和可再生能源发展促进法》，接着韩国政府又根据该法制定了《新能源和可再生能源技术发展基本纲要》。此后韩国的确在个别领域比如绿色能源技术发展方面取得了不错的成绩，但韩国并没有把绿色增长视为整个国家的经济发展方向。直到 2008 年，韩国和很多亚洲国家一样遭遇了严重的经济危机，这场危机促使韩国开始全面反思过去的经济发展路径并制定了一系列转型发展的政策措施，走向一种绿色低碳的发展道路是韩国不得已的，也是比史上任何时候都更紧迫的选择。这一系列措施不仅包括长期的经济发展战略和立法，也包括制定了一些短期灵活的地方财政补贴措施。实际上，对于韩国的这一次转型发展之路不仅为其及早地走出经济危机争取时间，同时也是韩国夺取未来经济发展的主动权和制高点的重要一招。

2008 年 9 月，韩国政府出台了《低碳绿色增长战略》，为韩国未来经济发展指明了方向。所谓低碳绿色增长，就是"以绿色技术和清洁能源创造新的增长动力和就业机会的国家发展新模式"。韩国政府认为，这一战略将成为支撑、引导未来经济发展的新动力。该战略提出要提高能效和降低能源消耗量，要从能耗大的制造经济向服务经济转变。[①] 此后，韩国政府加大了通过立法对低碳绿色增长路径的法治保障框架的建构。通过构建绿色发展的目标，最重要的是违法行为发生后以法律责任的确定来确保这一战略的实施。其中，2010 年颁布实施的《低碳绿色增长基本法》（The Framework Act on Low Carbon Green Growth）为韩国

---

① 赵刚：《韩国推出"绿色新政"确立低碳增长战略》，载《中国科技财富》2009 年 9 月 8 日。

的低碳绿色发展构建基本法治框架，该法要求在 2020 年以前，把温室气体排放量减少到"温室气体排放预计量"的 30%。这部基本法的意义最为特别之处在于，通过国会立法形式保障了绿色发展的路径的持续性，绿色发展之路将不会因为韩国行政领导人的更换而改变这种发展路径，也为跃跃欲试地参与绿色能源研究开发的市场主体提供了积极而稳定的收益预期。《低碳绿色增长基本法》的主要内容包括制定绿色增长国家战略、绿色经济产业、气候变化、能源等项目以及各机构和各单位具体的实行计划。此外，还包括实行气候变化和能源目标管理制、设定温室气体中长期的减排目标、构筑温室气体综合信息管理体制以及建立低碳交通体系等有关内容。[①] 此后，韩国还制定了一系列配套的相关法律法规来保障《低碳绿色增长基本法》中设定目标的实现。现在韩国已经形成了以《低碳绿色增长基本法》为主体，《能源基本法》、《气候变化对策基本法》和《可持续发展基本法》为支撑的绿色发展法律体系。2010 年 11 月 8 日，在哥本哈根举行的 2010 年全球绿色增长会议上，韩国绿色增长总统委员会主席杨秀吉在这次会议上介绍，韩国将过去 60 年定义为"经济增长"，而将未来 60 年定义为"绿色增长"。杨作为该委员会的主席，与当时的韩国总理金滉植一起执行共同主席的职责，韩国绿色增长总统委员会地位之高可见一斑。

在韩国的实施低碳转型中，他们将促进转型的重点放在政府作用的发挥上。由于在现阶段，不管是风能、光伏能等已经具备应用条件的低碳能源，还是那些依然存在技术瓶颈的绿色能源都存在着"市场竞争力较弱、投资风险较大"的问题，因此必须政策先行。

在确立"绿色低碳发展路径"后，韩国积极推进了法律体系的建设，形成了一套以《低碳绿色增长基本法》为根本法，以《能源基本法》、《气候变化对策基本法》、《可持续发展基本法》等多部法律相配合的完备的法律体系为支撑的完善全面的绿色发展法律体系。《低碳绿色增长基本法》综合吸收了《能源基本法》、《可持续发展基本法》和《气候变化对策基本法》等立法内容，共定有 7 章 68 条。其中第 4 章"绿色增长促进"、第 5 章"低碳社会的实现"、第 6 章"绿色生活和可持续发展的实现"的篇幅占到整个法律的六成，可见订立这部基本法的用意在于如何落实和实现绿色发展路径，将绿色发展的市场行为通过政策激励以及法律规范引导到绿色发展的目标轨道上来。

法律及政策出台以后还需要构建专门的人事体系来确保政策的落地执行。在 2009 年韩国成立了"总统绿色发展委员会"（PCGG）。委员会除了由韩国政

---

① 鲁冬：《韩国的低碳绿色增长》，《学习时报》2010 年 6 月 14 日。

府总理兼任主任外，委员会囊括了众多政府官员和相关领域的专家，作为一个全国性的政府组织来指导、协调和规划韩国的绿色发展。

在财政政策方面，韩国政府重启了"五年规划"制度，以便于更为系统和连贯地推动绿色发展。在"绿色发展一五规划"（2009—2013）中列出了具体的专项预算以及各个中央部委和地方政府所应承担的具体任务。根据这一规划，韩国各级政府要拨出年度GDP的2%来用于发展绿色项目，包括绿色基建工程以及绿色科技研发。

财政方面，有反映真实环境成本的生态税，在环境资本中反映污染成本。以及推进绿色采购、绿色基础建设投资、绿色教育培训、绿色国防开支、绿色技术研发和绿色福利支出等政策。金融方面，有对环境友好项目的贷款倾斜、绿色补贴、绿色风投、碳交易等政策措施。

比如，在水环境治理上韩国这几年也获得了不小成就。韩国境内，河流众多密布全境，水资源非常丰富，但韩国的河流多属于山地河流，根据本国水环境的特点，韩国制定了富有特色的水资源管理制度。因为，在韩国河流与河岸周边的山地紧密联系，如果不能对河流周边的山地实行有效治理，河流管理的效果必定受到影响。对此，韩国针对国内的四条主要河流制定了"特别综合对策"，包括：设立缓冲带、管理河流周边的森林、河流流域内的土地购买制度、水质污染总量管理制度和水利用负担金制度。可见韩国对河流的治理并不是"为治理而治理"，而是为了保持整个水域的整体环境改善，治理的范围就不能仅仅局限在河流里，而是扩大到整个河水流经的区域。这一点特别值得我们学习。河流的特殊性造成对水环境的管理必须要集中到全流域，形成一个统一的监控管理体系，如果管理权力过于分散或是囿于既有的地方化的行政体系，难免会出现各自为政，污染造成后也找不到责任主体的情况。同时不仅是权限要相对集中，而且这种管理职责也要有相应的处罚机制予以保障。在韩国，对水资源的管理成效的评估围绕着水质改善而进行，并设置了严格的水质监测的标准以及处罚措施。

韩国对流域能够承受的每日最大污染物总量作为目标地的水质标准，按照科学合理系统管理水质的新概念对流域内的所有因素进行管理，强化上游水源地周边地区事前污染预防对策。同时还对水环境管理进行了即时的水质评估的方式。这一评估标准也随着水质的改善和监测手段的不断进步而不断增加监测指标。比如，在2004年仅评估河流的总磷、总氮、BOD、COD等指标，到2007年就增加了鱼类、无脊椎生物、微生物和植被为评估指标，而2007年以后，这一评估标准更增加到水边环境为评估指标。越来越严格和综合的评估指标能够更为全面和准确地反映出河流实时的健康状况。这不仅为今后进一步的河流治理留下了宝贵的数据资料更为那些污染河流的行为的处罚有科学的精确的依据，便于管理机构予以处罚。

另外，在制定水质标准时，韩国政府也充分考虑到实际中可能出现的特殊情况，予以区别对待，指标可能因为特殊情况有些区别。比如，考虑到藻类等植物生长对氮、磷等元素的需求，在确定水质级别时综合考虑氮、磷的浓度以及两者浓度的比例关系。这些都对我国科学制定水质标准具有很强的启示意义。

（二）市场手段调节

韩国先行进行了绿色基础设施的建设，先在公共领域创造需求，然后通过持续稳定的财政投入形成官民合作的体系，并同时在国际市场上为国内企业谋求发展空间。

韩国在通过市场手段调节方面，首先是通过在公共设施领域创造绿色需求，在培育发展这种核心绿色企业后，通过对核心绿色技术的输出为企业在国际市场上发展谋求空间。韩国政府确立了开发 10 大核心绿色技术，包括水处理技术、绿色汽车技术、低碳技术、高效率的回收资源技术、生物资源运用和复原技术、生产环境友好型产品的技术、绿色保健基础技术等。同时培养 10 大有前途的绿色产业。包括绿色 plant 出口产业化、扩大饮用水的出口、绿色汽车产业、资源循环产业、生物资源产业等。

1. 发展绿色能源产业

韩国为发展新能源与可再生能源颁布了相关法规，主要包括 2008 年颁布的《新能源与可再生能源法案》以及《能源有效利用法案》，此外韩国的绿色增长战略中也规定了减少能耗、减少碳排放、将新能源与可再生能源产业作为推动绿色增长的重要方面等内容。

在九大战略性发展的行业中优先确立了四项市场拉动型的行业：比如光伏产业、风力产业、高效照明（LED）和电力 IT 行业，这四个行业作为早期发展动力通过市场催生产业发展。市场拉动型的行业，呈现的特点是效率高，成果转化时间短等特点，因此要比技术型发展的政府投入要少，技术周期也要更短。

2. 培育有责任的市场主体

要让绿色增长成为韩国经济增长的一个新引擎，在绿色技术以及新能源领域将开发出更大市场，技术要素和技术人才将更多向这些领域市场汇集。政府在这一领域只能作为一个引导者而不是替代者。因此，韩国政府在做了大量前期工作的同时还是更需要企业以及个人，这样的市场主体积极参与到绿色经济发展中来。随着韩国经济经过几十年的高速增长，过去以环境零价值为代价的发展阶段已经一去不复返，许多韩国企业也意识到对环境改善的投入已经不再是遥不可及的事情，开始意识到保护环境的企业责任。一个着眼于企业长远利益的市场主体不可能再依赖牺牲环境来换取公司利润，很多企业开始试着走一条既能获得企业利益又能保护涵养环境的共赢发展之路。

韩国政府早在2003年就开始施行全链条的废弃物回收制度，订立了严格的废旧产品循环利用的法律责任，这一制度被命名为"生产者责任延伸制度"。10种民众在生活中最常见的电器基本囊括其中，包括电视机、电冰箱、家用洗衣机、空调器（汽车空调除外）、个人计算机（包括显示器和键盘）、音频产品（便携式除外）、移动电话（包括电池和充电器）、打印机、复印机、传真机电灯等电器电子产品，制造商、销售商、消费者、废弃物再利用企业和政府机构均对这些电子废弃物承担再循环利用的责任。在电子产品的消费链条上的每个"生产者"都要回收和循环利用一定比例的废弃电子产品，当然主要是制造者和循环再利用企业，如果没有达到政府规定的年回收比例的话将受到政府的严厉处罚。在赏罚分明的法律制度中慢慢养成社会主体环境保护的责任感。这种责任感不是空洞的口号，而是生活中的不便以及愿意为此不便压缩一定权利的实际行动。

整个电子废弃物的回收都由韩国环境部负责，由他们制定各指定产品的循环再生率和标准再生成本，公布各指定产品每年的再生总量，并确定各制造商须完成的年度再生数量指标。对于拒不执行和未能完成再生任务的企业，环境部将对其处以罚款。

（三）技术创新确保

韩国政府非常重视和支持绿色发展技术的研究与开发，在低碳绿色技术发展方面，韩国制定了绿色技术政策，确定了10大环境技术开发课题，除环境外，其他部门也做了大量投入，韩国关于绿色增长和四大河流恢复的10个国家战略，并加大对这些领域的财政投入。同时，在实施绿色增加的发展路线图时，韩国将国家与企业的责任泾渭分明地予以区分，以期各个主体的义务责任明确分开，并能专注于各自的领域实行工作计划。

1. 提高清洁能源的比重

韩国大力发展新能源与可再生能源主要目标包括，计划以 2008 年为基准，到 2030 年，太阳光能发电增长 10 倍，达到 350.4 万千瓦；风能发电增长 24 倍，达到 730.1 万千瓦；生物能增长 24 倍，达到 1036 万吨标准煤；地热能增长 89 倍，达到 126 万吨标准煤。以此为目标，韩国制定了实施路线图，分别列出了到 2015 年、2020 年、2030 年的分阶段投资规模和主要项目。

在 2008 年韩国推出的《绿色能源产业发展战略》中，韩国确定了绿色增长产业发展战略当中优先增长动力对象的 9 大重点领域：光伏、风力、高效照明、电力 IT、氢燃料电池、清洁燃料、高效煤炭 IGCC、CCS 和能源储藏等。同时推进阶段性增长动力的 6 个领域：热泵、小型热电联产、核能、节能型建筑、绿色汽车和超导。在九大战略性发展的行业中确立了五项技术推动型的行业，并将之作为实现绿色增长的优先动力之一，比如氢燃料电池、清洁燃料、高效煤炭 IGCC（Integrated Gasification Combined Cycle）[①]、CCS 技术[②]和能源储藏，作为技术拉动需要经历一个长期的技术完善过程，因此这五项技术作为绿色能源战略中长期增长动力。作为技术推动型的行业，由于技术的发现和完善有一个较为长期的生命周期，需要政府和市场的扶持，因此在技术推动型的行业确定上，韩国政府给予了一个较为长期充分的发展时间，而不是急于在这几个行业中获得经济收益。

2. 加大在绿色技术领域的投入

韩国对绿色技术领域的投入逐年加大，包括对涉及绿色技术的企业优先提供信贷，并根据环境风险以及企业的社会影响和企业声誉进行政府投资，极大地鼓励了企业对绿色技术投入方面的积极性。

韩国政府和企业将在 2030 年前投入 11.5 万亿韩元（约合 87.4 亿美元）用于绿色技术研发；确保公民能够用得起能源，使低收入家庭的能源开支不超过其总收入的 10%。[③]

韩国建立了许多污染测试台，并完成了技术评估，促进了环境产业的发展。

---

① IGCC（Integrated Gasification Combined Cycle）整体煤气化联合循环发电系统，是将煤气化技术和高效的联合循环相结合的先进动力系统。它由两大部分组成，即煤的气化与净化部分和燃气—蒸汽联合循环发电部分。

② CCS 技术是 Carbon Capture and Storage 的缩写，是将二氧化碳（CO_2）捕获和封存的技术。CCS 技术是指通过碳捕捉技术，将工业和有关能源产业所生产的二氧化碳分离出来，再通过碳储存手段，将其输送并封存到海底或地下等与大气隔绝的地方。

① http://news.xinmin.cn/rollnews/2010/06/18/5301747.html，见 2014/4/7。

为提高投资效益加大技术研发力度，环境绿色产业研发预算经费逐年增加，其中水处理技术在韩国环境方面占比例较大，是发达国家水平的 60%，为提高到 80% 水平，已投入 860 亿韩元进行技术研发。从 2003 年开始韩国组织了水环境处理试验团，重点开发研究膜材料产品的生产技术和使用方法，采用膜分离技术处理废水。韩国非常重视技术的开发与应用，70% 的工作室现场进行应用技术研究，从而促使了环境产业的发展。

对于企业和个人从事绿色技术研发的活动，韩国政府予以鼓励和支持。放宽对私人进行相关领域技术研究的门槛而且拨付政府资金予以支持，可以将研发设备投资税收抵扣 10%，而过去这一数额为 7%。

3. 技术引导产业结构变化

韩国在 2008 年以后，政府对绿色技术的投入空前加大，以期通过政府投入吸引更多企业加入绿色技术的研发和商业化推广中来。为了应对恶劣气候和控制温室气体排放，韩国政府对研发环保材料、混合动力的行业进行财政上大力投入，鼓励企业研发出更多的可再生绿色能源。对有些传统产业通过政府帮助进入低碳服务型产业或是通过高新技术改造成为低耗能环境友好型的企业，最重要的是将绿色的价值观带入工业生产链中。

三、实现低碳的关键环节

（一）发展国内碳排放市场

建立碳排放交易市场是应对全球气候变化、减少温室气体排放的有力措施。

在温室气体排放方面，韩国施行温室气体目标管理体系，政府通过激励政策引导企业自愿加入减排组织。一旦企业自愿加入，就必须承担刚性约束的目标，这一政策出台后，韩国众多企业自愿加入，而加入这一系统后不能达到约束目标的企业将受到惩罚。[1]

1. 形成碳排放交易市场

韩国政府将通过减排项目取得的排放权供给碳市场，提供资金和咨询，发

---

[1] 潘家华、陈洪波主编：《低碳融资的机制与政策》，社会科学文献出版社 2012 年版，第 4 页。

展专门交易企业等。

2.加强碳排放交易

第一阶段是通过财政补贴来实现，第二阶段通过自愿协议［VA］改革制度，扩大需要来源，第三方面是引进部分配额义务。

（二）日常生活中的低碳理念

1.提供低碳基础设施与提高低碳生活认识相互促进

一方面政府要为低碳生活提供低碳绿色的基础设施，另一方面也要公众对绿色低碳生活有正确的认识，两者缺一不可。首先，在现代都市生活中要实现绿色低碳必须要有一些基础的生活设施。比如，要从开私家车出行改为搭乘公共交通出行，必须要城市公共交通十分发达密集方便才可能。如果总是宣传低碳生活对环境有多好，但是人们却发现低碳生活却像原始生活一样又耗时又不方便时也就只能在心里响应低碳了。另一方面，低碳生活必然比高碳生活在某些方面有些不方便，比如开车出行，又快捷又舒适，相比而言公共交通可能更费时也更拥挤。再比如对废弃物处理，比起垃圾分类回收利用而言，当然是可以随意地丢弃废弃物是最方便的，因此，低碳生活从本质上来看仍是对方便生活的部分放弃。然而，在进行低碳生活宣传时必须让民众对此有所认识。

在韩国对日常生活中低碳首先就是通过绿化城市、河流、建筑物，加强绿色交通系统建设，加强低碳公共设施的建设，在这个过程中慢慢培育出民众的环境保护、绿色低碳的生活习惯。

2.垃圾变资源，资源变能源

一直以来，韩国和中国一样对生活垃圾的处理主要是采用简单的填埋或是焚烧处理。由于垃圾没有经过分类，在填埋过程中容易重金属污染以及垃圾中的毒害物质污染地下水等危害。在垃圾焚烧中容易产生的有害物质如二氧化硫、悬浮颗粒物、氮氧化物以及有毒物质二噁英，都会造成严重的环境污染。尽管垃圾填埋与焚烧存在环境安全隐患，但是由于这两种垃圾处理方式比较简易和便宜，韩国长期主要是使用这两种方式在进行垃圾处理。2006 年，韩国开始实验一种新的垃圾处理模式——BT 示范项目，即利用生活垃圾制造"固体燃料"。随后在韩国首都生活圈内最先开始推行这种垃圾处理方式（MBT，生活垃圾处理设施)①，加快了生活垃圾变能源的发展速度，从现在的效果来看，已经取得了很多成果。

韩国政府积极推动绿色发展项目，2009 年开始政府将在全国范围内的八大区域建设 13 个能源城。其中，首都圈垃圾填埋场被指定为示范园地。首都圈环境能源综合城将由 4 个主题组成，分别为废资源能源城、生物能源城、自然力能源城和环境文化园地。在"使垃圾成为资源，使资源成为能源"的改造理念下，韩国政府将建设世界最大的在垃圾填埋场上建成的环保景点，而且这一填埋建设项目亦为附近地区居民创造良好的休闲生活环境。②

3. 生活废弃物的循环利用

韩国对居民日常生活废弃物的处理也有较严格的法律规定，一方面规定地方政府有责任回收这些生活垃圾，另外对生产垃圾的居民也有义务缴纳一定的回收处理费，通过这种收费形式来养成居民绿色低碳的生活习惯。在推出绿色增长战略后韩国开始推行"垃圾计量制"，除开基本清洁费和卫生费以外，居民根据每户的垃圾量来向国家缴纳处理垃圾的费用，也就是生产的垃圾量越多则多缴费。韩国政府制作了不同容量和规格的垃圾袋，根据不同的垃圾袋来收取不同的垃圾处理费用，这一制度推行以来，韩国的生活垃圾的数量减少了很多。同时他们因为有较强的垃圾分类意识，生活垃圾也都可以获得较高的回收或是再利用比率，真正是每个人从生活的点滴做到低碳环保。

（三）韩国绿色工程案例

1. 韩国"清溪川"改造工程

清溪川，顾名思义是"清澈的溪流"，它是一条自西向东穿越首尔的古老河道。朝鲜王朝（1392～1910 年）建立后，伴随着首都首尔 600 余年的发展，清溪川成为这座城市历史变迁的一面镜子。太宗年间，清溪川是女人们的洗衣场所，也是孩子们嬉戏玩耍的乐园。朝鲜战争后，河畔成为贫困人口的栖身之地，这条河流也变成了一条露天排水沟。随着经济腾飞，急切地要建起一座现代化都

---

① 具体来说，MBT 是指通过对生活垃圾的筛选，将其中的可燃物质挑选出来并添加一定制剂使其变成固体燃料。还有一种是针对食品垃圾的，从中汲取出气体燃料，在通过制作成为宝贵的能源。

② 《韩国绿色增长培训报告》。

市的韩国政府，于 1958 年开始大规模建设清溪川覆盖工程，后又在其上建起了高架桥。曾任韩国总统的李明博，当时还是现代建设公司雇员，参与了首尔市清溪川的河道填埋工程。清溪川上架起了一座日通行量可达 16.8 万辆车次的高架桥，直通城市中心。在随后的 20 多年里，李明博对这一"成就"引以为豪，将此视为在城市现代化发展上迈出的一大步。在现代建设公司和现代集团任职期间，不断在城市建设上大兴土木的李明博也得到了一个外号："推土机"。

高架桥一度成为首尔经济发展的象征，但是也为此付出了环境代价。高架桥下十分肮脏，两岸人口开始减少，商业也受到了巨大影响，越来越多的民众呼吁重建清溪川。1995 年的三丰百货大楼垮塌及 1997 年的经济危机，使很多人开始思考，经济发展究竟意味着什么。今天的首尔人希望享受生活，希望为自己、为居住的城市自豪。

2002 年李明博当选首尔市长后宣布，首尔市政府将开始重建清溪川。拆除高架桥，挖开被覆盖了 40 余年的清溪川，恢复通水，绿化河岸，这一系列重建之举共耗资 3.6 亿美元。经过重建，长达 5.8 公里的清溪川成为了一条蜿蜒在城市里的美丽河流，并于 2005 年 10 月对公众开放。这条静静流淌的河流，把对岸马路的嘈杂隔在了数十米之外。享受午后休闲时光的白领，或是约会的情侣三三两两沿着河边散步。河中的瀑布、过河石，河畔的绿色植物，使首尔核心区的大气温度明显下降，空气质量明显改善。20 多座形态各异的桥，其中包括具有近 600 年历史的两座古桥，交错构成一幅赏心悦目的景致。重建后的清溪川正在逐渐成为野生生物的乐园，慕名前来的参观者也越来越多。清溪川改造工程已经成为韩国总统李明博最耀眼的环保改造政绩工程。清溪川一盖一开，见证了首尔的经济发展和环境综合整治历程，经验和教训同样深刻。

2. 顺天湾绿色生态城市

顺天湾是被韩国观光公司选定为最优秀自然景点，世界 5 大沿岸湿地之一。

顺天湾接近完整地保存了自然生态环境，在地理位置上位于韩国南部的中西部，南至北纬 34 度 52 分 30 秒，东经 127 度 25 分至 32 度 30 分之间。顺天湾被顺天市、高兴郡、丽水市环抱。广义上顺天湾包括被高兴半岛、丽水半岛环绕的大面积地区，按行政管理辖区划分，顺天湾包括顺天市仁安洞、大垈洞、海龙面、别良面环绕的北部水域，按行政区域计算，顺天湾的海域面积达 75 平方公里。

顺天湾毗邻南海，气候受海洋影响较大，冬天温暖，一年中最寒冷月份的平均温度在 0 摄氏度左右。顺天湾一带的年平均气温为 13.9 摄氏度，比其他地区温差小，年降水量为1308毫米，冬季气温较高，高级园艺栽培业，沿岸梭鱼、斑鲦、章鱼等渔业，养殖业发达。

顺天湾是韩国罕见的海岸自然生态保护得几乎接近原生态的地区。2003年12月，韩国海洋水产部把顺天湾指定为湿地保护区进行管理，2004年加入东北亚鹤保护网，特别是顺天湾作为鸟类与黑鹤类的越冬地，具有在其他地方看不到的高密度的单一芦苇群。这种的芦苇群不但为鸟类提供了最重要的栖息环境，也为它们提供了自然清洁的食物。

顺天湾沿岸湿地在2006年1月20日加入了"国际湿地公约"（拉姆萨尔公约，Ramsar Covention）。顺天湾生物种类繁多，堪称物种的宝库，是研究物种的重要地区。顺天湾远离污染源，滩涂和盐碱地湿地发达，优质水产和各种无脊椎动物、盐碱地植物繁多。顺天湾是全世界湿地中聚集珍稀鸟类最多的地域，是韩国国内唯一的黑仙鹤栖息地，黑顶海鸥、白鹤、黑脸琵鹭、黄嘴白鹭等世界珍稀鸟类的越冬地和栖息地。

美丽的顺天湾S形水域是韩国摄影家们推选的10大落潮地之一。2000年7月根据南海岸环旅游地带开发计划成立了自然生态公园并正在运营。

3.Uldolmok 潮流发电所

Uldolmok 潮流发电所是建设在全罗南道珍岛郡的发电所，利用潮流生产电力的新能源和可再生能源饭店设施。Uldolmok 的潮流速度非常快，在全世界排在第五位。

Uldolmok 潮流发电所为了运用环境友好型海洋能源技术从2005年开始建设，可这里的潮流速度太快以及工程难道很大，因而2009年才完工。Uldolmok 潮流发电所从2009年底开始生产1000千瓦时，这是400多户居民家中可以使用一年的能源。Uldolmok 潮流发电所通过阶段的实验过程而扩大规模，2013年具备9万千瓦的设备容量，要把它发展为世界最大常用潮流发电所生产约46000多户居民家可使用的电力。

4. 绿色国民运动

绿色国民运动是为了实现韩国国民日常生活中的行为绿色化的运动，包括扩大和鼓励自行车的使用，发展自行车文化，形成自行车时尚，刺激在日常消费中使用碳标签的产品，激励绿色消费，还号召建立生态城镇和生态农业等。

将城市中可使用的废料循环利用转化为生活能源，示范构建低碳绿色城镇，并在减少汽车使用中的二氧化碳排放方面做出改变。

经济学家阿兰·佩雷菲特曾提出"精神气质在一个国家和民族的发展过程中扮演了关键性的角色，甚至能够产生奇迹"。

5. 农渔村新村改良运动

到 2020 年建成 600 个利用农业副产品实现能源 40% 自给的"低碳、环境友好型村庄"。韩国现阶段计划建设一个"绿色村庄"，充分利用废弃物、风力和阳光等发展能源，将需要投入 265 亿韩元，将采取先示范再推广的方法逐步实施。这将是韩国的第二个"新农村运动"。

由于气候变化对农渔业的影响甚大，将农渔村新村的改良与应对气候灾害有效结合，建设气候变化灾害监控与相应系统，新农业物种开发以及新渔业、养殖技术发展，制定国家卫生项目以应对发热、新传染病、大气污染等。

6. 倡导低碳生活

为了更好地向国民宣传低碳绿色增长战略，韩国政府于 2009 年 8 月在首尔设立了"绿色增长体验馆"。其中设有"绿色交通"、"绿色之家"、"绿色办公室"等 6 个展区。在这里可以增加人们对低碳绿色增长的认识，人们可以真正了解什么是低碳绿色增长，更让他们认识到低碳绿色增长是一个双赢的战略，即保护环境的同时发展经济和技术。在韩国"低碳绿色增长"不仅是一项关系到国家长远发展的兴国战略，同时也是一项涉及千家万户的"全民"低碳改造运动。低碳绿色生活已在韩国成为一种"时尚"、一种"趋势"。从 2009 年开始，政府在全国所有公共机关率先实行能源利用合理型的"低碳绿色机关"，规定公共机关办公场所必须使用耗能最低的产品：如把白炽灯全部换成节能的发光二极管（LED）等；选购公务车优先购买小排量汽车和混合动力车，并布置小排量汽车和混合动力车专用停车场；对公共机关的空调使用以及户外广告牌夜间照明也做出了具体规定，并制定和实行了车牌尾号限行及鼓励乘坐公共车等制度。[1] 并且，韩国政府在全国非生产性单位（家庭及店铺等）全面展开"二氧化碳储值卡"计划，旨在减少温室气体排放。据此计划，居民可根据自己使用的电、煤气等能源的节约量换算成与其对应的二氧化碳排放量，然后换取与之相对应点数的奖励，每个点数可换取相应储值存入储值卡，不仅可以用来缴纳物业管理费、兑换垃圾袋、交通卡、停车券等，还可以把它用作现金使用。[2]

---

① 班威：《"绿色经济"在韩国成为时尚》，《农村财政与财务》2009 年第 10 期。
② 王慧：《韩国的低碳行动计划》，《资源与人居环境》2010 年第 4 期。

韩国政府计划在首都圈、釜山等地开展"变废为能"活动，充分利用废弃资源，到 2012 年在全国建立 14 个"环境能源城"，到 2020 年建成 600 个利用农业副产品实现能源 40% 自给的"低碳绿色村庄"。另外，韩国政府还计划在未来四年内拥有 200 万户使用太阳能热水器的绿色家庭，并在全国家庭普及"二氧化碳储值卡"计划。政府还计划在大城市建立自行车专用车道，到 2020 年全国自行车车道将达到 3000 公里。

有关低碳绿色乡村建设方面，韩国政府于 2008 年 10 月发表了"为绿色成长及应对气候变化的废弃物资源、生物质能源对策方案"（以下简称"方案"），"方案"中共提出七大重点推进课题，其中一项就是"构建 600 个低碳绿色乡村"。项目实施以农村为基本单元，充分利用地区所产生的废弃物资源及生物质能源，努力构建能源自立能力强的乡村，并提出了"至 2020 年为止，努力将农村能源自给率提高 40%~50%"的发展目标。韩国同时在《绿色增长五年计划》同时强调提高居民的生活质量，建造一些有利于发展低碳绿色经济的基础设施。计划到 2012 年城市混合动力车由 2007 年的 1386 辆增至 3 万辆，自行车交通负担率由 2007 年的 1% 提高到 2012 年的 5%；大力发展绿色建筑物，力争使绿色居民住宅由 2007 年的 1.45 万栋到 2012 年超过 10 万栋，使建筑物的能效认证由原来的公共建筑变为全部建筑；积极发展热电联产设施由 2007 年的 47 个增至 2012 年的 78 个；公众参与气候变化行动的参与率由 2007 年的 23.6% 提高到 2012 年的60%。

韩国还借助低碳绿色经济增长计划倡导绿色文化建设低碳城市，使国民的居住环境更加环保化。通过不断扩充绿色居住和办公区域，不断地扩张生态空间：比如说森林、农场和城市绿化带；同时建设绿色基础设施，这样会更有利于以后开展各项低碳绿色经济计划活动。另外不可忽视的一点是如何强化绿色增长的公众意识，要将低碳绿色增长的理念和知识渗透到小学的课本中以培养出有绿色意识的新一代；加强低碳绿色增长的宣传力度；倡导绿色的消费理念等逐渐改变国民的生活方式。

四、韩国低碳革命影响深远

低碳革命与历史上几次能源领域的革命有所不同，一方面要减少化石型褐色能源的消费和使用，但现实是人类的经济活动并不能因此减少或是回归到化石能源利用前时代的历史，去过一种田园牧歌式的原始生活。因此，低碳革命更重要的一个方面还是如何在技术上突破零碳能源供给的技术障碍。低碳生活的未来只能从这一少一多中才能走出一条既能满足经济发展的能源消耗又要最小限度减少对环境破坏的高标准发展之路。可以说哪个国家抢占了能源利用技术壁垒突破之先机，哪个国家就将站在未来能源利用的制高点上，在这一点上韩国政府的一系列政策措施体现了政治高度和远见卓识的领导魄力。

然而，低碳领域的技术革命也是被动的，这种技术创新所产生的社会效益的显现难以通过市场回报反映出来，往往高碳发展导致的危害呈现出一种世界性和远期性的特点，这使得这一领域的技术革命发展的动力不足。再加上零碳技术要获得革命性的技术突破需要前期大量的投入和长时间的技术完善周期，这使得很多政府对此也不甚主动。单从低碳经济发展的普遍困局我们可以看出韩国政府在低碳绿色革命中具有非凡的勇气和巨大的野心，使他们放弃眼前的短暂的利益。

韩国和世界上很多发展中国家一样，前几十年的经济发展是建立在付出巨大的环境代价之上的，由于环境破坏、环境污染的外部性，环境成本并没有计入到经济增长的成本中去。"绿色增长战略"就是试图在发展经济与牺牲环境这对矛盾中找到一种新的均衡，韩国通过几年的努力已经将绿色增长的理念深入普及，现在很多民众不仅认同绿色增长的理念更能自觉地在日常生活中践行绿色生活的态度。通过实现绿色增长，可以用较小的环境破坏和污染达到设定的收入水平，促进人与人，人与自然和谐共处，更好地保护自然环境改善局部气候，并最终建立环境友好型的社会，真正实现可持续发展。未来，我们将看到韩国继"汉江奇迹"之后出现新的一轮经济增加的奇迹——绿色奇迹。

第九章　巴西：加快发展生物燃料

巴西政府利用本国具有土地宽广、适宜植物生长的气候等优势，大力开发生物质能。目前，在乙醇生物燃料、生物柴油等生物质能开发利用方面取得了重大成就，探索出了一些宝贵的经验。

一、大力研发生物质能源

（一）生物质能源的含义

生物质能源于生物质，也是太阳能以化学能形式储存于生物中的一种能量形式，它直接或间接地源于绿色植物的光合作用，可转化为常规的固态、液态和气态燃料，取之不尽，用之不竭，是一种安全、清洁的绿色能源。地球每年经过光合作用产生的物质有1730亿吨，其中蕴含的能量相当于全世界能源消耗总量的10～20倍，但目前的利用率还不到3%。

生物质能的载体是有机物，这种质能是以实物的形式存在的，是唯一的可储存和可运输的可再生能源。生物质能分布非常广，不受天气和自然条件的影响和约束，只要有生命的地方就有生物质能存在。生物质能，在利用方式上，与煤炭、石油内部结构和特性相似，利用技术的开发与推广难度比较低。在技术转化上，生物质能可以通过一定的先进技术转化成电力，生成油料、燃气或固体燃料，或直接应用于汽车等交通工具或柴油机、燃气轮机、锅炉等常规热力设备，可以说，几乎能应用于目前人类工业生产或社会生活的各个方面。因此，在所有新能源中，生物质能与现代的工业化技术和现代生活有最大的兼容性，它可以替代常规能源，对常规能源有很大的替代能力，这些都是今后生物质能发挥重要作用的依据。

目前，生物质能在最广泛利用的能源中位居第四位，潜力巨大，具有很好的经济、环境和社会效应。很多国家都在不断积极研究和开发新的生物质能利用技术，并将生物质转化为电力和替代性燃料成为研究的重点。

主要生物质能利用技术，生物质能源转换技术包括直接燃料、热化学转换和生物化学转换三种技术。转换的方式有生物质气化、生物质液化，生物质固化，生物发酵等多种形式，相应的被转换气、液或固有不同的形态的燃料。

（二）巴西发展生物能源的优势

巴西具备发展生物燃料的多种优势：主要体现在资源优势、价格优势、技术优势。

首先，巴西具有资源优势。巴西国土面积854.74万平方公里，现有牧场2亿多公顷，农田6200多万公顷。除了山地和荒漠，大约还有1亿多公顷的土地未开发利用，完全有条件在保证粮食生产的情况下，通过开发新的农田来扩大能源作物的种植。自然条件非常好，一年四季适宜甘蔗生长，是世界上甘蔗产量最大的国家。目前甘蔗的种植面积600万公顷，乙醇的近年年均产量126亿升[①]。

其次，产地来自于巴西的生物燃料在价格上具有相对优势。例如，在巴西以甘蔗为原料，通过蔗糖—乙醇—热电联产的方式（蔗汁用来生产乙醇和蔗糖，蔗渣用来发电供给当地企业、居民和糖厂用于生产蔗糖）获得的乙醇生产成本大约为0.2美元/升，而欧盟利用小麦和纤维素生产乙醇的成本分别为0.48美元/升和1.4美元/升，美国利用玉米为原料生产乙醇的成本为0.25美元/升，因此，巴西乙醇生产成本的相对优势明显[②]。

再次，在技术上巴西具备一定的优势。在甘蔗种植、糖厂建设、乙醇提炼、乙醇汽车技术研发等方面，巴西走在了世界的前列。糖和乙醇的生产是甘蔗的主要用途，最后的生产废料甘蔗渣经过技术处理不仅可以用于造纸，也可以用于乙醇的生产。通过巴西圣保罗大学所开发的真空发酵蒸馏技术，可以缩短酒精发酵时间7个小时左右。

① 夏芸、徐萍等：《巴西生物燃料政策及对我国的启示》，《生命科学》2007年第5期。
② 李冀新、尹飞虎、谢宗铭：《巴西生物能源考察报告》，《新疆农垦科技》2008年第1期。

（三）巴西生物质能源发展的过程与现状

1. 乙醇发展过程与现状的概述

巴西的生物质能源以甘蔗为原料的燃料乙醇为主。巴西大力发展甘蔗乙醇经历了几个阶段，第一阶段，1975～1979 年，巴西政府决定利用甘蔗发酵生产燃料乙醇，并且将其与汽油混合使用。第二阶段，1979～1989 年，巴西制定了"国家乙醇燃料计划"，出台了一系列措施鼓励乙醇产量的提高。第三阶段，1989～2000 年，巴西政府减少了对市场的干预，对乙醇燃料市场的引导控制权逐步下放。第四阶段，从 2000 年发展至今，汽车的普及，以及国际市场的复苏，为巴西发展乙醇市场提供了机遇。

据统计，在巴西已经有 7 万家乙醇原料供应商，将近 400 家乙醇生产商、260 多家经销商以及 3 万多个零售点，主要客户群是小型企业、司机和农业人口。巴西是世界上唯一在全国范围内不供应纯汽油的国家，全国有 33000 个加油站提供 100% 燃料乙醇，据统计，在 2008 年，巴西销售的汽车中 90% 以上是使用乙醇和汽油混合燃料的灵活燃料汽车。

2. 有关生物柴油的过程与现状的概述

巴西不仅发展燃料乙醇，而且还加强对生物柴油的力度。2004 年 12 月，巴西政府公布了关于发展生物柴油的临时法令，第一个以大豆作为主要原料的生物柴油厂于 2005 年 3 月在巴西的米纳斯吉拉斯州建立，在随后的发展中巴西生物柴油产业获得了巨大的成功。从 2007 年到 2008 年，巴西生物柴油产量增幅高达 200% 以上，在世界各国生物柴油产量排名上，超过了法国、意大利，仅次于德国、美国，居世界第三位。由于生物柴油生产计划进行得非常顺利，在 2009 年初，巴西政府调整了生物柴油的生产比例，从 2% 提高到 3%，2009 年 7 月，又增加至 4%，同时决定在 2010 年，生物柴油的生产比例要达到 5%[①]。

---

① 韩春花、李明权：《巴西发展生物质能源的历程、政策措施及展望》，《世界农业》2010 年第 6 期。

（四）巴西发展生物质能源的政策措施

1.国内政策

一是制定有关政策和法律法规推广燃料乙醇的使用。巴西制定了很多政策和法规来促进燃料乙醇的使用。如表 9—1

表 9—1　新世纪以来，巴西有关生物能源方面的政策和法规及内容

年份	政策和法规	政策和法律法规内容
2003 年	政策	巴西政府规定购买"灵活燃料"汽车可以减税。
2004 年	法律	生物柴油在普通柴油中的添加比例必须在 2007 年达到 2%，到 2012 年增加到 5%。
2004 年	政策	巴西政府提出"国家生物柴油生产和使用计划"。
2005 年	第 11097 号法律	即对在巴西能源框架中引入生物柴油作出了强制性规定，规定巴西燃料油须强制性添加一定比例的生物柴油。
2005 年	第 11116 号法律	规定了对以各种油料作物为原料的生物柴油的免税和减税比例，以促进生物柴油的生产。
2006 年	法律	正式启动了在全国销售柴油中添加生物柴油的计划。
2008 年	5 部有关法律	5 项有关加强生物柴油研究、开发、生产的法令，共投入 2600 万瑞亚尔（巴西流通货币）用于生物柴油项目开发。

资料来源：作者根据有关资料整理。

二是提供税收优惠政策，鼓励发展生物质能源。巴西在发展生物质能源方面，政府经常提供一些税收优惠政策。从 1982 年至今，巴西对酒精汽车减征 5% 的工业产品税；部分州政府对酒精汽车减征 1% 的增值税，在酒精车销售不旺时曾全免增值税。对生物燃料实行低税率政策（如圣保罗州的乙醇税率为 12%，而汽油税为 25%）[1]。

三是给予财政支持，保证发展生物质能源所需的原料来源。巴西政府为了鼓励农民种植甘蔗，规定商业银行为种植户提供利率仅为 8.75% 的农业专项低息贷款（巴西银行贷款利率一般是 25%，最优惠也得 16%）。此外，巴西政府还注重充分利用外资，吸引国内外大型金融机构在当地设立分支机构，使农民能够

[1]　韩春花、李明权：《巴西发展生物质能源的历程、政策措施及展望》，《世界农业》2010 年第 6 期。

从国际金融机构得到贷款。

四是通过价格手段，合理确定乙醇和汽油的销售价格。由于受到物理性质的限制，相对于汽油，乙醇的燃烧值较低导致所能达到的里程数偏低，因此，在定价上乙醇销售价格只有在汽油销售价格的 70%～75% 的前提下才能达到损益平衡点。在巴西目前的加油站中乙醇燃料的价格还不到汽油的 60%，使得在与汽油的竞争中乙醇燃料更加具有价格优势[①]。

五是灵活燃料汽车得到了大规模的开发和推广。自从德国大众汽车于 2003 年 3 月开始销售灵活燃料汽车以来，世界上几乎所有的汽车巨头陆陆续续都在巴西建立了自己的灵活燃料汽车生产线。为了鼓励本国居民使用灵活燃料汽车，巴西政府规定在税收政策上给予灵活燃料汽车的购买以税收减免的优惠，购车所获得的优惠用来弥补添加用于识别汽油和乙醇配比装置所增加的成本。

2. 对外政策措施

在大力发展国内乙醇产业的同时，巴西近年来还积极推行乙醇产业的国际化。

一是大力开展招商引资，以解决国内资金短缺的难题。而不少国外企业也看好巴西乙醇的市场潜力，通过收购股份、合作经营、新设厂房等方式不断增加对巴西的投资。据相关数据统计，巴西 2000 年至 2006 年累计外商投资额为 22 亿美元，这一数字在 2007 年至 2010 年达到了 90 亿美元。乙醇市场中外国生产企业所占份额从 2007 年的 6% 增长到 2010 年的 10%。

二是不断加大能源外交力度。目前，巴西乙醇的出口规模仅为总生产量的 20%。随着国内市场日益饱和，扩大出口成为巴西进一步发展乙醇计划的重要一环。首先，巴西与美国共同成立了美洲乙醇委员会，对在中美及加勒比海地区乙醇的使用通过美洲机构、美洲开发银行等机构进行奖励；为了能够在国际市场上达成乙醇合作协议，巴西又与美国、欧盟、中国、印度、南非等国家于 2007 年共同发起设立了国际乙醇论坛。其次，通过加强与其他国家的双边合作，共同推进乙醇的研究开发工作。巴西于 2006 年通过与日本国际合作银行签署协议，达成 13 亿美元的引资计划，这笔资金将用于开发新的乙醇生产技术和乙醇生产工厂的建立[②]。

（五）巴西发展生物质能源对我国的借鉴与启示

1. 科学分析和评价生物资源状况，是实施生物质能源战略的基础

巴西乙醇汽油以甘蔗为原料，生物柴油的原料品种更多，这比较符合巴西所拥有的气候条件和其他自然种植条件。目前，中国已有的 100 多万吨燃料乙醇的生产全部是以玉米为原料，正在规划建设的若干装置拟以木薯为原料。从我国实际情况出发，不大适合通过扩大以玉米为主要原料的燃料乙醇生产建设规模，应该更多地寻求研发以其他纤维素类作为原料的乙醇生产工艺，与此同时对于生产过程中的原料收集、运输、储存和污水排放的处理要进行特别的关注，无论哪一个环节出现问题都会对该项应用技术的推广产生影响。

我国生物柴油产业基本处于空白，从我国自然条件分析，与巴西的情况相比差异较大，我国发展生物柴油的资源条件是有限的，不能依赖进口大豆生产生物燃料，我国除少数地区有棉花籽、蓖麻或其他少量油料作物外，大规模的生产基地尚未形成。因此，客观地分析和评价生物资源状况的实地情况，有利于我们实施生物能源战略[①]。

2. 政府加大对生物能源发展的扶持力度

政府对生物质能源的高度关注和持续不断的投资是巴西在生物质能源的开发和推广取得成功的关键。在近 30 年的时间里，巴西政府已经在生物质能源项目上投入了数十亿美元进行开发和推广。此外，巴西政府对其在能源领域中的领导地位十分重视，通过各种立法对生物柴油进行强制推广，从而促进了生物质能的大力发展。而对于我们国家而言，虽然生物质能取得了较高的发展速度，但同时也面临很多的问题和困难。为了促进我国生物质能向更好的方向发展，在立足国情基础上加强政策调研，在市场准入、市场配额、税收优惠、资金补助、价格调控等方面通过参考巴西发展生物质能源的相关政策制定出符合我国国情的切实可行的指导性政策[②]。

3. 加强生物质能领域的科研投入

巴西生物质能发展之所以取得显著成绩，与科学技术是分不开的，主要是

---

① 白颐：《美国和巴西生物燃料发展的几点启迪》，《化学工业》2007 年第 2 期。
② 李昌珠、黄振、杨艳：《巴西生物质能科研和产业化动态》，《湖南林业科技》2011 年第 2 期。

运用科技、重视科技创新和科技研究。在生物能源领域我们也要学会运用科技来进行生产,提高产量,重视科技创新,不断开创新产品,重视科技研究,不断解决各种问题。

第一,掌握科技的运用。一是为了提高生物质能源的原料产量,必须掌握并利用转基因技术和育种技术。二是提高秸秆能源利用效率,突破生物质气化发电技术,以提高生物原料加工产品的综合利用效率和加工生产效率。

第二,对生物质资源的培育和加工要和科技创新相互结合,要持续关注对生物质利用和开发的多元化。在未来相当长的一段时期内,在生物质能源关键技术的选择上要考虑其是否对生态环境建设和国民经济有重大价值,切实做好科技成果转化和生物质能源项目的试点工作,培育生物质能源产业,使其尽快形成产业化规模。

第三,要重视科研。技术指导是获取原料的基础,也是发展生物质能源的重要保证。因此,要加大对科研的投入,重视科研工作。在生物能源发展过程中,各种技术在应用和发展中面对层出不穷的新情况、新问题,不断地被更新、完善,甚至被淘汰。因此,持续地支撑其科学研究是生物质能得以健康、持续、长足发展的重要保障。

4.加强相关立法和舆论宣传工作

相关立法的加强是保护和发展生物质能源的重要措施和必要手段。在巴西,汽车生产商、乙醇生产商和消费者之间的利益都是通过法律的形式得到了保护,在汽油中乙醇添加的比例也有明确的法律进行约束,违法者都会受到相应的处罚。此外,对于巴西联邦一级的政府单位在进行公用车的换代和购买的时候,联邦法律明确规定必须采购使用乙醇等可再生燃料作为动力的汽车。人不仅是消费主体也是生物质能源的生产主体,发展生物质能源于国于民于环境来说都是一件好事。所以,必须通过舆论的正确宣传和引导,提高人们对生物质能源的认识,改变能源消费习惯[1]。

5.因地制宜,合理开发利用

巴西是甘蔗生产大国,用甘蔗生产燃料酒精是生物质能源利用的主体,同时,根据不同农业生态区域开发利用甜高粱等其他作物作为酒精生产原料以及油料作物作为生物柴油生产原料。本着就地取材,就近生产的原则,用于生产生物

---

① 汪瑞清、方美兰:《中巴发展生物质能源的比较研究》,《世界农业》2007年第1期。

能源的原料按各地种植作物的不同而变化。在发展生物质能源作物的同时，强调食物生产的重要性，发展生物质能源作物决不能影响食品及饲料的安全供给。

中国应借鉴巴西的经验，根据中国的基本国情，为了保证国家粮食安全，避免生物质能源的原料作物"与民争粮，与粮争地"，因地制宜地确定种植的模式和布局。例如，华南地区以木薯为主，华中西南地区以甘薯为主，东北地区以玉米和甜高粱为主，华北、华东地区以甘薯和甜高粱并举的原料供应结构。我国现有荒草地 4700 万公顷，盐碱地 1000 万公顷，可选择适合当地生长条件的品种进行培育和繁殖。甜高粱是普通高粱的一个变种，具有耐干旱、抗盐碱等特性。若开发我国现有 1 / 5 的盐碱地来种植甜高粱，将达 200 万公顷，可收获甜高粱茎秆 0.9 亿吨，生产燃料乙醇 1500 万吨[①]。

二、加快发展乙醇生物燃料

（一）乙醇的含义

一般是指体积浓度达到 99.5% 以上的无水乙醇。燃料乙醇是燃料清洁的高辛烷值燃料，是可再生能源。它既可在专用的乙醇发动机中使用，又可按一定的比例与汽油混合，在不对原汽油发动机作任何改动的前提下使用。使用含乙醇汽油可减少汽油消耗量，增加燃料的含氧量，使燃料更充分，降低尾气中二氧化碳等污染物的排放。许多农作物，如薯类、甜菜、高粱、秸秆、玉米芯等农副产品和废料，经发酵和蒸馏都可以制成燃料乙醇。

（二）乙醇在巴西生产的优势

世界乙醇产量前三位的国家是巴西、美国、中国，所占世界产量的比重分别为 37%、33% 和 9%。目前，巴西国内乙醇作为汽车燃料得到了普遍的应用，其国内所出售的汽油当中乙醇的含量在 25% 左右。这导致了纯汽油汽车已经基本上停止了销售，取而代之的是以纯乙醇为燃料或者以汽油同乙醇混合为燃料的汽车占领了巴西国内汽车销售市场。

乙醇在巴西生产的优势，主要是以甘蔗为原料的独特优势。

---

① 岳德荣、王曙明等：《巴西农业生物质能源的研究与利用》，《吉林农业科学》2008 年第 5 期。

一是原料供应稳定。巴西大多数燃料乙醇企业是制糖与乙醇联产，具有大面积种植基地，原料来源稳定且供应充足。不仅如此，潜力还很大。从甘蔗种植面积看，长期增长空间巨大。

巴西国土面积 854.74 万平方公里，其中天然林与保护面积 495 万平方公里，占 58%；耕地面积 329 万平方公里，占 38%。耕地面积中，甘蔗种植面积 8.14 万平方公里，仅占耕地面积的 2.4%。可耕地面积还有 111 万平方公里，占耕地面积的 33%。

二是成本优势明显。甘蔗作为燃料乙醇原料产出高，比玉米、小麦优势明显。尤其是巴西气候条件好，甘蔗品种不断改良，加上大规模种植和机械化生产，甘蔗收成仍在提高，成本下降空间还比较大。三是低碳环保效应突出。从甘蔗中提取乙醇的能量产出投入比远高于甜菜、玉米、木薯等，对环境影响几乎为 0[1]。

（三）巴西生物燃料乙醇支持政策的演进

很多人根据不同的划分方法，把巴西政府乙醇的政策分为几个阶段，本书按照（曹俐，吴方卫，2011）的文献，把巴西政府支持乙醇发展分为三个阶段。

1. 起步阶段（1930~1979 年）

早在 1931 年，巴西就成立了专业的糖和乙醇研究机构，并通过法律规定将乙醇作为汽油添加物来发展混合能源。到了 20 世纪 70 年代，为了摆脱世界石油危机对本国石油进口的影响，保护本国经济增长和能源安全，巴西政府在 1975 年制定并出台了《国家乙醇计划》以应对本次能源危机，该计划的特点在于：一是政策目标十分明确。巴西政府对乙醇产业的支持在开始主要是为了减少对国外石油进口的依赖程度，并改善自身的贸易条件，受到石油危机的冲击后，政府对发展乙醇产业的目标就更加明确了。二是政策带有一定的强制性。《国家乙醇计划》在当时可以称得上是世界上最大的化石燃料替代方案，该方案不仅强制要求乙醇的产量在 1975 年至 1979 年从 0.5 亿升提高到 3 亿升，乙醇与天然气的混合比例从 4.5% 扩大到 20%，还强制要求巴西国内的所有汽车采用乙醇作为燃料动力。该阶段的特点是从国家战略的角度制定乙醇支持政策，在燃料使用上强制推行混合推动了乙醇产业的快速发展。但是该阶段并没有根据产业发展制定出切实

---

[1] 曾晓安：《巴西燃料乙醇产业发展情况考察》，《中国财政》2012 年第 4 期。

可行的具体支持策略，可谓是一大缺憾[①]。

2. 发展阶段（1979~2002 年）

本阶段政策的特点表现在以下三个方面：

一是政策的波动较大。从 20 世纪 70 年代开始，巴西政府所出台的政策以刺激乙醇的生产为主。但是到了 80 年代巴西国内出现了较严重的通货膨胀，国际油价在此时也出现了大幅度下跌，蔗糖的价格开始上升，导致了乙醇行业的吸引力大为减弱，巴西政府开始减少对乙醇生产的刺激性政策，甚至转向鼓励本国蔗糖的出口。到了 90 年代，政府取消了乙醇行业的生产和消费的配额限制，放松了对乙醇行业的管制，一直到 1999 年，所有针对乙醇行业的管制全部取消。

二是政策实施手段多样化。政府在刺激乙醇产业发展的时候采取了各种激励手段，例如燃料乙醇营业税的免除、汽车所得税的降低、对甘蔗种植和乙醇工厂的建立进行奖励、通过财政手段给予直接补贴等，另外，对乙醇与汽油两者销售价格设定 65% 的比例关系来促进乙醇产业发展。

三是投入资金较大。巴西政府对乙醇企业的直接投资比例在 1979 年至 1989 年之间从最初的 71% 增加到 96%，累计总投资超过 1.5 亿美元，在此期间税收累计减免额也超过 7 亿美元。

四是加重政府财政负担。巴西经济在 80 年代中期出现了严重的问题，通货膨胀率在 1985 年达到了 235%，经济环境的恶化、油价的低迷、财政负担加重动摇了公众对国家乙醇战略的信心[②]。

3. 扩张阶段（2003 年至今）

本阶段支持政策的特征：

一是为保证市场的供给，政府只对生产领域进行重点关注，对于蔗糖和乙醇生产以及出口的规模和质量要求并不进行控制，同时，放开甘蔗、蔗糖和乙醇的价格，完全由市场决定。

二是政府把对市场的管制、在税收方面的激励和给予适当的信用支持作为主要政策手段。根据巴西联邦法律的规定，乙醇的比例被设在 22%，但是可以在 20%~25% 的范围内自由浮动。在税收方面的激励体现在对给予弹性燃料汽车比汽油燃料汽车更低的税率，以及对乙醇加油站给予一定程度的税收优惠。根

① 曹俐、吴方卫:《巴西支持生物燃料乙醇发展的经验借鉴》,《经济纵横》2011年第7期。

② 曹俐、吴方卫:《巴西支持生物燃料乙醇发展的经验借鉴》,《经济纵横》2011年第7期。

据《联邦 11727 法案》中的相关规定，对乙醇的生产和销售的累计税负控制在 9.25% 以下，并且税负由两者分摊，以促进乙醇的生产和销售。政府给予适当的信用支出体现在由国家对可再生能源生产企业进行直接投资，保障其资金需求。

三是政策覆盖产业多个环节。在研发环节，巴西联邦政府分别于 2005 年和 2006 年颁布了《生物能源政策指令 2006—2011》和《巴西农业能源计划》，这两部法律的颁布旨在将第一代生物燃料的基础上发展第二代生物燃料转换技术作为政策目标，继续巩固巴西在生物燃料研发方面的世界领导者地位。在投入环节，对生物燃料的原料种植户给予补贴。例如：2010 年 6 月政府对北部和东北部的贫困州 1 万公吨以上种植户给予 5 美元 / 公吨的直接补助，使得东北部与中南部工厂的生产成本能够达到平衡。在产出环节，由国家银行和可再生能源基金提供信用额度支持，并通过对进口乙醇征收 20% 特别关税的方式实施边境贸易保护。在消费环节，对乙醇配送设施业和使用弹性燃料的车辆实施税收激励和强制管制。该阶段的政策特点是不再单纯依靠政府补贴，而是慢慢向市场依靠进行转变。对甘蔗种植户的补贴不但增加了农民的收入，也降低了乙醇生产企业的生产成本。研发投入的加强和生物燃料乙醇政策的进一步完善，是巴西取得优势地位的关键。但是产品价格的波动始终影响着市场的管制，使得管制由主动向被动方向发展。同时，补贴的增加也加重了政府财政负担，尤其是在 2008 年全球性金融危机的环境下，大量的乙醇产业补贴阻碍了巴西国内经济的复苏[①]。

（四）乙醇燃料发展成就

经过多年的发展，巴西的乙醇燃料取得了很大的成就[②]。

（1）乙醇产量及成本。巴西是世界第一大甘蔗种植国，也是全球最大的乙醇燃料出口国。巴西乙醇年产量为 160 亿升（相当于 8400 万桶石油），为全国石油消费的 12.6%。巴西以甘蔗为原料生产乙醇的成本为 0.19 美元 / 升，较美国的 0.33 美元 / 升、欧盟的 0.55 美元 / 升明显具有性价比高的优势。

（2）乙醇燃料应用领域。经过 30 多年的努力，巴西不仅成为乙醇的生产大国，而且生产工艺技术日渐成熟，也是以乙醇燃料替代石油最成功的国家之一，现为世界上唯一不供应纯汽油的国家。目前，巴西使用乙醇汽油的车辆约 600 万辆，使用乙醇燃料的车辆达 200 多万辆。巴西还将乙醇燃料的使用推向了航空和其他领域。

---

① 曹俐、吴方卫：《巴西支持生物燃料乙醇发展的经验借鉴》，《经济纵横》2011 年第 7 期。
② 王威：《再生能源战略的成功典范之巴西乙醇发展战略》，《国土资源情报》2007 年第 7 期。

（3）带动国际贸易与合作。为适应国际市场对乙醇燃料和相关技术装备的需求，巴西计划在 3~5 年内将乙醇出口量由目前的 5 亿升增加到 50 亿升，并大力向国外推广乙醇的生产技术装备。

已有不少国家表示愿与巴西开展乙醇项目合作，巴西与瑞士、日本和印度的合作已取得实质性进展。巴西每年向瑞士出口 1 亿升乙醇，每年向日本出口乙醇金额高达 30 亿美元，印度与巴西已达成乙醇生产技术合作协议，采购 10~15 套乙醇生产成套设备，巴西已在委内瑞拉等 10 个拉美和非洲国家承建了 16 个乙醇加工厂，并提供了全套设备。

（4）减少污染，保护环境。乙醇汽油对环境的污染程度仅为传统汽油的30%，可减少汽车一氧化碳、二氧化碳排放的 25% 左右，还可降低碳氢、氮氧化合物等有害物质的排放。由于乙醇汽油的广泛应用，巴西 1979~2002 年仅二氧化碳排放就减少了 9000 万吨。乙醇汽油和乙醇燃料具有传统液体燃料无可比拟的环保优势。

（5）缓解巴西的石油依赖度。在乙醇取代了巴西 40% 的汽油消费的同时，巴西近年来的石油探明储量也大幅上升。随着巴西引进和生产灵活燃料型汽车（flex-fuel vehicle，能用乙醇、汽油等多种燃料的汽车）进入第三个年头，巴西几家主要的汽车生产商预计未来生产的新车 100% 将是灵活燃料车型。

多年来，巴西政府推行的新能源政策成效显著，如今不但实现了能源供应自给，而且尚有余力向国外出口新能源产品。经过 30 多年的努力，现在巴西已经成为世界上首屈一指的乙醇生产和消费大国。据不完全统计，目前巴西全国使用乙醇汽油（即在汽油中添加一定比例的无水酒精）的汽车约 1600 万辆，而完全用含水酒精做动力燃料的乙醇汽车也达到了 200 多万辆。与此同时，乙醇燃料也被应用到了航空业。2004 年 10 月，巴西航空工业公司研制的世界首架使用乙醇燃料的飞机试飞成功，这意味着巴西在全面推广使用乙醇燃料方面再次获得成功。

（五）乙醇外交[①]

乙醇外交就是借助乙醇开发、销售和利用为主要内容开展的涉外活动。它是随着以乙醇为代表的生物燃料的研发而在国际间产生的以国家作为行为主体的

[①]　张宝宇：《巴西生物燃料开发战略构想与实践》，《中国社会科学院研究生院学报》2012 年第 2 期。

外交活动。作为乙醇生产和出口的第一大国的巴西，其乙醇外交也越发活跃。对于巴西来说，由生物燃料所提供的各种机遇不仅仅表现在经济社会发展和环境效益方面，而是将这种绿色燃料作为巴西外交的旗帜。其目的就在于帮助本国乙醇产业发展的同时，提升巴西在国际上的地位。巴西政府在不同的场合采用不同的形式实现着乙醇外交，例如：由总统直接参与与乙醇产业有关的各种国际活动，宣传通过国际合作来共同开发乙醇这种绿色能源[①]。

1. 与美国开展的双边活动

2007年3月8日至9日，美国前总统布什对巴西进行了工作访问。访问期间，双方共同发表关于促进生物燃料合作谅解备忘录。表示在开发和推动生物燃料方面开展双边、并与第三国和在全球范围内进行战略合作的意愿。关于双边合作，双方将对新一代生物燃料进行研发合作。为此，将此项工作正式纳入两国已建立的工作机制：巴西发展、工业与外贸部和美国商务部的磋商机制（巴美贸易对话）、农业磋商委员会、能源领域合作磋商机制、巴美关于环境的共同日程、巴美科学技术混合委员会等。

著名的巴西农牧业公司（Embrapa）已制订一个技术合作计划，旨在研究能源生产与粮食生产的平衡问题。该计划除与美国斯坦福大学的科学家进行合作外，还吸收中国科学院的科学家参加。关于双方与第三国进行合作，双方计划共同工作，通过可行性研究与技术援助的方式，有选择性地将生物燃料的开发推广到第三国。鼓励私人部门在这一领域进行投资。两国的计划已在中美洲和加勒比地区开始实施。

2. 非洲大陆是巴西实施乙醇外交的重点地区

巴西政府一直以来将非洲作为乙醇外交活动的重点地区，对于非常国家而言，生产乙醇不仅具有保护环境的意义，而且还是提高该地区数以百万人收入的理想途径。为了在经济方面，特别是乙醇产业开发方面加强同非洲的合作，巴西前总统卢拉在其任期内曾经多次对非洲进行访问，在2002年一年之内，卢拉就到访过24个非洲国家，现在已经有15个非洲国家对于与巴西共同开发乙醇产业表达出浓厚的兴趣。作为参与国际农牧业合作的主要机构，巴西农牧业公司在非洲已经拥有了多个代理机构，主要负责巴西先进的热带农牧业生产技术的推广。

---

① 张宝宇：《巴西生物燃料开发战略构想与实践》，《中国社会科学院研究生院学报》2012年第2期。

例如：其在加纳的代理机构负责在当地甘蔗种植业的推广，未来10年内所生产的乙醇根据合同约定，由瑞典 Sveks Etanolkemi AB 公司负责收购。此外，巴西会同第三方一起共同参与到非洲的乙醇产业当中去。例如：巴西与欧盟合作，共同在莫桑比克乙醇生产项目上建立持续发展生物能源的伙伴关系。

3. 与中国的乙醇外交

打开中国生物燃料市场是巴西与中国进行乙醇开发合作的主要目的。中国每年的乙醇产量为200万吨左右，但是乙醇的生产主要靠玉米为原料，由于我国粮食制度上的限制，无法实现将大量玉米用于乙醇生产，相对于乙醇的需求而言，乙醇的供给明显短缺，这就为巴西的乙醇出口带来了机遇。根据两国的相关合作协议，中国将会对来自巴西的进口乙醇逐渐减少非关税以及关税壁垒。2010年1月中国政府将乙醇的进口关税从原来的30%下调到5%，为巴西的乙醇出口进一步开放了国内市场，同时，中国政府计划到2020年从巴西进口的乙醇混合汽油达到1000万吨。对于中国的做法，巴西糖甘蔗工业联盟领导人公开表示了赞赏，表示将会在中国设立办事处，协助巴西乙醇对华出口的进一步扩大。

其次，巴西政府欲借助于中国雄厚的资金和在生物燃料生产方面已取得的先进技术，寻求在巴西设厂或者合作共同在第三国设厂的可能性。例如：巴西 Grupo Farias 公司已经与中国企业达成合作协议，将会在巴西东北部伯南布哥州共同建立乙醇生产企业；巴西 Pallas International 集团与中国政府合作在巴西购置20万公顷土地用作可再生能源的生产。此外，巴西的 Cofco 公司同中国石化合作在大陆设厂用于纤维素生物燃料的生产。

再次，巴西对华乙醇外交，实际是它的整个外交活动的重要内容，具有远大的政治目的，即把"绿色石油看成是它强化其在地缘政治舞台上立场"的重要手段。

（六）巴西支持乙醇发展的经验借鉴与启示

巴西支持乙醇发展，给我国很多经验借鉴与启示。

1. 对能源作物种植者予以补贴

巴西生物燃料乙醇产业的成功发展，重要的一点是产业发展有充足的、廉价的原料供应，而这主要是通过补贴能源作物的种植者实现的。我国可借鉴巴西的经验，对非粮能源作物，如木薯、甘薯、甜高粱等的种植者进行补贴，既可以直接补贴，也可以对种植者提供信用贷款或低息贷款给予支持，保证原料供给。

2. 在税收上给予以生物燃料乙醇为燃料的汽车生产者一定优惠

对于乙醇汽车的生产，在产品税和增值税方面巴西政府给予了一定的减免，该政策不仅降低了乙醇汽车的生产成本，也刺激了对乙醇的消费。在乙醇汽车开发和应用方面的这种做法值得我国政府借鉴。在税收方面，我国也应该出台具体的优惠措施来帮助和鼓励国内企业从事以生物乙醇为燃料的新能源汽车的研制和生产[1]。

3. 降低投资门槛，扩大资金来源渠道

在市场准入方面，巴西政府对于生物燃料乙醇产业的投资者没有设置严格的限制，反而对生物燃料乙醇的投资者给予一定比例的投资补贴。另外，在资金来源渠道方面，巴西政府加强与国际的合作，积极引入外资进入生产环节。而目前在我国该产业还是处于起步阶段，没有完全放开对生物燃料的生产准入，只有获得国家批准许可的定点企业才可以从事生产业务，通过企业试点后所获得的实践经验，再来向社会逐步进行推广，在产业发展初期这种做法是有好处的，利于对产业的培育和监管。但是随着产业的发展壮大，迫切需要投资渠道的丰富，同时政府投资补贴的力度还要加大，让产业投资向多元化方向发展[2]。

4. 保持生物燃料乙醇技术研发的持续性

从甘蔗乙醇的生产成本比较来看，巴西无疑是世界上最低的。甘蔗乙醇的生产成本已经可以达到比汽油的生产成本还要低的程度。这主要归功于巴西政府一直以来对甘蔗乙醇研发的持续投入。通过政府投资，使得巴西国内大学及科研机构在甘蔗种植和乙醇发酵工艺方面研发出了世界领先的技术。而我国政府在研发投入方面的明显不足，导致创新能力不够，在生物燃料方面技术突破不够。因此，在科研投入方面，我国政府还是应该加强投入，以科研投入带动技术创新和技术瓶颈的突破，降低产品的生产成本，最终能够达到能源多元化的

---

[1]　曹俐、吴方卫:《巴西支持生物燃料乙醇发展的经验借鉴》,《经济纵横》2011 年第 7 期。
[2]　曹俐、吴方卫:《巴西支持生物燃料乙醇发展的经验借鉴》,《经济纵横》2011 年第 7 期。

战略目标①。

三、启动全国生物柴油计划

（一）生物柴油的含义

有害气体排放超标、全球气候变暖、石油价格居高不下、可再生资源日渐匮乏……面对一系列生态难题，人类该如何应付？生物柴油正日益成为能源发展的新选择。作为清洁可再生能源的生物柴油，主要以油料作物、油料林木果实、油料水生植物、动物性油脂以及餐饮废油等为原材料通过生产得到的液体燃料，可以作为柴油、石油的优质替代品。

生物柴油作为一种特殊的生物燃料，它是从各种脂类物质及饱和与不饱和脂肪酸中提炼而来的。生产和应用生物柴油具有明显的优越性：首先是生产原料廉价；其次，种植某些原料作物，有利于土壤优化，因为采取作物轮种的方式，能改善土壤状况，调整土壤养分，可以挖掘土壤增产潜力；再次，生产生物柴油过程中所产生的副产品具有经济价值；最后，环保效益显著。它能用作锅炉、柴油机等的燃料，并且使用时其尾气中有毒有机物排放量仅为普通柴油的10%，一氧化碳和二氧化碳排放量仅为普通柴油的10%。

（二）生物柴油的开发历程

生物柴油作为燃料使用在世界范围内具有较长的历史。1937年，比利时人沙巴纳（G.Chavanne）申请了把植物油转化成燃料的专利。目前的生物柴油正是用这种方法生产的。

从20世纪70年代巴西政府已经着手开展从植物油中提炼燃料的研发工作。在此期间诞生了世界首个生物柴油生产工艺的专利（1977年由帕伦特申请）。但是生物柴油的实际投产却是从80年代开始，巴西政府在当时制定了支持生物柴油开发的计划。例如：1982年《植物燃料油国家计划》（Programa Nacionaldos Oleos Vegetais）的颁布。随后，巴西政府根据2003年7月2日所颁布的一项总统法令，建立了生物柴油部际工作组（Grupo de Trabalho Interministeral）。这个

---

① 曹俐、吴方卫：《巴西支持生物燃料乙醇发展的经验借鉴》，《经济纵横》2011年第7期。

工作组的任务就是对巴西利用生物柴油在社会、经济、环境方面的可行性进行研究。采取意见听证会的形式，收集科研院所、农民、汽车及零件制造商、植物油生产商、地方立法部门代表的意见。

最终工作组在 2003 年 12 月向巴西政府提交了开发生物柴油的报告。在该报告中，提出开发生物柴油有助于解决巴西国内一系列的重大问题。根据该报告中的相关内容，巴西政府于 2004 年 12 月 6 日颁布了《生物柴油计划》（Programa Nacional de Producao e Uso do Biodiesel-PNPB），该计划的核心内容是通过一系列鼓励措施和市场机制促进生物柴油的生产和利用，该计划的执行机构确定为国家天然气、石油和生物燃料管理局[1]。

2004 年 12 月，巴西政府提出"国家生物柴油生产和使用计划"，并成立部际执行委员会，由总统府民事办公室牵头协调，其工作方针是：在国家整体能源框架中以可持续的方式引入生物柴油，促进能源来源多样化，促进生物能源比例的增长和能源安全；提高就业率，特别是在农村地区和生产生物柴油油料作物的家庭农业占主导的地区；缩小地区差别，促进落后地区发展，主要是北部、东北部和半干旱地区；减少污染排放和整治污染排放的费用，特别是在大都市地区；减少柴油进口，节省外汇收入；制定财政鼓励措施和有力的公共政策，促进落后地区油料作物生产者的发展，包括提供融资、技术方面的支持及经济、社会、环境方面的可持续性保障；实行弹性调节，促进各种原料油料作物的种植和各种提炼技术的采用。

（三）"生物柴油计划"目标和内容

该计划的主要目的是将生物柴油这种新型能源引入国家能源框架中去，实现能源来源渠道的多元化，保护国家能源安全，逐步减少对进口能源的依赖性，减少能源进口开支；在生物柴油供应链中增加较贫困地区的小型农业生产者和家庭农场作为受益对象，这样有助于缓解社会矛盾和减少地区之间的经济发展差异，提高社会总体就业水平；在政府政策手段的激励作用下使生物柴油产业逐步向市场机制靠拢[2]。

---

[1] 张宝宇：《巴西生物燃料开发战略构想与实践》，《中国社会科学院研究生院学报》2012 年第 2 期。

[2] 程云、卢悦、余世实：《巴西实施生物柴油计划的政策举措》，《中外能源》2009 年第 5 期。

（四）"生物柴油计划"的实施的政策和举措

巴西联邦政府为了确保该计划的贯彻实施，采取了一系列举措，使法律、政策和社会环境适合生物柴油的成长和发展[①]。

1. 认证机制

社会燃料证书机制是根据巴西政府第 11116 号法令（2005 年 5 月 16 日颁布）而建立的。社会燃料证书机制规定：想取得减税优惠的生物柴油特许制造和销售商，必须向农业发展部申请"社会燃料许可"的认证。该法令规定：生产柴油的生产商在制造过程中要遵守社会准则并承担社会责任，即要求生物柴油的生产商必须根据指定的最低限额比例（北部和中西部为 10%，东北部和半干旱地区为 50%，南部和东南部为 30%）从家庭农场手中购买原料，与此同时，必须就原料收购价格和交付条件等同家庭农场达成协议，并时刻提供技术上的支持。巴西政府通过社会燃料政府机制的建立来实现融资模式的创建和扩大相关税收补贴。

2. 税收引导

巴西的农村存在着大量失地农民，家庭式的农业生产很难提高农民收入，就业问题严重，社会矛盾尖锐。在这种背景下，巴西决策层通过税收政策引导资金和技术流向这些贫困地区。在第 11116 号联邦法令（2005 年 5 月 18 日颁布）中特别提到，在生产生物柴油的原料中有来自东北和半干旱地区的蓖麻油、北部的棕榈油，这些原料如果是从家庭农场收购而来，则只对生产厂商征收货物和服务流转税（ICMS），而对于 COFINS 和 PIS／PASEP 税可以得到百分之百的减免。使用来源于这些地区的其他原料，可以获得最多 31% 的联邦特许税减免。另外值得注意的一点是，目前在巴西国内各州已经对生物柴油的联邦总税收不超过传统柴油燃料的税收取得了共识并达成了相关协议[②]。

从上述这些举措来看，决策层无疑充分考量了其基本国情，并通过该计划将巴西一些贫困地区弱势群体纳入了生物柴油的产业链中，创造了增收和就业机会，缓解了地区发展不平衡的矛盾。

---

① 程云、卢悦、余世实：《巴西实施生物柴油计划的政策举措》，《中外能源》2009 年第 5 期。

② 程云、卢悦、余世实：《巴西实施生物柴油计划的政策举措》，《中外能源》2009 年第 5 期。

3. 法律强制

巴西在整个计划推行中运用的最强有力的执行力就是政策的法律化，这实质上是借助法律的形式来规范并保障生物柴油链中各个群体的相关利益。例如，在 2005 年，巴西颁布实施国内第一个生物柴油销售法令，对在巴西能源框架中引入生物柴油作出强制性规定，规定巴西燃料油须添加一定比例的生物柴油。规定从 2008 年 1 月开始，要求柴油中生物柴油的组成比例为 2%（即 B2 柴油），到 2013 年 1 月，这一比例将强制提高到 5%（即 B5 柴油）。

4. 市场扶植

巴西联邦政府认为，在市场还不成熟的时候完全寄希望于行业自治是不够明智的，因为对于从事传统能源生产的企业来说，它们更多关注的是经济效益，而新能源的开发成本高，前期投入也高，企业不愿主动去冒险，这就造成可再生能源的价格居高不下，缺乏市场竞争力。因此，身为公共利益维护者的政府应及时采取措施进行扶植，从而不断扩大新能源产业在市场中的份额。

5. 政府控股

自 1997 年 8 月 6 日起，巴西将石油管理实行政企分开，但是联邦政府仍然对巴西石油公司拥有 50% 的控股权，其中注册资本原始股中联邦政府占 51%，即：虽然打破了巴西石油公司一统天下的局面，但是联邦政府仍保持着控制全国能源命脉的主导地位。

6. 政策的灵活性和监管的严格性

在巴西，可用于生产生物柴油的原料种类丰富，把植物油市场和生物柴油市场联系起来的技术类型也存在多样性，因此政府鼓励各地根据自身特点因地制宜，自主选择经济效益最适合当地的原料和发展模式。但这种灵活性并不意味着允许产品质量可以存在巨大差异，政府严格把关柴油标准，要求混合使用的生物柴油必须符合规定的理化指标，确定标准和严格审查的职责由巴西石油、天然气和生物燃料行业监管机构 ANP 承担[①]。

巴西现行的生物柴油质量标准是 ANP255 和 ANP310，这两个标准为向市场提供高质量的产品提供了保障。同时，高标准的实施也让产业链中各个利益主体对政府的监管充满了信心，纷纷主动成为"生物柴油计划"的参与者。

---

① 程云、卢悦、余世实：《巴西实施生物柴油计划的政策举措》，《中外能源》2009 年第 5 期。

7. 金融手段

为了使"生物柴油计划"得到快速实施，巴西社会经济发展银行作为国有银行为鼓励企业生产生物柴油成立了专项基金，不仅可以提供给厂家最高相当于90%项目资金的融资额度，而且对于厂家所购置的机械设备的还款期限到期后还可以延长25%的时间。这样的金融手段在一定程度上大大刺激了整个产业链的生产热情。

8. 着眼国际市场的建立和局部区域的经济效应

在取得成功的同时，巴西联邦政府的决策层也清醒地认识到，凭借巴西在生物燃料技术上的国际领先地位来控制和垄断该产业在国际上会招致严厉的反对，是坚决不可取的行为，如果想逐步提高产品在国际市场上的质量和维护国际生物燃料市场的稳定，必须与世界更多的国家保持合作，让更多的国家来参与到国际生物燃料这个巨大的产业链条中来，形成相互制约、相互影响的国际生物燃料市场。在这个方面，巴西已经开始了行动。例如，巴西同美国共同创建了"国际生物燃料论坛"（The International Biofuel Forum），旨在通过搭建一个更好的沟通平台让生物燃料的生产商、销售商、消费者能够面对面增进了解，减少贸易技术壁垒，消除生产国与消费国之间的种种不平等和不对称[①]。

此外，巴西还精心培育区域内部的能源结构多样化，具体表现为南方共同市场（Mercado Comum do Sul，南美洲国家的区域贸易协定）内部签订的谅解备忘录，以促进南美洲地区的资源整合，为整个区域的可持续发展助力，共享发展成果，形成双赢局面。

（五）巴西推行生物燃料的举措对我国的启示

从巴西实施"生物柴油计划"的政策举措中，我们不难发现，巴西决策层非常重视政府在能源领域的领导作用，从该计划的出台到贯彻执行几乎完全由ANP全权负责。而我国目前能源领域的管理分散在发改委、农业部、科技部、国资委、环保总局等众多部门，即使已由发改委能源局负责该领域的行政管理，但是从国家长远的经济安全和战略发展来看，仍需组建一个比现有级别更高的独立能源部门，这样才有利于统一领导、降低管理成本，有利于协调各个部门之间

---

② UN.Press Conference Launching International Biofuels Forum[EB/OL] . (2007-03-02)[2008-11-05] .http://www.un.org/News/briefings/docs/2007/070302_Biofuels.doc.htm.

的关系和利益。

　　巴西政府用法制化的管理手段对计划中的相关规定和技术指标进行管理，通过执法监督的加强以保障"生物柴油计划"的执行。在我国也出台了类似的《可再生能源法》，虽然这部法律社会意义十分积极，但是对于一部法律能否正常发挥效力还必须配合保障体系、实施环境和执法力度来看。从《可再生能源法》中可以看到，一些规定缺乏可操作性，并且缺乏实施细则。有国内专家评论该法在目前的环境状态下法不责众，细则不够细，很难得到落实[1]。

　　巴西政府在计划的执行手段选择上显示出了极大的灵活性，通过利用税收和价格杠杆来对引导能源消费的方式和结构的调整。在政策激励机制上我国目前已经有了《可再生能源发展专项资金管理暂行办法》（2006年财政部颁布），该政策出台的目的是对生物能源、太阳能、地热能、风能、乙醇燃料等能源的开发利用进行重点扶持，但是在惩戒方式和监管范围等方面的规定比较模糊，随之产生的后果是相关主体的利益很难通过政策得到合理的保护，降低其参与可再生能源的发展的积极性[2]。

---

[1]　提案人置疑《可再生能源法》"法不责众"，http://gb.cri.cn/8606/2006/03/08/1245@935132.htm。

[2]　《可再生能源发展专项资金管理暂行办法》出台，http://http://www.newenergy.org. cn/html/0068/200682_11239.html。

第十章　北欧低碳发展经验与探索

北欧（Nordic Europe）国家包括瑞典、挪威、芬兰、丹麦和冰岛 5 个国家。总面积 130 多万平方公里。北欧国家的人口密度相对较低，经济水平则最高，生活非常富足，福利保障极度完善，丹麦、瑞典等国的人均国民生产总值均居世界前列。北欧 5 国非常重视生态环境保护，是全世界最早倡导保护自然环境的区域，在低碳发展、生态保护、绿色发展等方面取得了很多经验，值得世界各国学习和借鉴。

一、北欧低碳城市发展与实践

城市随着工业的发展，而导致了很多环境污染问题，北欧在发展城市中高度重视城市环境保护，在发达低碳城市方面进行了很多有益的探索，如开发再生资源、加强环保技术的研究、提倡低碳出行等，在实践过程中形成很多好的经验，这对于世界各国都是值得借鉴和学习的。

（一）北欧低碳城市发展的经验

北欧国家非常注重城市环境保护，倡导低碳城市发展，在实践过程中形成了很多具体做法。

1. 以可再生能源开发利用为主导，加快调整能源消费结构

瑞典一直以来都在重点发展可再生能源，包括对生物质能、水能和太阳能等新能源的研发和利用，以实现在 2020 年底以摆脱对化石燃料的依赖。地热、

沼气和太阳能等清洁能源已经完全融入如今的瑞典居民日常生活。例如：欧洲第二大太阳能采暖设施已经在 2002 年 4 月正式在瑞典孔格尔夫市投入了使用，通过太阳能的使用每年可以节约大约 440 立方米的石油消耗，减少大约 1000 吨的二氧化碳排放，其他排放（如：氧化物和二氧化硫）都出现了不同程度的减少，由此可见太阳能的使用对环境的保护作用显而易见。为了更好地利用太阳能对地区的供热功能，孔格尔夫市目前又在考虑扩大太阳能集热器的建设规模，逐渐摆脱对化石燃料的使用依赖。瑞典林雪平市从 2001 年开始将从食堂和餐馆收集而来的食物垃圾进行处理以生产沼气，以供市内公共汽车作为燃料使用。该做法导致该市每年减少了 3422 吨的垃圾焚烧量，同时增加了 1334580 立方米的沼气产量，既缓解了垃圾处理过程中对环境造成的破坏性影响，也为公共交通提供了比化石燃料更绿色环保的沼气能源，可谓一举两得[①]。

2. 以废物回收再利用为依托，努力实现"变废为宝"

在建设低碳城市过程中，瑞典人非常重视废物处理和利用。如，利用污泥生产沼气、利用污水灌溉苗圃、利用垃圾供电供热等，都充分体现了瑞典在废物回收再利用这一领域的先进理念和创新思想。在首都斯德哥尔摩，污水处理厂在处理污水的同时，通过提取淤积的污泥来生产沼气，为汽车和城市供暖提供了可靠的燃料。污泥的回收利用使得汽油和柴油的年使用量减少了 600 万升，二氧化碳年排放量减少了 14000 吨，颗粒物和氮氧化物维持在低排放水平，整个城市空气质量得到明显改善[②]。同样，特纳斯勒市利用污水处理厂中富含营养成分的污水来灌溉苗圃，以减少营养成分流失，降低对商品肥料和灌溉用水的需求。靠近首都的哈姆滨湖城以利用可燃垃圾供电、供热和利用污水中的余热来为区域供热系统中的水加热等手段为主，以实现消除环境影响、建成低碳城市的最终目标[③]。

3. 以普及节能设备为重点，切实提高能源利用效率

瑞典不仅注重能源生产的转换，还在全国范围内大力推广热交换、余热回收、除湿等高效节能设备，努力提高能源使用过程中的利用效率。例如，在瑞典

---

① Swedish Environmental Protection Agency. Digested food waste powers Link ping's buses, 2009.

② Swedish Environmental Protection Agency. Better air quality in Stockholm thanks to sewage sludge, 2009.

③ 邱鹏：《探索低碳城市建设新路径——瑞典经验借鉴及启示》，《西南民族大学学报》（人文社会科学版）2010 年第 10 期。

的林德斯贝里市，从 1998 年起，当地所有的硬纸板工厂就开始在车间安装余热回收器，通过余热回收器可以将车间内所产生的余热收集起来用于居民区的供暖，该项目每年可以节约 40 万千瓦时的电能和 $100 \sim 150 m^3$ 的石油，在为纸厂带来成本上的效益外，也使该地区环境得到了改善。二氧化碳年排放量减少了1600 吨。随着以前用于供热的大型热泵被逐步淘汰，氟利昂使用量减少了 5 吨，耗电量也减少了 1100 千瓦时。

4. 以环保技术研发为支撑，不断增强污染防治能力

瑞典的低碳城市建设之所以能够取得成功，关键在于包括固体垃圾处理、水污染处理、空气污染处理三大环保技术强有力的支撑。例如：在瑞典哈姆滨湖城已经建成了一个水处理技术开发中心，该中心的主要任务是对新的水处理技术和方法进行试验和研发。此外，很多相关的企业与该中心建立了长期友好的合作关系，这为新技术向商业化应用进行转化提供了一个互利互惠的沟通交流平台。

在瑞典，类似这样的环保技术研发中心还有很多。正是因为技术研发的不懈努力，瑞典的三大环保技术已经引起了全世界的广泛关注，这也促使环保技术出口逐渐成为推动瑞典经济增长的又一动力源泉。

5. 以政府资助为动力，积极推进各城市向低碳发展模式转变

1996 年，为促进瑞典城市向低碳城市转变，瑞典政府决定开始资助包含从能源有效利用和能源转换，到旨在创造更舒适的人居环境、处理水和空气中的污染排放物以及提高生物多样性等项目的地方投资计划。在 1998～2002 年期间，瑞典政府共资助了地方投资计划中的 1814 个投资项目，资助金额近 62亿瑞典克朗，资金主要运用于水管理、交通、可再生能源开发、能源有效利用等方面。2002 年，瑞典政府成立旨在减少温室气体排放的气候投资计划，并在2003～2008 年期间，为其中的 900 多个投资项目提供了 18 亿瑞典克朗的资金，减少了等价于 6600 万吨二氧化碳的温室气体排放，节约了相当于 72 亿千瓦时的能源[①]。

6. 注重可再生能源的开发与利用

丹麦从 1998 年开始对其产业结构进行调整，将能源和环境产业作为关注的

---

① 邱鹏：《探索低碳城市建设新路径——瑞典经验借鉴及启示》，《西南民族大学学报》（人文社会科学版）2010 年第 10 期。

重点产业。风电产业是丹麦众多产业中具有国际竞争力的一个产业，在过去的十年间，丹麦政府在罗兰岛上开始修建风车，到目前为止，已经修建了大约500座风车，风车的发电量在这10年增长了12倍。这些风车在2004年的发电量可以供21万个家庭或100万居民进行消费。在世界排名前10位的风机公司当中，丹麦公司就占据了4席。丹麦国内的风电产业在2007年创造了大约2.8万个就业岗位，销售额达到了70亿美元左右，其风能涡轮车出口占全球30%的市场份额。此外，丹麦的能源技术出口规模也日益扩大，2007年出口额达到98.6亿美元，随后保持着8%的年增长率。在过去30年间能源技术部门是丹麦出口表现最出色的部门。对于丹麦发展模式的成功，丹麦能源署将其归因于区域供热和热电联产、以风能和生物质能作为主要可再生能源、能源利用效率的提高等因素[①]。

7. 注重能源的节约利用

丹麦政府在小城镇的建设过程中对能源节约问题高度重视，提倡在生产过程中使用新技术和新措施尽量做到对环境的破坏程度达到最低。丹麦政府所制定的能源政策目标是使能源效率在生产、传输、消费环节达到最大化。所以，丹麦政府的工作重点之一是如何降低家庭能源的消耗，通过资源的循环利用来达到节省资源的目的。为了提倡废物的循环再利用，丹麦政府规定对于填埋垃圾的行为要适用最高的税率，垃圾焚烧的税率次之，对垃圾进行循环再利用则完全可以被免税。在这些措施的引导下，每年丹麦产生的1400万吨垃圾当中67%的垃圾被直接回收再利用，20%的垃圾被焚烧用于供热，只有7%的垃圾被直接填埋。

8. 提倡绿色出行方式

丹麦政府对于不同的交通工具的重视程度是不一样的，最为重视的是自行车，其次是公共交通，最后才是私人轿车。丹麦与荷兰一同被称为欧洲的自行车王国，而丹麦的哥本哈根更是被国际自行车联盟任命为全球首个"自行车之城"。除此以外，私人汽车在哥本哈根市的平均停车费用高达20克朗/小时，未来的停车费用还将更加高昂。对于进入市中心的车辆，哥本哈根正考虑按照英国伦敦的做法征收城市交通拥堵费。

9. 注重精细规划与精品建筑

对城镇的规划应该是对原有城市格局、建筑风格、空间形态基本保留的基

---

② 陈群元、喻定权：《丹麦建设低碳小城镇的经验及对我国的启示》，《城市》2010年第4期。

础上，对功能进行合理的划分，通过改造和再利用让原来的建筑满足现代生活的需要，而不是将不适合现代需要的老建筑推倒重来。对于一些老建筑和特色建筑，可以继续维持其外观，只对其内部根据现代需要进行适当的改造即可；对于一些文物古迹，对外观进行修缮使其与周围的建筑更加协调。每一个城镇的建筑群都体现出建筑师的设计理念，使得城镇具有一定的文化品位和历史感，即便是农村的住宅建筑物，在平面、立面、庭院布置都显示出变化的多样性，表现出不同的设计特色。

10. 注重提高人的素质和环保教育

城镇化建设需要城市居民较高的文明素质，丹麦政府注重对居民环保意识的宣传。丹麦每个市政区都拥有一座垃圾回收厂。1981 年以来，丹麦将垃圾场分为 25 个回收类别，其中 20 个都可以被回收再利用。每周来垃圾回收厂送自家垃圾的可达到 1500 辆车、3000 多人。尽管垃圾回收在丹麦已经实行了 20 余年，但政府仍然不断向市民宣传垃圾回收知识，包括在网络上播放宣传片、组织学生们到垃圾处理厂实地实践等。节能环保已经深入丹麦人的生活中[1]。

（二）低碳生态城市案例介绍

瑞典小城维克舒尔是欧洲人均排碳量最低的城市，通过可持续行动计划推动低碳城市的发展[2]，2007 年，被欧盟委员会授予"欧洲可持续能源奖"。早在 1969 年，维克舒尔政府就全票通过了实施有关环境政策的决定。20 世纪 80 年代，生物能源进入城市供热系统。2005 年，可再生能源在供热系统中占 88%。

维克舒尔的环境政策框架主要包括 3 个领域的内容：日常生活、自然环境、"维克舒尔零化石燃料计划"。其中，"维克舒尔零化石燃料计划"是该市于 1996 年颁布的一项世界领先的项目，在供热、能源、交通商业和家庭中停止使用化石燃料，降低碳排放，使能源消费对气候变化不造成任何影响。该计划的目标是准备在 2025 年实现排放比 1993 年减少 70%，并有望在 2025 年成为世界上首个零化石燃料应用的城市。为此，政府展开了一系列行动：第一，在政治领域达成全国共识，影响公众意见的形成；第二，逐步取消电力直接供热；第三，在采购或

① 陈群元、喻定权：《丹麦建设低碳小城镇的经验及对我国的启示》，《城市》2010 年第 4 期。
② 郭万达、刘艺娉：《瑞典维克舒尔：通过可持续行动计划推动低碳城市的发展》，《城市规划通讯》2012 年第 20 期。

租赁环节采用环保型机动车；第四，环保型机动车可免费停放于市区停车场；第五，刺激对能源经济的需求；第六，向市民提供能源建议；第七，交通设计及道路指挥体系要有利于步行、自行车及公共交通系统的使用。

"维克舒尔零化石燃料计划"包含一系列设计——续密的行动计划，在以下几个领域设有完整的时间表：第一，生物燃料支持区域供热／制冷系统；第二，能源效率；第三，机动车；第四，交通拥堵及公共交通；第五，生物燃料；第六，自行车。

为跟进环境政策的实施，确保能源目标的实现，维克舒尔政府发展出一套城市环境管理的生态预算模式。该模式遵循"计划—行动—评估—政策"的循环，具体分为 3 个阶段：第一，建立环境预算；第二，实施计划方案；第三，年度环境核算。政府每年制定生态预算，用于完成环境政策中的各项计划指标。每隔半年，政府会对预算及环境政策的实施效果进行评估与考核。具体指标分为 3 类：第一类，预算指标；第二类，环境资产指标；第三类，能效指标。

通过政府可持续的行动计划，目前维克舒尔能够超前完成大部分环境目标。已经有 51% 的能源来自生物能、水能、地热和太阳能。1993～2006 年的 13 年间，维克舒尔的碳排量减少了 30%，年人均排量仅为 3.232 吨，远低于欧洲（8 吨／年人）和世界（4 吨／年人）的平均水平，成为欧洲，乃至世界上人均排碳量最低的城市。

二、北欧低碳住宅经验

近年来，随着工业化步伐的加快，环境污染、生活垃圾等造成的城市生活环境质量恶化，已成为制约城市经济社会发展的瓶颈，北欧的瑞典和丹麦在解决工业化、城镇化过程中居住问题方面积累了丰富的经验，并成功地实现了住宅的工业化生产；近年来在低碳和可持续发展住区方面又进行了积极地探索并取得了明显成效。

（一）完善的法律和规范体系

根据欧盟相关立法的规定，瑞典政府在本国国情的基础上颁布了一系列法律。这其中包括《住宅标准法》（1967 年颁布）和《环境标准》（1998 年颁布）。其中《住宅标准法》主要用来对建筑市场进行规范，推动建筑业向可持续性方向发展。而《环境标准》则是在《住宅标准法》的基础上，通过相关具体的技术标准规范的制定，通过明确提出建筑物要符合经济性、适应性、预防性、安全性等性能要求来进一步落实建筑物性能、质量和可持续性的要求。对住户能源消耗在《环境标准》中有明确的限定性要求：1978 年为 240 千瓦时 / 平方米，1980 年下降到 200 千瓦时 / 平方米，1990 年下降到 150 千瓦时 / 平方米，2000 年下降到 100 千瓦时 / 平方米，2015 年达到 50 千瓦时 / 平方米。[①]

在丹麦，也有相应的法律体系和标准规范，2005 年为进一步落实《京都议定书》的承诺，丹麦出台一部综合性的建筑法规，明确提出进一步节能 25% 的目标。

表 10—1 瑞典建筑法律

法律名称	时间
住宅标准法	1967 年
建筑物技术质量法	1987 年，2003 年修订
规划和建造法案	1987 年，2003 年修订
关于 CE 标识的法案	1992 年
建筑施工技术要求法案	1994 年
建筑规范	1993 年，2002 年修订
建筑施工技术要求条例	1994 年，1999 年修订
设计规范	1993 年，1999 年修订
环境标准	1998 年

资料来源：根据各种资料整理。

（二）健全的建筑工业化标准规范

瑞典国家标准和建筑标准协会（SIS）通过出台针对工业化建筑的一整套完善的规格和标准，来保证以低碳的方式完成住宅的建筑。例如，1960 年和 1992 年出台的《浴室设备配管标准》和《关于 CE 标识的法案》分别被用来控制建筑标准和推行建筑产品认证制度。

丹麦还于 1960 年推出《全国建筑法》，在该法中规定"所有建筑物均应采

---

① 于萍、陈效述：《瑞典、丹麦推进低碳住区发展的经验》，《节能与环保》2011 年第 2 期。

用 1M（100 毫米）为基本模数，3M 为设计模数"，同时还制定了 20 多个必须采用的模数标准（包含公差、尺寸等）。该法的出台保证了市场上不同厂家所生产的构件之间具有通用性，随后丹麦标准更是被国际标准化组织当做制定 ISO 模数协调标准的蓝本，因此，丹麦被称为世界上第一个将模数法制化的国家。

同时，丹麦以"产品目录设计"为中心，发展住宅通用体系，推行建筑工业化。当前，根据可持续发展的要求，丹麦重点促进建筑设计与工业化生产的进一步融合，把建筑师的技巧与工业化生产的部件、产品有机结合起来，提高住宅建筑的建设标准和水平。

表 10—2　建筑工业标准规范

建筑工业标准	时间
"浴室设备配管"标准	1960 年
"主体结构平面尺寸"和"楼梯"标准	1967 年
公寓式住宅竖向尺寸及"隔断墙"标准	1968 年
"窗扇、窗框"标准	1969 年
模数协调基本原则	1970 年
"厨房水槽"标准	1971 年

资料来源：根据各种资料整理。

（三）多元化的经济政策

瑞典为了推动可再生能源的生产和使用，降低二氧化碳排放和建筑全寿命周期能耗，以及减少环境污染和噪音等，对严格执行的企业和个人分别实施了经济政策措施，分别给予捐赠或补贴。

1. 对建设项目进行补贴

瑞典政府从 1998 年起通过实施 LIP 当地投资计划为环境可持续发展项目提供拨款。为履行京都议定书所承诺的义务，瑞典政府又于 2002 年设立 KLIMP 气候投资计划，设定在 2010 年以前累计拨款 162 亿瑞典克朗用于环保。随着环保要求标准和建造 100% 地利用可再生能源建筑成本的提高，瑞典政府从 LIP 当地投资计划当中拿出 2.5 亿克朗用于土壤无害化处理及基础设施建立、先进技术体系的引进、环保教育项目的投资和信息项目建设等与环境有关的投资。例如，为解决市政设施改造导致的成本增加问题，瑞典政府向哈马碧住宅区项目投资占总投资额的 10%，约 2 亿克朗。

2. 对建筑产业工业化实行优惠贷款

根据瑞典《住宅标准法》中的相关规定，如果建筑材料和建造的住宅按照瑞典国家标准和建筑标准协会的建筑标准制造的，可以享受政府优惠贷款；如果采用光电太阳能技术的将会获得政府相当于 70% 设施设备总价值的补贴；此外，当居民使用的是清洁能源汽车时，在购买和停车方面都会得到相应的优惠和照顾。而当居民在消费高于市场价格的可再生能源时同样也可以获得政府补贴。

（四）以低碳、零碳为建设理念的示范住区项目

瑞典在示范住区以低碳、零碳为建设理念。比如低碳示范住区项目——哈马碧小区在系统化的规划设计上，按照闭合的生态系统理念，从环保、节能、节水、节材、节地和交通等方面综合统筹设计，由斯德哥尔摩市政府分管水务和垃圾处理的管理部门联合开发了一套生态循环系统，通过对当地住宅、办公室及其他设施能源、水、污水及废弃物的有机循环和管理，实现了预定的比原来标准对环境影响减少 50% 的目标。又如零碳示范住区项目——明日之城小区，在整个住宅小区的建造过程中并不追求特别先进的技术和产品，而是把重点放在成熟、实用的住宅技术与产品的集成上，在"四节一环保"方面取得了积极成效①。

1. 节能方面

（1）在能源供应上，小区内 1000 多户住宅单元 100% 地利用当地的可再生能源，包括风能、太阳能、地热能、生物能等，所需能源已达到自给自足。其中约 120 平方米的太阳能光伏电池系统年发电量约 1.2 万千瓦时，可满足 5 户住宅单元的年需电量。利用地源热泵技术和 1400 平方米的太阳能板，可分别满足小区 85% 和 15% 的供热需求。

（2）在使用需求和舒适度得到满足和保障以后，在能源消耗上，对于每户的能源消耗严格规定只能在 105kWh / mza 以内，而平均每个瑞典家庭在 2000 年的时候能源消耗水平达到了 175kWh / mza，该规定体现了能源节约的原则。

（3）采取多种措施提高能效，如制定"质量宪章"，从楼面设计、建材选择

---

① 于萍、陈效述：《瑞典、丹麦推进低碳住区发展的经验》，《节能与环保》2011 年第 2 期。

以及户内电器的配套上力求实现能源效率高、日常能耗少。又如，普遍采用断桥式喷塑铝合金门窗、高效暖气片、可调式通风系统、节能灯具、空心砖墙及复合墙体技术；部分楼宇安装有热量回收的新风系统、加厚的复合外墙外保温墙板等。

2. 节水、节地、节材方面

重点抓好雨水处理系统和污水排放对生态环境的影响。在住宅单元中普遍采用节水器具，例如两档、甚至三档的节水马桶，部分单元还安装了节水龙头。通过合理的规划和设计提高小区的土地利用率，同时增加小区的美学观赏性。通过合理的规划、设计和采用先进的住宅建造技术，尽量应用使用寿命较长、可再生利用的材料（木材、石料等），引进 LCA 全寿命周期造价评估，以达到节约建筑材料的目的[①]。

3. 环保方面

在生物多样性得到有效保护的同时，实行在屋顶上种植各种植被；生活垃圾通过地下管网收集系统进行分类处理，食物性垃圾经过市政的生物能反应器转化为有机肥、甲烷和二氧化碳；干燥类垃圾通过焚化用于发电和热能生产，供小区居民使用；经过发酵处理后的污水用于沼气的生产。经过试点，在合理规划、将技术和产品集成和采用先进施工工艺的条件下，试点小区人均节水 10% 左右，建材废弃物减少 20% 左右，建材总需求减少 10% 左右，人均土地占用减少 45%~59%，能源需求减少 20%~31%。

试点小区在"四节一环保"的技术集成措施下实现了能源的供求平衡和自给自足，即小区的制冷、用电和供热都可以完全依靠当地的可再生能源的供应，满足了以年为周期的"碳中和"和"零碳"的碳排放目标，成为欧盟范围内零碳住区建设的典范。

丹麦充分利用数字化设计系统来进行住区建设。以往丹麦的建筑业在规划、设计、施工、维修等环节方面缺乏统一安排和调度，各成体系各自为政，缺乏相互的协调和合作。数字化系统设计理念就是要借助计算机信息技术，在建筑业各个环节之间搭建一条信息高速公路，方便各个环节中的参与方进行信息技术的交流与协作，从而达到提高效率、保障质量、增加产业附加值的目的。

丹麦非常重视清洁和可再生能源技术的使用和推广，其每百万欧元 GDP 的能耗和电厂能效在欧盟 25 个成员国中分别是最低和最高的。除此以外，丹麦还

---

① 于萍、陈效述：《瑞典、丹麦推进低碳住区发展的经验》，《节能与环保》2011 年第 2 期。

积极开发包括水能、太阳能、风能、生物发电在内的其他可再生能源。其中丹麦的风力发电技术在全球都处于领先地位。到目前为止，全国总共设立了 5400 个风电站，发电总量占全部电力供应量的 23%。丹麦丹佛斯的可调式温控阀技术在节能设备领域也是居于全球领先水平。检测结果表明采用丹佛斯高科技的温控阀系统可以实现能源费用减少 20%，能源节约 20%。

三、北欧的绿色发展经验

北欧国家在绿色发展方面走在世界前列，芬兰曾是绿色环保的倡导者，挪威开展绿色 GDP 核算体系，丹麦、瑞典等国家实施绿色发展战略，北欧国家的绿色发展战略非常值得世界各国学习和借鉴。

（一）芬兰：绿色环保的倡导者

曾有杂志评选全球十大最适宜居住的绿色环保国家及城市，北欧的多个国家位列最适合居住的绿色环保国家前列，芬兰占榜首；2005 年，世界经济论坛把芬兰评为最环保的国家。芬兰高度关注绿色环保，特别在环保教育、垃圾回收、绿色开矿等方面有很多好的措施和建议。

1. 芬兰人注重垃圾处理

芬兰人的环保意识启蒙很早，在芬兰，环保教育被列入基础教育和高中教育的教学大纲。芬兰有极为先进的垃圾处理系统，在芬兰，垃圾回收不仅是一种深入人心的环保意识，而且正发展成为一项专门、精细的产业。在大街上垃圾桶中清晰地表明普通垃圾、生物垃圾、金属垃圾等，深埋式固体垃圾收集器对废纸、玻璃、生物降解垃圾、混合垃圾等进行分类收集，以此向市民广泛传播了垃圾分类和循环利用的理念。在芬兰，垃圾管理局根据《垃圾法》专门制定了首都赫尔辛基地区垃圾管理细则：凡每周产生 50 千克以上废纸和纸板的公寓楼、办公楼、商店及饭店必须对废纸和纸板进行分类并放入专门的垃圾箱；凡有 10 家以上住户、每周产生 50 千克以上生物垃圾的住宅楼，必须设有专门的生物垃圾箱。

2. 芬兰成为世界绿色矿业的倡导者

发展绿色矿业是各国落实可持续发展战略的具体举措，芬兰矿产资源储量丰富，矿产资源是该国财富的重要组成部分。芬兰政府致力倡导和积极推动全球矿产经济向着高效、环境友好和对社会负责的绿色矿业方向发展。

芬兰有 10 个生产性金属矿山，6 个项目正在规划中，有 40 个公司在芬兰从事勘探活动。过去几十年芬兰矿石生产呈指数增长。为了积极响应欧盟矿产资源政策，芬兰成为绿色矿业的积极倡导者，实施芬兰绿色矿业计划（2011～2016 年）。

（1）绿色矿业计划目标与愿景。目标：第一，使芬兰成为全球负责的绿色矿业经济先驱；第二，开发可以提供给芬兰矿业公司新的商业化前沿技术；第三，在选择的矿业研究领域取得全球领先地位。

2020 年愿景：到 2020 年，使芬兰成为全球可持续矿业行业领导者。该计划将通过提供新的专业知识为芬兰传统矿业创造新的商机。中心目标是提高中小企业瞄准矿业领域的出口市场份额。该计划旨在选定领域的研究中达到全球领先地位。该计划的核心为两个主题领域：一是建设环境遭受影响最小的矿山；二是开发新型矿产资源。

2050 年愿景：芬兰将成为全球矿业可持续开发的先驱者，矿业将成为芬兰经济的奠基石和支柱产业。重点开展 3 个领域工作：第一，全球矿业产业链挑战的解决方案；第二，促进国家经济增长和福利提高；第三，降低环境影响，以此提高芬兰在全球矿业的竞争力，确保国内原材料的供应，提升区域发展的活力，提升矿山环境的管理能力[1]。

（2）绿色矿业计划主题。芬兰的"绿色矿业计划"主题包括 5 个方面，第一是提高材料和能源的利用效率；第二是保证矿产资源未来需求的可得性；第三是最大程度地减轻对环境和社会的负面影响；第四是提高工作和组织管理实践水平；第五是确保矿山闭坑后土地的可持续利用[2]。

通过新技术、新方法来实现以上目标。绿色矿业计划研发的技术可以帮助减轻采矿对环境的影响。其长期目标旨在研发地下采矿新技术并得到广泛应用，特别是在城市地区和自然保护区应用这些地下采矿新技术可以降低其环境影响。同时，考虑采矿项目从开采到闭坑周期内的环境和社会影响。

（3）绿色矿业计划支持的研究方向。2012 年 5 月该计划支持的研究项目有 14 个，8 家公司参与了这些项目。项目旨在：

第一，提高采矿效率及其伴生产品利用的技术方法；第二，在采矿生产过程中考虑环境影响；第三，社会和环境影响的控制和评价方法；第四，基于矿山闭

①　张丽君、胡荣波：《芬兰成为世界绿色矿业的倡导者》，《国土资源情报》2013 年第 4 期。
②　张丽君、胡荣波：《芬兰成为世界绿色矿业的倡导者》，《国土资源情报》2013 年第 4 期。

坑后的环境影响评价的土地可持续利用。

优先支持的研发领域包括：地下智慧采矿，自动化和优化的创新采矿技术，有效利用原材料、能源和水，排放最小化，化学／生物最优化生产过程，地质数据系统和多维模拟，创新采矿技术，金属勘探的高新技术，可循环利用的、创新的和可替代的材料，环境影响管理和测量[1]。

（二）挪威开展绿色 GDP 核算体系

挪威是欧洲开展自然资源实物核算较早和较系统的国家。为了使自然资源开发计划与传统的经济发展计划联系起来，促进资源管理部门和经济管理部门之间的配合与协调，为国家制订长期自然资源开发计划和促进社会经济可持续发展提供科学的依据。1974 年，挪威政府成立了自然资源部，开发和推行自然资源核算和预算系统。

20 世纪 80 年代中期，挪威统计局采用实物指标首次编制了自然资源核算账户，包括能源、矿产、森林、渔业和土地使用等，并于 1987 年公布《挪威自然资源核算》研究报告。挪威的自然资源核算账户将自然资源划分为两类：一是物质资源，包括矿物资源、生物资源、流入资源（太阳能、水文循环、风、海洋水流）。二是环境资源，包括空气、水、土壤和空间。有些资源，如，水既是物质资源（如，水电）又是环境资源（如，娱乐用水、饮用水等）。其中，矿物资源（主要是天然气和石油）的计算分以下几项：已开发储量、未开发储量、新矿区、重估和开采及其他适用于物理单位计量的科目。挪威政府通过对资源核算，已将收集与核算的资源用在对自然资源未来的预测和它们对环境影响的分析上。

挪威资源核算体系的特点是：第一，资源与环境并重。挪威将自然资源分为实物资源和环境资源，这便于对其进行细致的核算，这种做法得到普遍公认。第二，重视不可再生资源的定价与核算。如，石油、天然气资源的定价与核算。第三，强调服从和服务于可持续发展，强调对政府决策的影响及政策的改善。第四，注重经济和环境核算项目。

该项目包括三大领域：一是将环境统计纳入经济统计中。二是将包括在经济统计中与环境相关的信息分离。三是对重要自然资源进行评估。已完成的主要内容包括修订森林资源的自然资产账户；将环境账户纳入国民账户矩阵中（包括固

---

① 　张丽君、胡荣波：《芬兰成为世界绿色矿业的倡导者》，《国土资源情报》2013 年第 4 期。

体废物、废水排放、大气污染物排放）；对环境税的研究等[1]。

（三）丹麦绿色发展战略

20 世纪 70 年代初，丹麦能源供给中 90% 的石油依赖进口，1973 年石油危机爆发，丹麦受到了很大的冲击，能源安全和供给问题凸显。丹麦政府开始关注能源安全和供给问题，重视环境和可持续发展问题。

1. 建立丹麦能源署

1973 年能源危机后，丹麦政府意识到能源安全置于国家经济发展的特殊地位，并采取一系列措施解决能源安全和供给效率问题。1976 年丹麦能源署正式设立。主要是统筹制定国家能源发展战略。管理职能逐渐涵盖国内能源生产、供应、分销和节能。

2. 绿色能源政策的确定

石油危机过后，丹麦政府采取了一系列措施促进可再生能源尤其是风能的发展。1975 年，丹麦技术科学研究院（ATV）委员会公布风能领域的 5 年发展计划，一批中心型企业参与了私人用的小型风力涡轮机（额定容量 22 千瓦）的开发，这也是丹麦风能利用现代化的开始。从 70 年代中期到 90 年代中期，丹麦风能发展促进战略主要包括以下几个方面：政府制订能源计划和目标、对风能研究和发展提供长期支持、由国家测试与认证的风力涡轮机、资助开展风力资源调查、实行关税条例支持和投资补贴等。

3. 其他可再生能源的开发

除风能利用之外，其他可再生能源如沼气、太阳能等的发展也受到丹麦政府的大力支持，只是相对来说，渗透程度比风能小。1981 年丹麦通过了《可再生能源利用法案》，在法律形式上进一步明确了可再生能源的重要地位。1984 年到 1998 年之间，通过 20%~40% 的投资补贴，丹麦已经拥有 20 座联合沼气厂。这 20 座联合沼气厂每年能够处理 110MT 的动物粪便以及 40 万吨的有机工业废水，并且每年能够提供 5.7 兆标准立方米的沼气。丹麦拥有世界上最大的太阳能加热厂，它每年能提供 7500 兆瓦时热量，满足了马斯塔尔市 30% 的区域供热需

---

[1] 管猛：《挪威绿色 GDP 核算体系及启示》，《经济纵横》2006 年第 10 期。

求。丹麦也致力于生物质能的研发，丹麦 BWE 公司率先研发出秸秆燃烧发电技术，并于 1988 年诞生了世界上第一座秸秆燃料发电厂。1989 年以后，丹麦瑞索国家实验室和有关公司共同投入大量资金进行燃料电池研究并取得重要进展。不仅如此，丹麦技术大学、丹麦瑞索国家实验室等将发展目光聚焦在氢技术及氢能方面。丹麦从 1997 年开始加大了废物回收力度，约有超过 1／4 的废弃物在热电联产厂中焚烧，能够处理利用 90% 左右的可燃性废物，真正实现变废为宝。由于丹麦政府不断加大新技术研发的投入，可再生能源开发广泛，截至 2009 年，可再生能源已经超过总能源消费的 19%[①]。

（四）瑞典绿色发展道路探索与实践

1. 大力发展新能源

瑞典高度重视新能源的发展，瑞典政府专门设置了可持续发展部，进行环境保护方面的工作，指导和扶持国内可再生能源的研究和开发。瑞典有比较好的电力资源，拥有数百公里长的海岸线，可以沿着海岸线建起多个风力、水力、潮汐发电站。瑞典也拥有比其他任何欧洲国家更多的人均森林面积，可再生的植物能源也有很大的利用前景。可再生能源不断得以增长，石油的消耗量不断降低，生物能源的利用率翻番，这便是瑞典能源结构的发展趋势，瑞典将于 2020 年完全结束对石油能源的依赖，成为第一个完全使用可再生能源的国家。

2. 大力发展循环经济

1994 年 4 月，瑞典议会通过了《瑞典转向可持续发展》的提案，并以此作为瑞典 21 世纪社会发展的基础。生产者有回收废弃物的义务，政府 1994 年提出了"生产者责任制"，规定生产者在其产品被最终消费后，应对其继续承担有关环境责任；消费者则有对废弃产品及包装按要求进行分类，并送到相应的回收处的义务。回收物涉及的范围不断扩大，从最初的产品包装，扩大到废纸、废轮胎、报废汽车和废电子电器产品。这一规定不仅使废弃物在瑞典实现了最大程度的循环利用，由此还催生了一批新型废弃物回收利用企业。

瑞典的生产者责任实施。由于绝大多数企业自身没有能力在全国范围内建

---

① 来尧静、沈玥：《丹麦低碳发展经验及其借鉴》，《湖南科技大学学报》（社会科学版）2011 年第 6 期。

立回收系统，瑞典工商界各行业协会和一些大包装公司经过协调，在 1994 年成立了 4 家专门的包装回收公司，以帮助企业履行"生产者责任制"所规定的义务。瑞典纸和纸板回收公司、塑料循环公司、波纹纸板回收公司等五大公司承担了瑞典全国包装材料回收再利用的工作。不仅上述回收公司，REPA 公司由其他 4 家公司共同组建而成，作为他们业务的服务机构，企业加入 REPA 并交纳回收费后，便可以让 REPA 公司代其履行"生产者责任制"所规定义务，而瑞典五大回收公司都不以营利为目标，会员交纳的回收费和回收包装再利用的销售所得，被用于建立和维持全国性的一个完善的分类回收体系及开展包装回收知识宣传等活动[①]。

四、北欧生态环境保护实践

瑞典是欧洲最先倡导对生态与环境进行保护的国家。一直注重协调经济发展与生态保护的关系。在种植业方面，瑞典提倡只能施用牲畜粪便等天然肥料，不使用化肥、农药和除虫剂。瑞典河湖众多，素有"千湖之国"之称，所有城市都建立了被称为生态与环境型的雨水管理系统。从源头上保持河流的洁净。瑞典社会推行"生态的生活"，许多平房、居民区、多层建筑、学校、公共建筑等都装备了尿分离卫生设施。总之，瑞典在生态文明环境保护建设方面做了很多开创性的事情。

（一）从政策上支持各行业开展保护环境的行动

瑞典政府还结合经济、信息、空间规划等多种手段，鼓励各行业开展有利于保护自然资源的行动。鼓励企业和个人采取无害环境的绿色生产方式和消费模式。对于自愿开展荒溪治理和农田保护的，由政府和欧盟各出资 50% 予以支持。在农业生产中，对开展生态农业粮食生产的，政府给予产量成本 50% 的补贴；在林业生产中，对私有林业主进行荒地造林的，补助 50%。如果林业出现严重的病虫害，业主可得到 100% 的补贴。

1992 年，为鼓励工厂提高能源利用效率并减少污染物排放，瑞典开始对排放氮氧化物的工厂收费，并逐步扩大了收费范围。根据各工厂在氮氧化物排放和

---

① 李开传：《瑞典绿色发展道路对我国生态文明建设的启示》，山东大学硕士论文，2008 年。

能源生产方面的表现，瑞典政府每年按一定比例向其进行费用返还。

1997年，瑞典制订了一项包括水资源保护、工业污染治理、林业建设等在内的环保计划。由于节水新技术的采用，瑞典工业用水量持续下降，城市饮用水的消费量也停止了增长。

2002年，瑞典政府成立旨在减少温室气体排放的气候投资计划，并在2003～2008年间，为其中的900多个投资项目提供了18亿瑞典克朗的资金，减少了等价于6600万吨二氧化碳的温室气体排放，节约了相当于72亿千瓦时的能源。

（二）从税收上制约各种有害物质的无序排放

瑞典生态税收规模大、种类多（见表10—3）。主要是对能源的征税以及对其他与环境有关的税基的征税，以促进整个国家的生态文明建设。瑞典的能源税，有效地减少了二氧化碳、硫、铅、过氧化氮等污染物的排放，促进了工业和家庭减少对能源使用的数量。

表10—3　瑞典能源税收

税种	时间	内容
能源税	1957年	是对石油、煤炭和天然气征税的一种税。
化肥和农药进行征税	1984年	资金主要用于环境研究、农业咨询和治理土壤盐碱化等。
对汽油进行征税	1986年	汽油和甲醇税、里程税、机动车税、汽车销售税等。
能源征收增值税	1990年	税率是能源价格的25%。
二氧化碳税	1991年	对石油、煤炭、天然气、液化石油气、汽油和国内航空燃料的征税。
硫税	1991年	对石油、煤炭含硫量的征税的。

资料来源：根据有关资料收集整理。

（三）从法律上保护生态文明建设的健康发展

瑞典是欧洲最早倡导对自然环境进行保护的国家。1918年颁布了《水法》，1942年出台了《名胜古迹法》等。随着环境问题的日益突出，瑞典越来越重视本国于1964年和1969年先后制定的《自然保护法》和《环境保护法》两项重要的环境保护基本法，对环境治理提出了明确的目标[①]。20世纪70年代以后，瑞典又继续加大了对环境保护的力度。在食品保护方面出台了《有害于健康和环境的产品法》、《健康保护法》等，在土地方面出台了《公路法》、《土地证用法》。在自然环境方面出台了《国家自然规划法》、《森林保护法》，在海洋方面出台了《禁止海洋倾废法》等法律法规。1998年，不同领域的环保法进行合并、修改和补充，颁布了一部更加现代化、更加严格、综合性更强、旨在更好地促进可持续发展的环境法典——《瑞典环境法典》。该法典由总则、自然保护、监管、处罚等7个方面的基本环保条例组成，共有33章462节。

（四）从教育入手培养全民节约资源保护环境的意识

瑞典环境保护建设的一个重要经验，就是加强对全民节约资源和保护环境的宣传教育，促进全民自觉地遵守环境保护的各项法律法规。瑞典的教育首先从学校抓起，在瑞典《义务教育学校大纲》的16门课程中，有9门涉及环境与可持续发展教育。为了提高全民节水意识，瑞典每年都要搞大型宣传活动来增强人们的水生态意识，倡导节约用水。从1991年起，瑞典每年都要举办旨在关注水资源、保护水环境、促进水投资和减少贫穷的"世界水周"活动，主要是邀请一些对水问题有突出贡献的专家学者或官员[②]。

（五）制定和完善环境质量目标体系

1999年4月，瑞典议会首次颁布了《瑞典环境质量目标——可持续瑞典的环境政策》，这也是国际社会首部国家环境目标体系。《瑞典环境质量目标》共设立了16个环境质量目标，具体内容包括减少气候影响，保持清洁空气，消除酸雨，创造无污染环境、保护性的臭氧层，提供安全辐射环境和富有生机的湖泊与溪流、零富营养化、高质量地下水、平衡的海洋环境与繁荣的海岸区域和群岛、繁荣湿地、可持续森林、多样化农业风景、宏伟山地景观、已建良好环境、动植物生活多样性[③]。十六大环境质量目标系统性强，涵盖了可持续生态环境的

---

① 凌先有:《瑞典的生态文明建设》,《国外水利》2008年第7期。
② 凌先有:《瑞典的生态文明建设》,《国外水利》2008年第7期。
③ 参见刘登娟、黄勤:《瑞典环境经济手段经验借鉴及对中国生态文明制度建设的启示》,《华东经济管理》2013年第5期。

所有内容，已构成可持续生态环境的目标体系；十六大环境质量目标阶段性明晰，其目标体系被分解为若干实现阶段，形成了阶段目标，且要求到 2020 年最终实现这些目标。

每年，瑞典环境质量目标委员会都会出台关于各个目标可实现性的评估报告。为了加快实现环境质量目标，瑞典还制定了三大行动策略，即高效的能源利用和交通策略；无毒的资源节约型的环境生命周期策略；土地、水与建成区环境管理策略。在每个策略中都明确指出了该策略重点涉及的环境质量目标和实现这些目标所需要采取的行动和措施[①]。

（六）生态环境管理机构健全

瑞典的生态环境实行三级管理：中央管理、区域管理、地方管理。三级管理机构按职权分工对各类用地规划和建设项目进行审批，影响重大的建设项目还要提交议会进行审议[②]。

中央管理面向全国。环保署负责环境保护、环境政策、自然保护等方面的法律的起草和调整，同时保证法律得以实施。环保署下属的环境代理处负责环境的研究和开发，也是处理化学和环境损害的最高权威机构，还为其他环境管理行政单位和客户提供专家服务。在落实可持续发展战略的过程中，瑞典注重分工明确，通力合作。除瑞典环保署外，几乎所有的瑞典政府部门都参与了促进可持续发展的一系列工作，其中包括能源署、化学品管理局、辐射安全局、林业局、农业委员会、国家卫生与福利委员会以及国家住房、建筑与规划委员会等。

区域管理根据有关法律，一般由所设立的环境中心实施，分别负责各自区域的环境管理，改进和指导垃圾的管理、噪声的减少以及防止空气、水、土地的污染。区域环境中心指导建筑和其他土地使用，批准计划，为上述机构授予特权和作用。它们处理用于环境保护目的的土地买卖、改善风景和提供舒适娱乐的地区。它们也负责处理建立保护区和文化遗产等事务。区域环境中心保证环境管理和水的供应的有效运作，为水的供应、建立保护区和环境保护的发展提供财政援助[③]。

---

① 邱鹏：《瑞典推进生态文明建设的经验及启示》，《中国科技论坛》2010 年第 12 期。
② 潘康：《芬兰、瑞典生态环境建设与保护机制》，《贵州师范大学学报》（自然科学版）2000 年第 4 期。
③ 潘康：《芬兰、瑞典生态环境建设与保护机制》，《贵州师范大学学报》（自然科学版）2000 年第 4 期。

　　地方管理，则是由地方负责提高和指导本行政辖区的环境保护，保证人们拥有健康、满意的环境，同时规划当地的土地使用、调整和指导建筑。土地使用计划是得到地方委员会批准的。

参考文献

阿兰·拉孔特（Alain Lecomte）:《绿色建筑与可持续国土——法国政策》，2012 年 4 月 2 日见 http://www.chinagb.net/gbmeeting/igebc8/xinxi/yjg/20120402/85296.shtml。

阿尼克·边奇尼:《海洋可再生能源:法国的优势领域》，朱祥英译,2011 年 9 月 29 日, 见 http://www.ambafrance-cn.org/%E6%89%93%E5%8D%B0.html?id_article=16256&lang= zh&cs=print。

潘基文:《潘基文致词气候变化会议呼吁各国实施"绿色新政"》,2008 年 12 月 11 日, 见 http://www.un.org/chinese/News/fullstorynews.asp?newsID=10877。

潘家华、陈洪波主编:《低碳融资的机制与政策》，社会科学文献出版社 2012 年版。

陈赛:《循环经济及其法律调控模式》，《山东科技大学学报》（社会科学版） 2003 第 5 期。

陈群元、喻定权:《丹麦建设低碳小城镇的经验及对我国的启示》，《城市》2010 年 第 4 期。

陈晖:《澳大利亚碳税立法及其影响》，《电力与能源》2012 年第 1 期。

崔楠楠:《奥巴马政府的"能源独立"战略及中国的对策》，《红旗文稿》2012 年第 13 期。

程恩富、王朝科:《低碳经济的政治经济学逻辑分析》，《学术月刊》2010 年第 7 期。

曹俐、吴方卫:《巴西支持生物燃料乙醇发展的经验借鉴》，《经济纵横》2011 年第 7 期。

郭基伟、李琼慧、周原冰:《〈2009 年美国清洁能源与安全法案〉及对我国的启示》，《能源技术经济》2010 年第 1 期。

郭印、王敏洁:《国际低碳经济发展现状及趋势》，《生态经济》2009 年第 11 期。

郭万达、刘艺娉:《瑞典维克舒尔:通过可持续行动计划推动低碳城市的发展》，《城市规划通讯》2012 年第 20 期。

韩春花、李明权:《巴西发展生物质能源的历程、政策措施及展望》，《世界农业》2010 年第 6 期。

解怀颖：《CCS：欧盟遍地开花》，《高科技与产业化》2010 年第 1 期。

李挚萍：《美国〈国家环境政策法〉的实施效果与历史局限性》，《中国地质大学学报》（社会科学版）2009 年第 3 期。

李伟、李航星：《英国碳预算：目标、模式及其影响》，《现代国际关系》2009 年第 8 期。

李楠：《美国政府在发展战略性新兴产业中的作用》，《现代商业》2012 年第 7 期。

李军鹏：《低碳政府理论研究的六大热点问题》，《学习时报》2010 年 5 月 24 日。

李爱仙、刘伟：《澳大利亚节能政策概述》，《世界标准信息》2007 年第 7 期。

梁睿：《美国清洁空气法研究》，中国海洋大学博士研究生毕业论文，2010 年 6 月，见 http://dlib.cnki.net/kns50/detail.aspx?dbname=CDFD2011&filename=1011030194.nh。

刘思瑞编译：《美国决心在"绿色竞争"中争当排头兵》，《国际技术经济导报》2009 年 8 月 30 日。

刘登娟、黄勤：《瑞典环境经济手段经验借鉴及对中国生态文明制度建设的启示》，《华东经济管理》2013 年第 5 期。

蓝虹：《奥巴马政府绿色经济新政及其启示》，《中国地质大学学报》（社会科学版）2012 年第 2 期。

兰花：《世界上首部气候变化法评介——2008 年英国〈气候变化法〉》，《山东科技大学学报》2010 年第 3 期。

廖建凯：《德国的气候保护立法及其借鉴》，《环境保护》2010 年第 15 期。

马岩：《美国支持战略性新兴产业的财税和金融政策及总结》，《时代金融》2012 年第 3 期。

陆娟：《法国："法国海洋能源"研究所成立》，2012 年 4 月 10 日，见 http://info.yup.cn/energy/51223.jhtml。

邱鹏：《瑞典推进生态文明建设的经验及启示》，《中国科技论坛》2010 年第 12 期。

宋炳林：《美国海洋经济发展的经验及对我国的启示》，《吉林工商学院学报》2012 年第 1 期。

宋国华：《国外"绿色新政"对我国的影响与借鉴意义》，《科技风》2012 年第 4 期。

王谋、潘家华、陈迎：《〈美国清洁能源与安全法案〉的影响及意义》，《气候变化研究进展》2010 年第 4 期。

熊焰：《低碳之路——重新定义世界和我们的生活》，中国经济出版社 2010 年版。

许光：《低碳视角下美国绿色就业新政及中国的策略选择》，《现代经济探讨》2010 年第 9 期。

徐琪：《德国发展低碳经济的经验以及对中国的启示》，《世界农业》2010 年第 11 期。

迟福林：《低碳经济——新的增长点》，中国经济出版社 2010 年版。

萧琛、海琳娜：《ICE 产业的崛起及其对美国经济的影响》，《广义虚拟经济研究》

2011 年第 4 期。

巫云仙：《美国政府发展新兴产业的历史审视》，《政治经济学评论》2011 年第 4 期。

王慧：《韩国的低碳行动计划》，《资源与人居环境》2010 年第 4 期。

杨泽伟：《德国能源法律与政策及其对中国的启示》，《武大国际法评论》2009 年第 11 期。

赵刚：《美国政府支持新兴产业发展的做法和启示》，《科技促进发展》2010 年第 1 期。

曾令良：《欧洲联盟法总论》，武汉大学出版社 2007 年版。

张来春：《西方国家绿色新政及对中国的启示》，《发展》2010 年第 1 期。

张宝宇：《巴西生物燃料开发战略构想与实践》，《中国社会科学院研究生院学报》2012 年第 2 期。

张丽君、胡荣波：《芬兰成为世界绿色矿业的倡导者》，《国土资源情报》2013 年第 4 期。

中国市场研究报告网：《法国投巨资发展海洋可再生能源》，2012 年 3 月 28 日，见 http://www.ewise.com.cn/Industry/201203/xinnengyuan281125.htm。

Barry et al（eds.），Energy Security: Mannging Risk in a Dynamic Legal and Regulatony Environment, Oxford University Press, 2004, p.338.

Canada，L.P.O.，Balancing Our Carbon Budget: A New Approach for Large Industrial Emitters, A White Paper, Liberal Party of Canada，2007，p.24.

Committee on Climate Change（1st December 2008），Building A Low-carbon Economy- the UK's Contribution to Tackling Climate Change,［EB/OL］, http://www.theccc.org.uk/re- ports,［2009-09-05］.

IEA（2010），CO_2 Emissions from Fuel Combustion; 2010 Edition, IEA, Paris.

Johann-Christian Pielow etal, Energy Law in Germany, in: Energy Law in Europe: Na- tional, EU and International Law and Institutions, Martha M.Roggenkamp, Catherine Redgwell, Anita Ronne and Inigo del Guyao（eds.），2nd Edition, Oxford University press, 2007:.p655- 656.

UNDP, Human Development Report 2007/2008，New York: Oxford University Press, 2008，p.43.

Swedish Environmental Protection Agency. Digested food waste powers Link ping's buses, 2009.

Swedish Environmental Protection Agency. Better air quality in Stockholm thanks to sewage sludge, 2009.

后　记

　　《低碳经验》是《低碳经济系列丛书》中的一本，是集体智慧的结晶。主编张继久教授负责全书框架设计和统稿。全书各章执笔人分别是：第一章张继久，第二章朱俭凯，第三、四章李正宏，第五、六章杜涛，第七、八章汪沛，第九、十章李波平。

策　　划：张文勇

责任编辑：张文勇　史　伟　孙　逸

封面设计：林芝玉

责任校对：杜凤侠

图书在版编目（CIP）数据

低碳经验 / 张继久，李正宏，杜涛 主编 . —北京：人民出版社，2015.12

　（低碳绿色发展丛书 / 范恒山，陶良虎 主编）

ISBN 978－7－01－015746－7

I. ①低…　II. ①张…　②李…　③杜…　III. ①节能－经验　IV. ① TK01

中国版本图书馆 CIP 数据核字（2016）第 014827 号

低碳经验

DITAN JINGYAN

张继久　李正宏　杜涛 主编

人民出版社 出版发行

（100706　北京朝阳门内大街 166 号）

涿州市星河印刷有限公司印刷　新华书店经销

2016 年 1 月第 1 版　2016 年 1 月北京第 1 次印刷

开本：710 毫米 × 1000 毫米 1/16　印张：14.5

字数：254 千字

ISBN 978－7－01－015746－7　定价：36.00 元

邮购地址 100706　北京朝阳门内大街 166 号

人民东方图书销售中心　电话（010）65250042　65289539